グラフ理論による回路解析

服藤 憲司 著
Kenji Harafuji

森北出版株式会社

まえがき

大学で電気電子工学や情報通信工学などの電気系学科を専攻した方は，低学年のときに，電気回路の講義で，枝電流法，閉路電流法，あるいは節点電位法として知られている解析方法を学んだと思います．これを用いて，比較的単純な電気回路に対して，素子を流れる電流や，素子にかかっている電圧を，簡単に求めることができたでしょう．この際に，いくつかの枝電流，閉路電流や節点電位などの1次独立な未知変数を，電気回路図から目の子で的確に判断して設定し，回路方程式を作って，首尾よく解を得たことと思います．ところが，たとえばパソコンの中の基板に盛り込まれている複雑な回路に対して，この中のある素子を流れる電流を求めよ，といわれたら，困ってしまうのではないでしょうか．未知変数として何をいくつ選択するべきなのか，そして，どのような何本の回路方程式を作ったらよいのか，方針が決まりません．

そのようなとき，力強い味方になってくれるのが，本書で取り上げるグラフ理論です.「グラフ」という考え方は，18世紀前半に，オイラーによって，かの有名なケーニヒスベルクの橋の問題を扱った論文に遡ることができます．グラフ理論は，図形の大きさや形状は無視して，図形の構成要素の接続関係に着目する考え方です．古くから回路網トポロジーとよばれ，回路理論に応用されてきましたが，近年は，通信網，交通網やオペレーションズリサーチなどに広がりをみせています．

キルヒホッフの法則に，このグラフ理論を適用しますと，1次独立で完全な解を得るための回路方程式を，自動的に作り上げることができます．回路網の接続関係を抽出表現したグラフを，異なった三つの観点から眺め，これを3種類の行列で表します．すなわち，グラフ理論に基づいて構成された回路方程式は，これらの三つの行列で表現し直します．回路方程式を行列方程式に変換すれば，これをプログラムに組むことにより，コンピュータですばやく処理することができます．

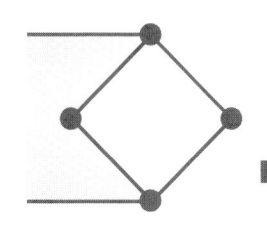

本書は，グラフ理論を使って，電気回路の解析を行うための入門書です．大学高学年，あるいは大学院生の，初等的な電気回路理論についてはひととおり習得した学生を念頭において書かれたものです．必要な数学としてのグラフ理論と行列については，これらの証明には深入りせず，コンパクトにその内容をまとめました．本書の議論に本当に必要な内容に限定し，しかし直感的に理解できるようにていねいさも兼ね備え

るようにしました．読者が，これらを利用する形で，首尾一貫したグラフ理論に基づく電気回路理論の体系を理解し，回路方程式の構築を納得して行えるように配慮しました．

重要ないくつかのポイントを確実におさえながら，グラフ理論に基づいた電気回路の体系の基礎を，無理なく理解できるように，いろいろな工夫をしました．

本書は，筆者が，立命館大学の電気電子工学科の 4 年生，および大学院の電子システム・コースの大学院生に対して講義を行った経験に基づいて書かれています．学生との質疑応答やアンケート結果を十分に踏まえ，以下のような工夫を行いました．

(1) 内容を精選しました．学ぶべきことは多いのですが，重要度の高い項目を，読者が納得し余裕をもって勉強できるようにしました．読者にとって負担の重い部分は割愛しています．

(2) 基本的ではあるものの，十分に納得しにくい項目に対しては，紙面を十分に割いて解説しました．

(3) 確実にマスターしなければならない項目に対しては，囲みをつけ，予復習の便宜を図りました．

(4) 考え方の流れが理解しやすいように，複数の図を組み合わせて説明する方法を随所に採用しました．

この本が，グラフ理論に基づいた電気回路理論の要点を，皆さんが納得して理解できる一助となりますと幸いです．

最後になりますが，本書の出版の機会を与えてくださり，また執筆に関しまして数々のアドバイスを頂きました，森北出版株式会社の富井晃さんに深く感謝致します．

2014 年 6 月

著　者

目 次

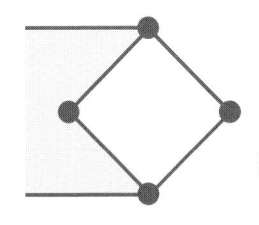

第1章 グラフ理論と電気回路解析

本書は，グラフ理論を用いて，電気回路網における電圧や電流を決定するための，1次独立な方程式系の導出方法と，その体系的な解析方法について説明している．

電気回路網とは，抵抗，コイル，コンデンサ，電圧源，あるいは電流源などの回路素子が，網の目状に接続された電気回路のことをいう．電気回路網に対して，回路解析と回路合成という二つの分野がある．回路解析とは，電気回路網の諸特性を調べることであり，具体的には，回路素子の接続点に流れる電流を求めたり，あるいは電位を求めることである．一方，回路合成とは，与えられた電気特性を実現するような回路網を組み立てることである．本書は，前者の回路解析に焦点を当てて，これを具体的に実行するための数学的手法を，グラフ理論に基づいて説明する．ここではまず，導入としてその概要と，本書の構成について述べる．

1.1 はじめに

図 1.1 は，ある単純な電気回路網の例である．この回路網は，いくつかの抵抗，コイル，コンデンサと電圧源などの，いわゆる回路素子で構成されている．おのおのの回路素子には，その両端に端子がある．そして，これらの端子を接続点として，おのおのの回路素子は結びつけられ，この結果として，この回路網は，ある電気的機能を実現している．

ここで，電気回路網の各素子を流れる電流や，各素子の両端の電位差である素子電圧などの，電気特性のみに着目することにする．あるいは，各素子間の接続点における電流や電位などの，電気特性のみに着目する．そして，素子そのものには立ち入らない．すなわち，おのおのの回路素子が抵抗であるのか，あるいはコイル，コンデン

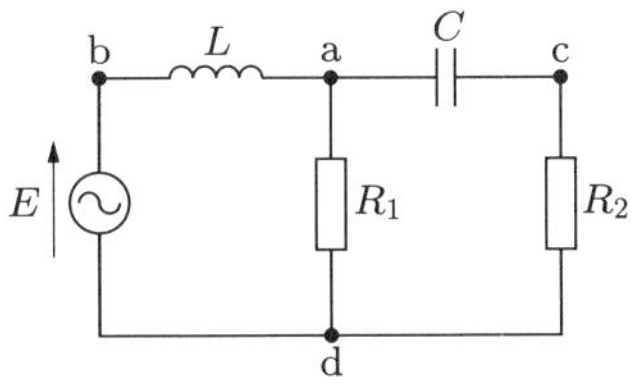

図 1.1　単純な電気回路網の例

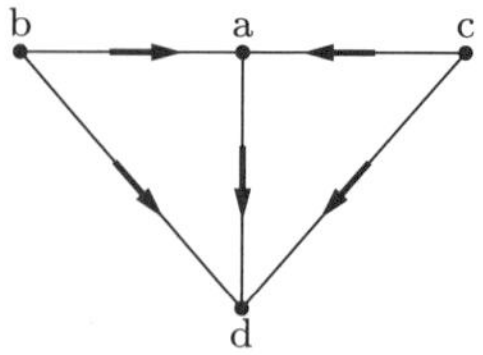

図 1.2　回路網のグラフ表現

サや電圧源であるのかには立ち入らない．

このような考えに立って，各素子をそれぞれ一つの枝で表し，素子と素子との間の接続点を黒丸で表してみると，図 1.1 で示した電気回路網は，**図 1.2** のように，黒丸と線で表現した絵で表されるであろう．このように表現したものを，グラフという．グラフは，各素子間の接続関係を明確に示している．このように表現することにより，与えられた問題の本質をわかりやすくしてくれる．さらに，電流や電圧は向きをもっているので，この図にもあるように，枝に矢印で示す向きを与えた，いわゆる有向グラフを考えると，便利な場合が多い．

図 1.2 が示す各素子間の接続の内容を，言葉や文章を用いて表そうとすると，なかなか大変である．グラフは，この内容を，端的に，そして直感に訴える形で表してくれる．なお，図 1.2 において，枝である線の長さや，その線が直線であるか曲線であるかは，どうであってもよい．大切な点は，線と線が，どのようにつながっているかの接続関係である．

「まえがき」でも少し述べたが，グラフ理論についての古典的な問題として，「ケーニヒスベルク (Königsberg) の橋の問題」がよく知られている．旧東プロシアの首都ケーニヒスベルク（現在のカリーニングラード）には，**図 1.3**(a) に示すような，二つの島 a，b をもつプレーゲル河が流れている．二つの島と両岸 c，d を結ぶ七つの橋がかかっている．このとき，図の a，b，c，d のどれかを出発点として，橋をただ 1 度だけ通るように，おのおのの七つの橋をすべて通って，もとの地点に帰ってくること

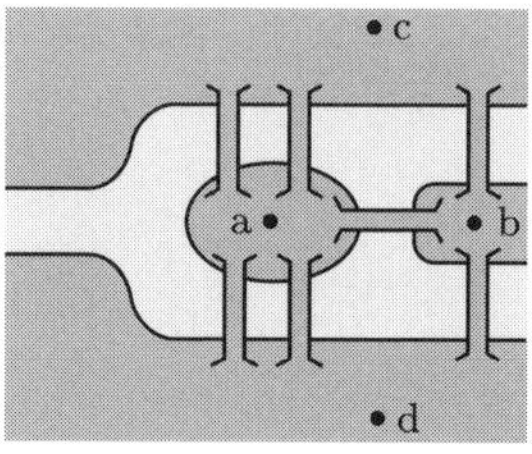

（a）ケーニヒスベルクの橋

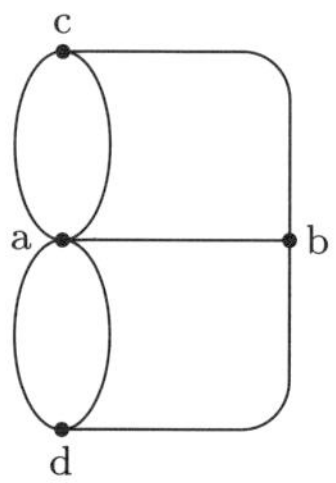

（b）グラフによる表現

図 1.3　ケーニヒスベルクの橋の問題

ができるか，という，一筆書きの問題が提起された．

図 (b) は，この問題をグラフで表現したものである．数学者オイラー (Leonhard Euler，1707-1783) は，この橋渡りは不可能であることを証明した．図 (b) において，黒丸で示した各頂点から出ている枝は，いずれも 3 で奇数である．各頂点から出て，行ったり来たりしながら，もとの頂点に戻ってくるためには，頂点から出ている枝の本数は偶数でなければならない．

電気回路の話題に戻そう．皆さんは，交流回路方程式の基本解法として，枝電流法，閉路電流法，そして節点電位法について勉強してきたと思う．**図 1.4** は，図 1.1 の各素子をインピーダンスで表記した回路図である．この図に対して，枝電流法を用いて解析する場合には，図中の矢印のように，求めるべき回路中の各素子を流れる枝電流と，独立な二つの閉路を仮定し，キルヒホッフの電流則（第 1 法則）と電圧則（第 2 法則）の，これら二つの法則を組み合わせて，枝電流を求める回路方程式を導く．キルヒホッフの法則は，交流解析を行うための大切な道具である．

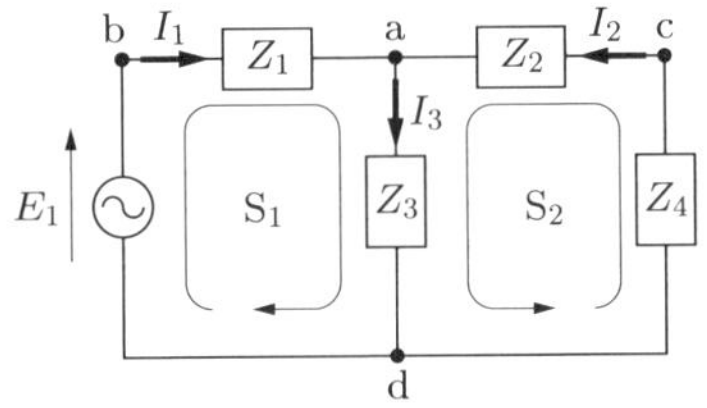

図 1.4　枝電流法を用いて解析する方法

第 1 法則は，回路網の任意の節点に流入する枝電流の総和と，流出する枝電流の総和を足し合わせたものはつねに 0 となる，という法則である．これを使うためには，回路網の素子の接続関係を明確にしておく必要がある．一方，第 2 法則は，回路網中の任意の閉回路に沿って 1 周してもとの位置に戻る経路上において，起電力の総和と，電圧降下の総和は等しい，という法則である．これを使うためには，回路網内から適切な閉回路を見つけ出す必要がある．

図 1.4 のような単純な回路では，目の子で，求めるべき未知変数の個数，そして採用すべき独立な閉路はどれか，採用すべき独立な未知節点電位はどれか，などがすぐにわかる．また，どの時点で，どのようにして，キルヒホッフの第 1 法則とキルヒホッフの第 2 法則を組み合わせて適用するかもおおよそ判断できる．

しかし，複雑な回路網の解析を行おうとすると，以上の判断がとても難しくなる．すなわち，枝電流法であれば，いくつの枝電流を未知変数と考え，いくつの方程式を構築して解けばよいのかがはっきりしない．閉路電流法の場合であれば，いくつの閉路電流を未知変数と考え，いくつの方程式を構築して解けばよいのかがはっきりしない．節点電位法の場合も同様である．

これらを，体系的な手続きに従って求めていく手法が求められる．大規模な回路網に対しても，数学的な根拠に基づいて，体系的に解いていける方法が求められる．すなわち，どんなに複雑な回路網であっても，1次独立な「未知変数」と「方程式」を，自動的に決定する方法が必要なのである．さらに，決定された1次独立な「未知変数」と「方程式」に対して，できれば，計算機を用いて，効率的に解を求めていきたい．

これを実現する手段を与えてくれるのがグラフ理論である．回路網中の素子上を流れる電流を求めたり，あるいは接続点における電位を求めるために，素子間の接続関係を抽出し，これを図1.2のようにグラフで表現する．

さて，電気回路の解析を厳密に取り扱うためには，グラフという図のままでは，演算を進めていくうえで限界がある．このグラフが表す素子間の接続関係を，数式に表現し直して処理を進めていく必要がある．すなわち，電気回路の方程式を，グラフという図に頼らずに導くことが必要である．このための数学的手法が行列である．回路をグラフで表現し，このグラフの特性を3種類の行列で表現していく．これらの行列を用いると，キルヒホッフの法則を簡潔に表現することができる．行列は，とくに計算機が取り扱いやすい数式表現である．グラフで表した素子間の接続関係を行列で表現し直し，これをプログラミングして計算機処理を行えば，大規模な回路網の解析を容易に行うことができる．

1.2 本書の構成

本書は，以下のような内容で構成されている．第2章では，交流回路の基本事項の要点を，簡潔にまとめている．抵抗，コイル，あるいはコンデンサの各素子を含む回路に，正弦波交流を印加した場合の振る舞いについて説明している．複素数を導入して，交流を複素数表示する．複素インピーダンスや複素アドミタンスを用いて，各素子を含む回路のオームの法則の複素数表示についてまとめる．複素インピーダンスの直列回路と並列回路について述べる．さらに，交流のキルヒホッフの法則の内容を確認し，逆回路や定抵抗回路について説明する．

第3章では，交流回路方程式の基本解法である，枝電流法，閉路電流法，そして節点電位法について，具体例を挙げながら，その要点を復習する．さらに，複雑な回路の解析を行う際に役立つ，重ね合わせの理，テブナンの定理，そしてノートンの定理についても復習する．

第4章では，グラフを導入し，グラフの基本的な概念について説明する．また，グラフ理論で扱うさまざまな定義や用語について説明する．回路をグラフで描いてみると，素子間の接続関係や，回路自体の特徴が直感的に理解できて，とてもわかりやすい．とくに大切な点は，木と補木，そして，閉路とカットセットというお互いに双対な概念であろう．この内容を発展させ，双対グラフや双対回路の作り方について学ぶ．

第5章では，グラフを行列を用いて表現する方法について学ぶ．グラフを行列という数式に変換して表現し，この行列を用いた演算を実行するとスムーズに処理が進む．とくに，大規模かつ複雑な回路網に対しては，行列を用いた数式的表現と，これに基づく演算は必須となる．この章では，有向グラフの特性を，接続行列，閉路行列，およびカットセット行列とよばれる三つの行列で表現する．これら三つの行列は，ある与えられたグラフを，それぞれ異なった観点から眺めて表現したものである．したがって，ある行列表現から別の行列表現への，お互いの変換関係が存在する．この点も確認していく．

第6章では，接続行列，閉路行列，およびカットセット行列を用いて，ある与えられた電気回路のグラフに対する，キルヒホッフの電流則と電圧則を表す行列方程式を導く．行列表現を用いると，キルヒホッフの法則がとても簡潔に表現できる．

第7章では，いよいよ，キルヒホッフの法則に対する行列方程式の解法について説明する．グラフ理論で学んだ1次独立性を吟味して，解くべき未知変数の個数を減らすための変数変換について説明する．その後，閉路方程式，カットセット方程式，および節点方程式という三つの方法を用いて，具体例を挙げながらその解法について学んでいく．

巻末では，付録として行列および行列式について説明している．電気回路を厳密に取り扱うためには，グラフを数式的に表現し，グラフのさまざまな性質や，電気回路の方程式を，グラフという図に頼らずに導くことが必要である．このための数学的手法が行列である．ここでは，数学的な証明には深入りせず，グラフ理論を扱うために必要な最小限の行列の知識を，コンパクトにまとめている．

第2章 電気回路の基本

この章では，本書で扱う交流電気回路の要点を簡潔に説明する．各式の具体的な導出の根拠や，計算過程には深く立ち入らずにまとめている．すでに電気回路を勉強してきた皆さんが，基本的な項目を整理するために利用してほしい．ひととおり理解している読者は，とりあえず読み飛ばしておいて，必要なときに立ち戻って確認してもらってもよい．

2.1 正弦波交流

電圧や電流が，一定の時間ごとに同じ変化を繰り返すものを，**交流** (alternating current) という．その電圧の**瞬時値** (instantaneous value) v の変化が，次式で与えられる正弦波曲線に従うものを，**正弦波交流電圧** (sinusoidal wave voltage) という．なお，電圧の単位はボルト [V] である．

$$v = V_\mathrm{m} \sin(\omega t + \theta) \tag{2.1}$$

ここで，V_m は電圧の**最大値** (maximum value) あるいは**振幅** (amplitude)，ω は**角周波数** (angular frequency) である．時間 $t = 0$ における回転角 θ は，**初期位相** (initial phase) とよばれる．**図 2.1** は，v を位相 ωt の関数としてグラフに表したものである．図の正弦波曲線は，点 a から点 b まで，あるいは点 c から点 d までなどを一つの単位として，これが繰り返された曲線である．この 1 単位の時間を**周期** (period) といい，T で表す．この単位は秒 [s] である．交流電流についても同様に考えることができる．

交流において，1 秒間に 1 周期分変化する回数のことを**周波数** (frequency) といい，

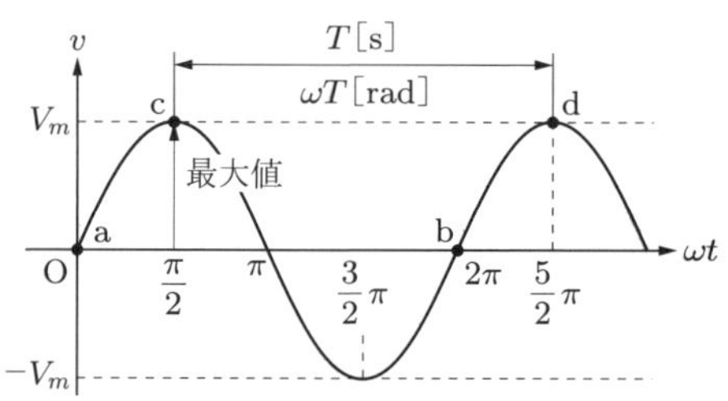

図 2.1　交流電圧のグラフと諸量の定義

f で表す．この単位は**ヘルツ** [Hz] を用いる．周波数は周期 T の逆数で与えられる．

$$f = \frac{1}{T}\,[\mathrm{Hz}] \tag{2.2}$$

周波数と角周波数との間には，次の関係がある．

$$f = \frac{\omega}{2\pi}\,[\mathrm{Hz}] \tag{2.3}$$

また，式 (2.2)，(2.3) より，次の関係が成り立つ．

$$\omega = \frac{2\pi}{T}\,[\mathrm{rad/s}] \tag{2.4}$$

交流電圧を半周期について平均した値を，交流電圧の**平均値** (average value) V_{av} といい，次式で定義される．

$$V_{\mathrm{av}} = \frac{1}{(T/2)}\int_0^{T/2} V_{\mathrm{m}} \sin\omega t\,\mathrm{d}t = \frac{2V_{\mathrm{m}}}{\pi} \fallingdotseq 0.637\,V_{\mathrm{m}} \tag{2.5}$$

交流電圧において，平均電力の尺度となる電圧値を，交流電圧の**実効値** (effective value) といい，次式で定義される．

$$V_{\mathrm{e}} = \sqrt{\frac{1}{T}\int_0^{T} v^2 \mathrm{d}t} = \frac{V_{\mathrm{m}}}{\sqrt{2}} = 0.707\,V_{\mathrm{m}} \tag{2.6}$$

正弦波交流電流の平均値や実効値も，電圧と同様である．

2.2 基本素子の交流回路

2.2.1 抵抗のみの回路

図 2.2 に示す**抵抗** (resistance) R のみの回路に，式 (2.1) の正弦波交流電圧 v を加えると，回路に流れる電流 i は，**オームの法則** (Ohm's law) より次のようになる．

$$i = \frac{v}{R} = \frac{V_{\mathrm{m}}}{R}\sin(\omega t + \theta) = I_{\mathrm{m}}\sin(\omega t + \theta) \tag{2.7}$$

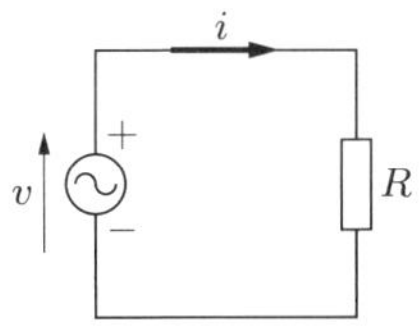

図 2.2　抵抗のみの交流回路

ここで，

$$I_{\mathrm{m}} = \frac{V_{\mathrm{m}}}{R} \tag{2.8}$$

である．式 (2.7) より，電流は電圧と同じ位相（同位相）で変化することがわかる．

2.2.2　インダクタンスのみの回路

円形状に導線を巻いたものを**コイル** (coil) という．図 2.3 に示す**自己インダクタンス** (self-inductance) L のコイルのみの回路に，正弦波交流電圧 v を加えると，コイルの両端に以下の逆起電力 e が発生する．

$$e = L\frac{\mathrm{d}i}{\mathrm{d}t} \tag{2.9}$$

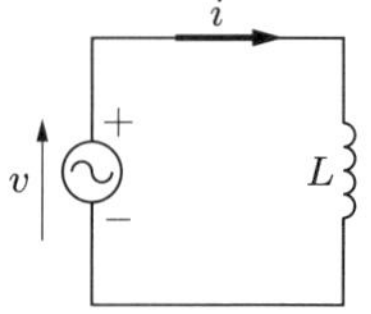

図 2.3　コイルのみの交流回路

この e は，v とその大きさが等しい．よって，式 (2.9) を積分することにより，回路に流れる電流 i は次のように求められる．

$$\begin{aligned} i &= \frac{1}{L}\int v\mathrm{d}t = \frac{1}{L}\int V_{\mathrm{m}}\sin(\omega t+\theta)\mathrm{d}t = \frac{V_{\mathrm{m}}}{\omega L}\sin\left(\omega t+\theta-\frac{\pi}{2}\right) \\ &= I_{\mathrm{m}}\sin\left(\omega t+\theta-\frac{\pi}{2}\right) \end{aligned} \tag{2.10}$$

L の単位はヘンリー [H] である．I_{m} と V_{m} との間には，次の関係がある．

$$I_{\mathrm{m}} = \frac{V_{\mathrm{m}}}{\omega L} \tag{2.11}$$

ここで，

$$X_L = \omega L \tag{2.12}$$

と定義すると，X_L は交流に対する抵抗としてはたらくことがわかる．X_L は**誘導性リアクタンス** (inductive reactance) とよばれる．単位はオーム [Ω] である．式 (2.10) より，電流 i の位相は，電圧 v の位相より $\pi/2$ だけ遅れる．

2.2.3　キャパシタンスのみの回路

2枚の対向する導体電極の間に絶縁体を挟んだものを，**コンデンサ** (capacitor) という．図 2.4 に示す**キャパシタンス** (capacitance) C のコンデンサのみの回路に，正弦波

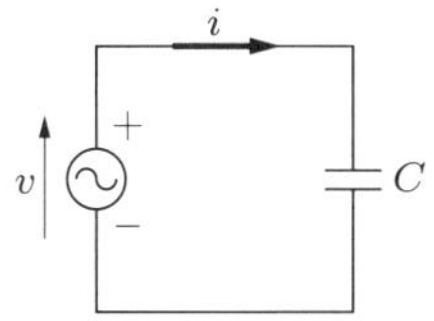

図 2.4　コンデンサのみの交流回路

交流電圧 v を加えると，電極に蓄えられる電荷 Q は次のようになる．

$$Q = Cv = CV_{\mathrm{m}} \sin(\omega t + \theta) \tag{2.13}$$

ここで，C の単位は**ファラッド** [F] である．よって，この回路を流れる電流 i は，次式で与えられる．

$$i = \frac{\mathrm{d}Q}{\mathrm{d}t} = C\frac{\mathrm{d}v}{\mathrm{d}t} = \omega CV_{\mathrm{m}} \sin\left(\omega t + \theta + \frac{\pi}{2}\right) = I_{\mathrm{m}} \sin\left(\omega t + \theta + \frac{\pi}{2}\right) \tag{2.14}$$

I_{m} と V_{m} との間には，次の関係がある．

$$I_{\mathrm{m}} = \omega CV_{\mathrm{m}} \tag{2.15}$$

ここで，

$$X_C = \frac{1}{\omega C} \tag{2.16}$$

と定義すると，X_C は交流に対する抵抗としてはたらくことがわかる．X_L は**容量性リアクタンス** (capacitive reactance) とよばれる．単位はオーム [Ω] である．式 (2.14) より，電流 i の位相は，電圧 v の位相より $\pi/2$ だけ進む．

2.3 複素数の導入

複素数 (complex number) Z は，二つの実数 a，b と**虚数単位** (imaginary unit) j を用いて，次式で与えられる．

$$Z = a + jb \tag{2.17}$$

$$j = \sqrt{-1} \tag{2.18}$$

ここで，a および b を，それぞれ複素数 Z の**実数部** (real part) および**虚数部** (imaginary part) という．この複素数 Z は，**図 2.5** に示されるように，直交座標 (x, y) 平面上の 1 点 P で示される．この平面を**複素平面** (complex plane) といい，また x 軸を**実数軸** (real axis) あるいは**実軸**，y 軸を**虚数軸** (imaginary axis) あるいは**虚軸**という．

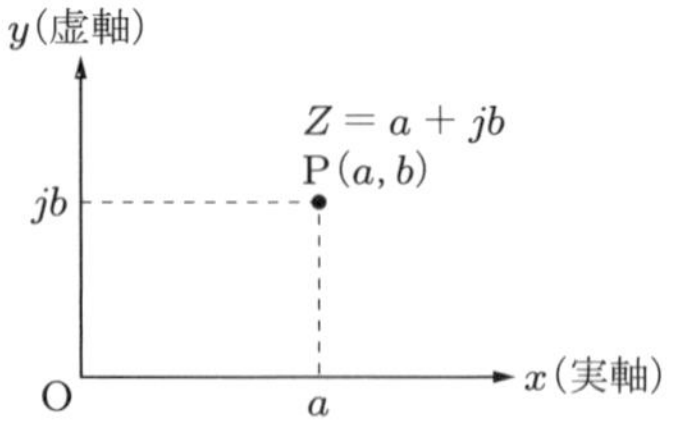

図 2.5　複素平面と複素数 Z

式 (2.17) で複素数を表現する方法を，**直交座標形式** (rectangular coordinate form, Cartesian form) という．

さらに，この複素平面上の複素数 Z は，図 2.6 で示されるように，原点 O からの距離 r と，実軸を始線として測った角 θ を用いて表すことができる．r を，**絶対値** (absolute value) という．

$$r = |Z| = \sqrt{a^2 + b^2} \tag{2.19}$$

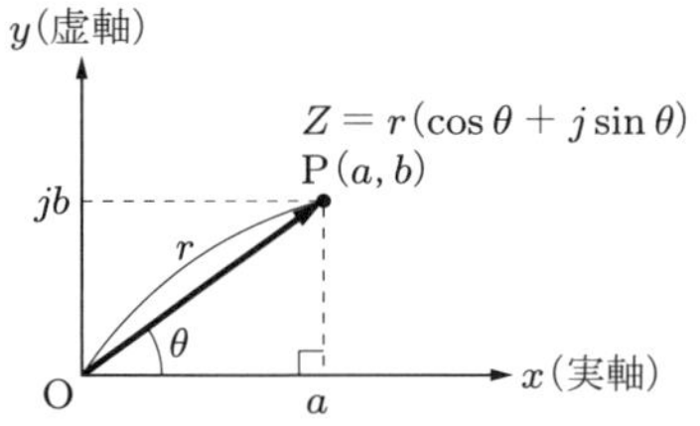

図 2.6　複素数の極形式

また，角 θ は，

$$\theta = \tan^{-1} \frac{b}{a} \tag{2.20}$$

で与えられる．これを**偏角** (argument) という．r と θ を用いると，Z は次のように表現できる．

$$Z = r(\cos\theta + j\sin\theta) \tag{2.21}$$

複素数のこの表現方法を，**極座標形式** (polar coordinate form) あるいは**極形式** (polar form) という．

複素数 Z は，大きさ r と偏角 θ をもつベクトル（有向線分）とみなすこともできる．交流回路では，一般の空間ベクトルと区別して用いるために，これを**フェーザ** (phasor) といい，しばしば次のように表す．

$$Z = r\angle\theta \tag{2.22}$$

これを，**フェーザ形式** (phasor form) とよぶ．

一方，**オイラーの公式** (Euler formula) より，次の関係が成り立つ．

$$e^{\pm j\theta} = \cos\theta \pm j\sin\theta \tag{2.23}$$

式 (2.23) を式 (2.21) に代入すると，次のようになる．

$$Z = re^{j\theta} \tag{2.24}$$

この表現法を，複素数の**指数関数形式** (exponential function form) という．

式 (2.17) で与えられる複素数に対して，虚数部の符号を変えたものを**共役複素数** (complex conjugate) といい，変数の上にバーをつけて表す．

$$\overline{Z} = a - jb \tag{2.25}$$

極座標形式，指数関数形式，およびフェーザ形式では，共役複素数は偏角の符号を変えることにより，次のように表される．

$$\overline{Z} = r(\cos\theta - j\sin\theta) = re^{-j\theta} = r\angle(-\theta) \tag{2.26}$$

複素数 Z とその共役な複素数 $\overline{Z}$ との積は，Z の大きさの 2 乗となる．

$$Z\overline{Z} = re^{j\theta} \times re^{-j\theta} = r^2 \tag{2.27}$$

図 2.7 に，複素数 Z と，その共役複素数 $\overline{Z}$ を示す．共役複素数は，もとの複素数と，実軸に対して対称になる．なお，この図のように，フェーザ形式 (2.22) に従って，複素平面上に複素数 Z を表した図を**フェーザ図** (phasor graph) という．

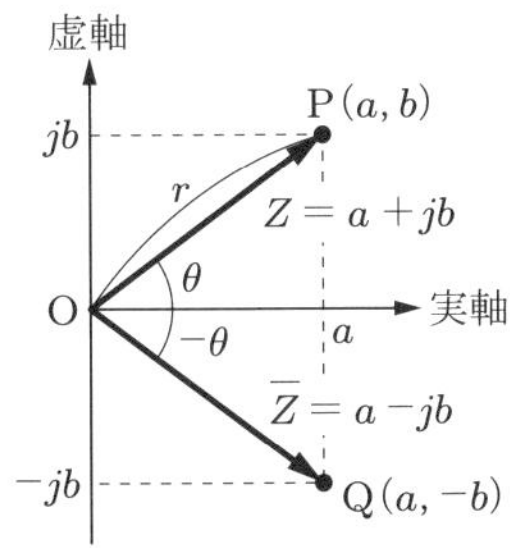

図 2.7　複素数 Z と共役複素数 $\overline{Z}$ のフェーザ図

2.4 交流の複素数表示

正弦波交流の瞬時電圧は，振幅 V_m，あるいは実効値 V_e を用いて，次のように表現できる．

$$v = V_\mathrm{m}\sin(\omega t + \theta) = \sqrt{2}V_\mathrm{e}\sin(\omega t + \theta) \tag{2.28}$$

この正弦波交流電圧は，複素数の指数関数表現を用いると，次のように表される．

$$V = V_\mathrm{m}e^{j(\omega t + \theta)} \tag{2.29}$$

式 (2.29) を，式 (2.23) のオイラーの公式を用いて展開すると，次のようになる．

$$V = V_\mathrm{m}\{\cos(\omega t + \theta) + j\sin(\omega t + \theta)\} \tag{2.30}$$

式 (2.28) の正弦波交流の瞬時電圧は，式 (2.30) の虚数部と一致している．**図 2.8** の左側の図は，式 (2.29) に従って角速度 ω で回転する点 P の運動を表す．一方，右側の図は，この点 P の虚軸への射影の時間変化を表しており，これが式 (2.28) の正弦波交流の波形である．式 (2.29) の指数関数形式で表した複素数の電圧を**複素電圧** (complex voltage) という．同様に，正弦波交流の瞬時電流を

$$I = I_\mathrm{m}e^{j(\omega t + \phi)} \tag{2.31}$$

と表し，これを**複素電流** (complex current) という．以上の表現方法を正弦波交流の**複素数表示** (complex representation) という．

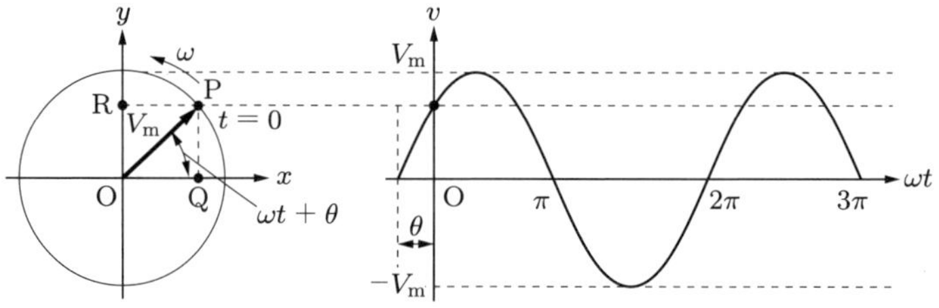

図 2.8　回転運動と正弦波交流との関係

複素数表示を用いた電気回路の計算は，以下のようにして行う．まず，式 (2.29) や式 (2.31) において，時間変化を表す $e^{j\omega t}$ の部分は共通に存在するので省略する．

$$V = V_\mathrm{m}e^{j\theta}, \quad I = I_\mathrm{m}e^{j\phi} \tag{2.32}$$

交流の計算で大切な点は，電圧と電流のお互いの位相関係，すなわち位相差である．

さらに，実用的な観点から，最大値である $V_{\rm m}$ や $I_{\rm m}$ の代わりに，実効値である $V_{\rm e}$ や $I_{\rm e}$ を用いた以下の式を使う．

$$V = V_{\rm e} e^{j\theta}, \quad I = I_{\rm e} e^{j\phi} \tag{2.33}$$

ここで，

$$V_{\rm e} = \frac{V_{\rm m}}{\sqrt{2}}, \quad I_{\rm e} = \frac{I_{\rm m}}{\sqrt{2}} \tag{2.34}$$

である．また，実効値と偏角を強調して表現した，次式に示すフェーザ形式もよく用いられる．

$$V = V_{\rm e} \angle\theta, \quad I = I_{\rm e} \angle\phi \tag{2.35}$$

同様にして，直交座標形式で表した複素電圧や複素電流は，以下のように表される．

$$V = V_{\rm e}(\cos\theta + j\sin\theta), \quad I = I_{\rm e}(\cos\phi + j\sin\phi) \tag{2.36}$$

複素数表示を行った電圧や電流に対して，これらを時間に関して微分したり，あるいは積分したりする演算を行う場合には，式 (2.29) あるいは式 (2.31) の，時間に依存した表現に立ち戻る必要がある．

式 (2.29) で与えられる複素電圧を t について微分すると，

$$\frac{{\rm d}V}{{\rm d}t} = j\omega V_{\rm m} e^{j(\omega t+\theta)} = j\omega V \tag{2.37}$$

となる．また，t について積分すると，

$$\int V {\rm d}t = \int V_{\rm m} e^{j(\omega t+\theta)} {\rm d}t = \frac{V_{\rm m}}{j\omega} e^{j(\omega t+\theta)} = \frac{1}{j\omega} V \tag{2.38}$$

となる．複素電流に対しても，同様の操作が成り立つ．すなわち，t について微分する操作は，$j\omega$ を掛ける操作で，また，t について積分する操作は，$j\omega$ で割る操作で，形式的に置き換えることができる．

例題 2.1　次に示す瞬時電圧 v に対して，この複素電圧 V を，直交座標形式，指数関数形式，およびフェーザ形式で表せ．また，複素電圧 V のフェーザ図を描け．

$$v = 200\sqrt{2}\sin\left(\omega t + \frac{\pi}{4}\right) \ [{\rm V}]$$

解答　題意により，この瞬時電圧 v の実効値 $V_{\rm e}$ は 200 [V]，初期位相角 θ は $\pi/4$ である．よって，式 (2.33)，(2.35)，(2.36) に従って，次のようになる．

$$V = 100\sqrt{2} + j100\sqrt{2} = 200e^{j\pi/4} = 200\angle 45^\circ \text{ [V]}$$

図 2.9 にフェーザ図を示す.

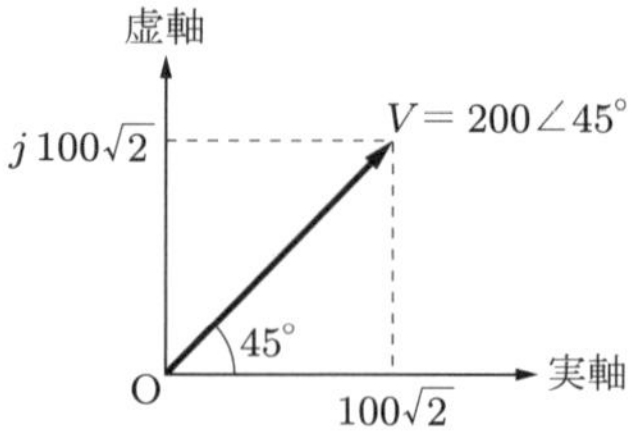

図 2.9 例題 2.1

2.5 オームの法則の複素数表示

抵抗 R に複素電圧 V を加えた際に流れる複素電流 I は，式 (2.7) を複素数表示した次式で表される.

$$I = \frac{V}{R} \tag{2.39}$$

あるいは，複素電圧 V について表すと，次のようになる.

$$V = RI \tag{2.40}$$

インダクタンス L に複素電圧 V を加えた際に流れる複素電流 I は，式 (2.10) を複素数表示した次式で表される．ここで，式 (2.38) を用いる.

$$I = \frac{1}{L}\int V \mathrm{d}t = \frac{1}{j\omega L}V \tag{2.41}$$

あるいは，複素電圧 V について表すと，次のようになる.

$$V = j\omega LI = jX_L I \tag{2.42}$$

キャパシタンス C に複素電圧 V を加えた際に流れる複素電流 I は，式 (2.14) を複素数表示した次式で表される．ここで，式 (2.37) を用いる.

$$I = \frac{\mathrm{d}Q}{\mathrm{d}t} = C\frac{\mathrm{d}V}{\mathrm{d}t} = j\omega CV \tag{2.43}$$

あるいは，複素電圧 V について表すと，次のようになる.

$$V = \frac{1}{j\omega C}I = -j\frac{1}{\omega C}I = -jX_C I \tag{2.44}$$

図 2.10 は，交流電圧源に，抵抗，コイル，あるいはコンデンサを接続した場合の，電圧と電流の位相関係をフェーザ図で表したものである．ここで，複素電流 I を基準にとり，実軸上に配置している．抵抗を接続した場合には，V と I の位相は等しい．コイルを接続した場合には，複素電圧 V の位相は，複素電流 I のそれより $\pi/2$ 進む．コンデンサを接続した場合には，複素電圧 V の位相は，複素電流 I のそれより $\pi/2$ 遅れる．

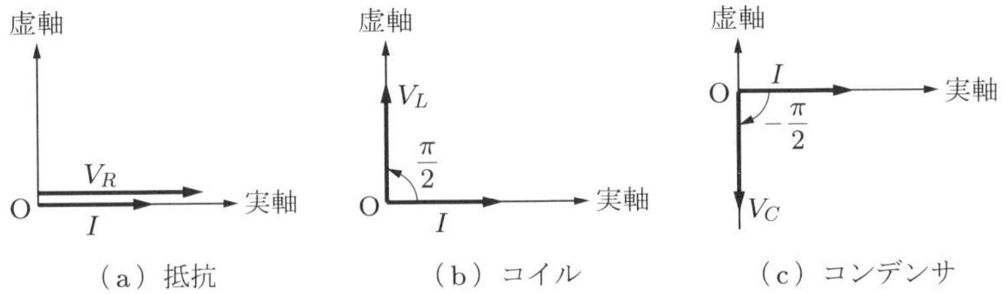

図 2.10　基準複素電流 I と各素子の両端の複素電圧 V との関係を示したフェーザ図

2.6 複素インピーダンスと複素アドミタンス

回路に加えた複素電圧 V と，回路に流れる複素電流 I との間には，一般化された交流のオームの法則として，次の関係が成り立つ．

$$V = ZI \tag{2.45}$$

ここで，Z は**複素インピーダンス** (complex impedance) とよばれる．単位はオーム [Ω] である．すなわち，複素インピーダンスは次式で定義される．

$$Z = \frac{V}{I} \tag{2.46}$$

それぞれの素子に対する複素インピーダンスを整理すると，次のようになる．

$$\text{抵抗 } R: \quad Z_R = R \tag{2.47a}$$

$$\text{インダクタンス } L: \quad Z_L = j\omega L = jX_L \tag{2.47b}$$

$$\text{キャパシタンス } C: \quad Z_C = \frac{1}{j\omega C} = -j\frac{1}{\omega C} = -jX_C \tag{2.47c}$$

一方，インピーダンスの逆数を Y で表し，これを**複素アドミタンス** (complex admittance) という．単位は**ジーメンス** [S] である．

$$Y = \frac{1}{Z} \tag{2.48}$$

アドミタンスも複素数となる．これを

$$Y = G + jB \tag{2.49}$$

と表したとき，G を**コンダクタンス** (conductance)，B を**サセプタンス** (susceptance) という．単位は，いずれもジーメンスである．

ある素子のアドミタンスを Y とし，また，この素子の両端にかかっている電圧を V とすると，この素子に流れる電流は次のように表される．

$$I = YV \tag{2.50}$$

抵抗 R，インダクタンス L，キャパシタンス C のアドミタンスをそれぞれ Y_R，Y_L，Y_C とする．式 (2.47) より，以下のようになる．

$$Y_R = \frac{1}{Z_R} = \frac{1}{R} \tag{2.51a}$$

$$Y_L = \frac{1}{Z_L} = \frac{1}{j\omega L} = -j\frac{1}{\omega L} \tag{2.51b}$$

$$Y_C = \frac{1}{Z_C} = j\omega C \tag{2.51c}$$

よって，各素子を流れる電流は次のようになる．

$$I_R = Y_R V = \frac{V}{R} \tag{2.52a}$$

$$I_L = Y_L V = -j\frac{1}{\omega L}V \tag{2.52b}$$

$$I_C = Y_C V = j\omega CV \tag{2.52c}$$

2.7 インピーダンスとアドミタンスの直列回路と並列回路

2.7.1 直列回路

図 2.11 のようにインピーダンス Z_1，Z_2，Z_3 を接続し，共通の電流 I が流れるようにしたものを，インピーダンスの**直列接続** (series connection) という．また，この回路を，インピーダンスの**直列回路** (series circuit) という．端子間 a-b の電圧を V とすると，次のようになる．

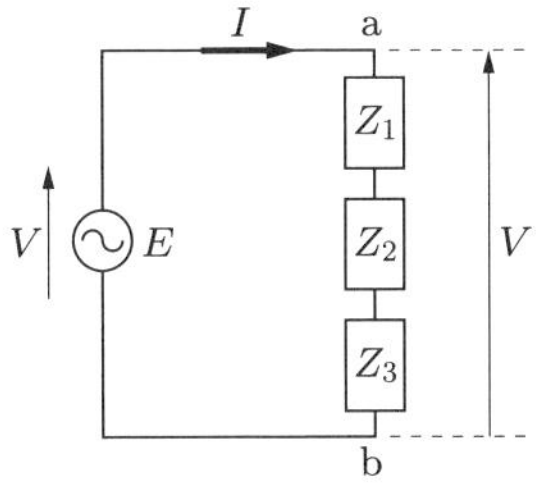

図 2.11 インピーダンスの直列回路

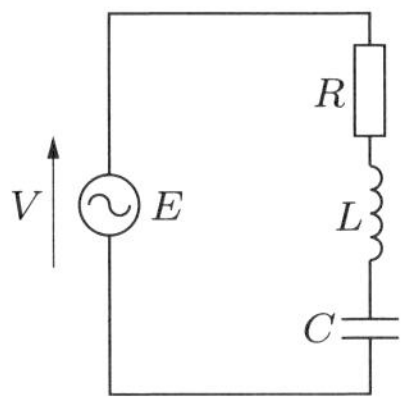

図 2.12 RLC 直列回路

$$V = Z_1 I + Z_2 I + Z_3 I = (Z_1 + Z_2 + Z_3) I \tag{2.53}$$

よって，端子間 a-b の**合成インピーダンス** (overall impedance) Z は次のように表される．

$$Z = Z_1 + Z_2 + Z_3 \tag{2.54}$$

一般化して，n 個のインピーダンス $Z_1, Z_2, \cdots, Z_n$ が直列接続されている場合の合成インピーダンスは，次式で与えられる．

$$Z = Z_1 + Z_2 + \cdots + Z_n = \sum_{i=1}^{n} Z_i \tag{2.55}$$

とくに，**図 2.12** に示す，R，L，C が直列に接続された回路を，**RLC 直列回路** (RLC series circuit) という．この合成インピーダンスは，式 (2.47) を用いて，次のように表される．

$$Z = R + j\left(\omega L - \frac{1}{\omega C}\right) \tag{2.56}$$

2.7.2 並列接続

図 2.13 のようにインピーダンス Z_1，Z_2，Z_3 を接続し，共通の電圧 V を印加したものを，インピーダンスの**並列接続** (parallel connection) という．電源から流れ出す電流 I は次のようになる．

$$I = I_1 + I_2 + I_3 = \frac{V}{Z_1} + \frac{V}{Z_2} + \frac{V}{Z_3} = \left(\frac{1}{Z_1} + \frac{1}{Z_2} + \frac{1}{Z_3}\right) V \tag{2.57}$$

よって，端子間 a-b の合成インピーダンス Z は次のように表される．

$$\frac{1}{Z} = \frac{1}{Z_1} + \frac{1}{Z_2} + \frac{1}{Z_3} \tag{2.58}$$

一般化して，n 個のインピーダンス $Z_1, Z_2, \cdots, Z_n$ が並列接続されているとき，この

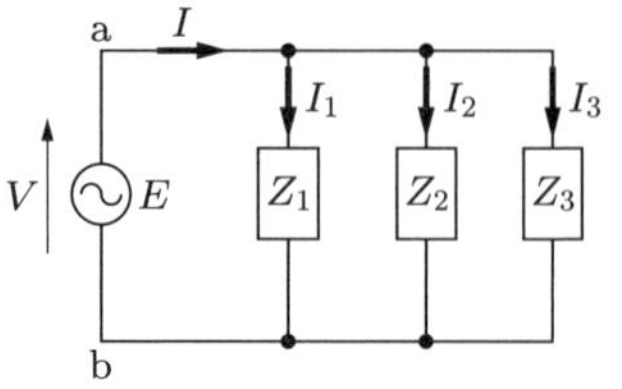

図 2.13　インピーダンスの並列回路

合成インピーダンス Z は次式で与えられる．

$$\frac{1}{Z} = \frac{1}{Z_1} + \frac{1}{Z_2} + \cdots + \frac{1}{Z_n} = \sum_{k=1}^{n} \frac{1}{Z_k} \tag{2.59}$$

並列回路の合成インピーダンスの表式は，やや複雑であるが，アドミタンスを用いると，次のように簡潔に表現できる．すなわち，n 個のアドミタンス $Y_1, Y_2, \cdots, Y_n$ が並列接続されているとき，合成アドミタンス Y は，各素子のアドミタンスの和で与えられる．

$$Y = Y_1 + Y_2 + \cdots + Y_n = \sum_{k=1}^{n} Y_k \tag{2.60}$$

アドミタンスは，とくに並列回路の解析に対して有用である．

例題 2.2　図 2.14 において，ABCD は正四面体である．四つの各陵が，キャパシタンス C のコンデンサで構成された立体回路であるとする．AB 間に，角周波数 ω の交流電圧を印加する．AB 間の合成インピーダンス Z を表す表式を求めよ．

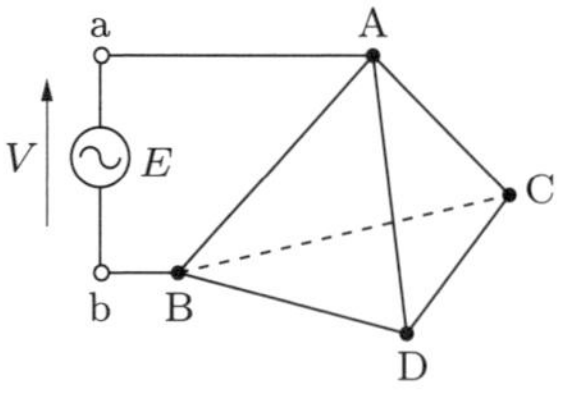

図 2.14　例題 2.2

解答　点 A を頂点とし，BCD を底面として，上部からこの正四面体をながめると，**図 2.15** のようになる．点 A から見て，点 C と点 D は対称点であるので，両点の電位は等しく，電位差は生じないので，CD 間には電流が流れない．AB 間の合成インピーダンス Z は，オームの法則より $Z = V/I$ で与えられるので，CD 間のコンデンサを取り去っても合成インピーダンスの値は変わらない．結局，求める合成インピーダンス Z は，ACB 間，ADB 間，AB 間のインピーダンスの並列接続なので，次のようになる．

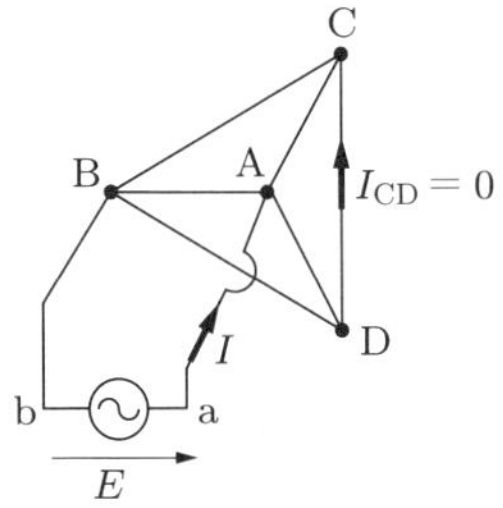

図 2.15　例題 2.2 の回路図の考え方

$$\frac{1}{Z}=\frac{1}{\dfrac{1}{j\omega C}+\dfrac{1}{j\omega C}}+\frac{1}{\dfrac{1}{j\omega C}+\dfrac{1}{j\omega C}}+\frac{1}{\dfrac{1}{j\omega C}}=2j\omega C$$

$$\therefore Z=\frac{1}{2j\omega C}=-j\frac{1}{2\omega C}$$

2.8 交流ブリッジ回路

図 2.16 で与えられるような回路は，一般的に**ブリッジ回路** (bridge circuit) とよばれる．図のように，交流複素電流 $I_1 \sim I_5$，およびインピーダンス $Z_1 \sim Z_5$ を仮定する．この回路において，AB 間に電流が流れない条件を求めてみよう．この条件を**ブリッジ回路の平衡条件** (equilibrium condition of bridge circuit) という．このためには，点 A と点 B の電位が等しければよい．すなわち，AC 間と BC 間の電圧降下がお互いに等しく，また AD 間と BD 間の電圧降下がお互いに等しければよい．これらは，

$$Z_1 I_1 = Z_2 I_2, \quad Z_3 I_3 = Z_4 I_4 \tag{2.61}$$

と表される．これら二つの式の両辺の比は等しいので，

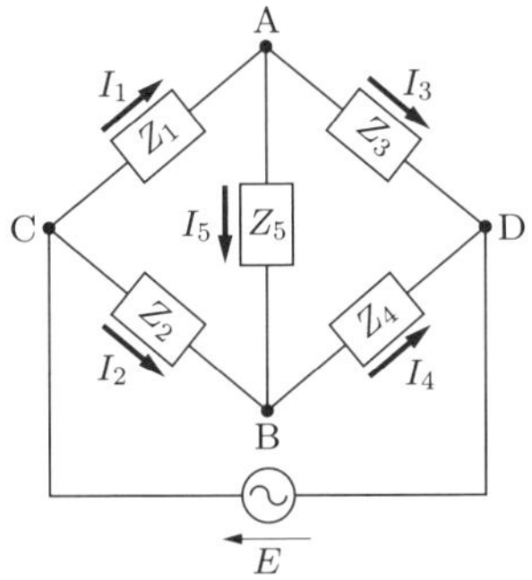

図 2.16　ブリッジ回路

$$\frac{Z_1 I_1}{Z_3 I_3} = \frac{Z_2 I_2}{Z_4 I_4} \tag{2.62}$$

を得る．一方，AB 間に電流が流れないとすると，

$$I_1 = I_3, \quad I_2 = I_4 \tag{2.63}$$

が成立するので，これらを式 (2.62) に代入することにより，

$$\frac{Z_1}{Z_3} = \frac{Z_2}{Z_4} \tag{2.64}$$

を得る．よって，ブリッジ回路の平衡条件は，対向するインピーダンスの積を等しいとおいた条件

$$Z_1 Z_4 = Z_2 Z_3 \tag{2.65}$$

によって，与えられる．

2.9 電圧源と電流源の等価変換

実在の電源は，電圧源とみなすこともできるし，また電流源とみなすこともできる．図 2.17(a) は，交流電源を，**定電圧源** (constant voltage source) E と**内部インピーダンス** (internal impedance) Z_0 の直列接続として表したものである．一方，図 (b) は，交流電源を，**定電流源** (constant current source) J と**内部アドミタンス** (internal admittance) Y_0 の並列接続として表したものである．

これら二つの交流電源が，お互いに等価であるためには，以下の条件を満たすことが必要である．

$$Y_0 = \frac{1}{Z_0} \tag{2.66}$$

$$J = \frac{E}{Z_0} \tag{2.67}$$

式 (2.66)，(2.67) で与えられる変換を，**電圧源と電流源の等価変換** (equivalent conversion between voltage source and current source) という．

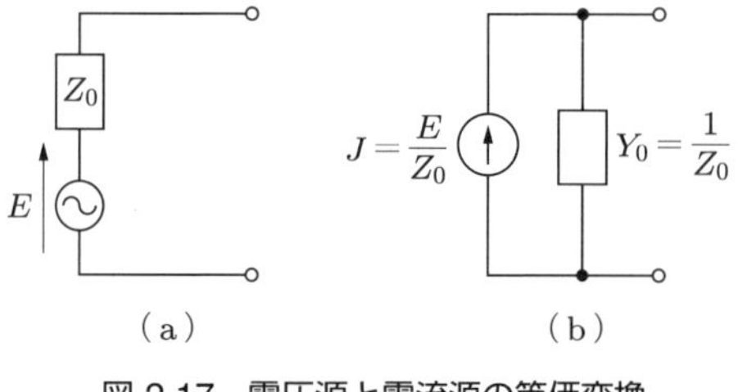

図 2.17　電圧源と電流源の等価変換

例題 2.3　図 2.18 の回路に対する，等価電圧源および等価電流源を求めよ．

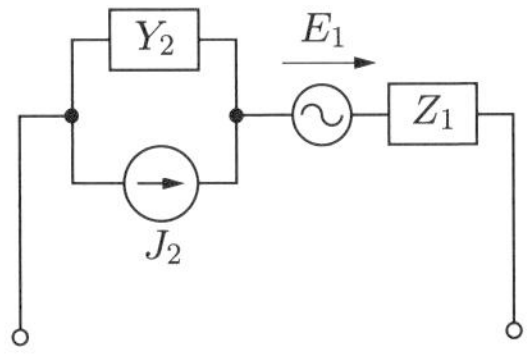

図 2.18　例題 2.3

解答　図の回路に対して，式 (2.66)，(2.67) で与えられる等価変換を順番に行っていく．図 2.19(a) は，電流源の部分を，電圧源に等価変換したものである．これにより，電流源の部分は，次式で与えられるような定電圧源 E_2 と内部インピーダンス Z_2 の直列接続となる．

$$E_2 = Z_2 J_2 = \frac{J_2}{Y_2}, \quad Z_2 = \frac{1}{Y_2}$$

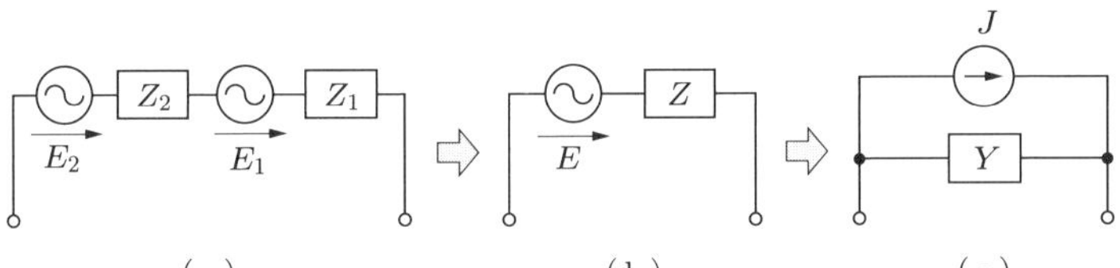

図 2.19　電流源と電圧源に対する等価変換

さらに，図 (a) において，二つの直列接続された電圧源をまとめて E，また，二つの直列接続されたインピーダンスをまとめて Z とすると，次式に示すようになる．

$$E = E_1 + E_2 = E_1 + Z_2 J_2 = E_1 + \frac{J_2}{Y_2}$$

$$Z = Z_1 + Z_2 = Z_1 + \frac{1}{Y_2}$$

図 (b) は，これを回路で示したものである．これが，求める等価電圧源である．

この回路の電圧源を電流源に等価変換すると，図 (c) のようになる．これが，求める等価電流源である．ここで，

$$J = \frac{E}{Z} = \frac{E_1 + Z_2 J_2}{Z_1 + Z_2} = \frac{E_1 + J_2/Y_2}{Z_1 + 1/Y_2} = \frac{E_1 Y_2 + J_2}{Z_1 Y_2 + 1}$$

$$Y = \frac{1}{Z_1 + Z_2} = \frac{1}{Z_1 + 1/Y_2} = \frac{Y_2}{Z_1 Y_2 + 1}$$

である．

2.10 キルヒホッフの法則

キルヒホッフの法則 (Kirchhoff's law) は，電流の保存を表す第 1 法則と，電圧の保存を表す第 2 法則から成り立っている．

キルヒホッフの第 1 法則は，**図 2.20** を用いて，次のようになる．回路網中の k 番目の枝路を流れる交流複素電流を I_k とする．三つ以上の枝路が交わる節点を考える．節点に流入する向きを正，節点から流出する向きを負とする．このとき，回路網の任意の節点に流入する交流電流の総和と，流出する交流電流の総和を足し合わせたものはつねに 0 となる．

$$\sum_{k=1}^{n} I_k = 0 \tag{2.68}$$

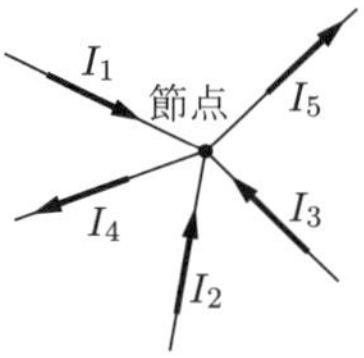

図 2.20　キルヒホッフの第 1 法則

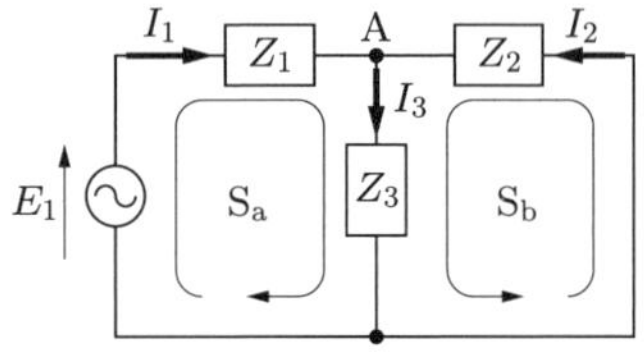

図 2.21　キルヒホッフの第 2 法則

キルヒホッフの第 2 法則は，**図 2.21** を用いて，次のようになる．i 番目の起電力を E_i とし，また k 番目のインピーダンス Z_k に流れる電流による電圧降下を Z_kI_k とする．このとき，回路網中の任意の閉回路に沿って 1 周したとき，起電力の総和と，電圧降下の総和は等しい．

$$\underbrace{\sum_{k=1}^{n} Z_k I_k}_{\text{電圧降下の総和}} = \underbrace{\sum_{i=1}^{m} E_i}_{\text{起電力の総和}} \tag{2.69}$$

回路中の各枝路の電圧や電流を仮定し，ここで述べたキルヒホッフの二つの法則を組み合わせることにより，これらの電圧や電流を求めるための回路方程式を導くことができる．キルヒホッフの法則は，交流解析を行うための大切な道具である．

2.11 逆回路

ある 2 端子回路のインピーダンス Z_1 と，もう一つの 2 端子回路のインピーダンス Z_2 との間に，次の関係があるとき，二つの回路は，R_0 に関して**逆回路** (inverse circuit)

であるという．

$$Z_1 Z_2 = {R_0}^2 \tag{2.70}$$

ただし，R_0 は，角周波数 ω に無関係な正の定数である．すなわち，インピーダンス Z_1 をもつ，ある 2 端子回路の逆回路のインピーダンス Z_2 は，次式で与えられる．

$$Z_2 = \frac{{R_0}^2}{Z_1} \tag{2.71}$$

代表的な 2 端子回路に対して，その逆回路を**表 2.1** に示す．たとえば，抵抗 $R\,[\Omega]$ の逆回路は，

$$R^* = \frac{{R_0}^2}{R}\,[\Omega] \tag{2.72}$$

となる．インダクタンス $L\,[\mathrm{H}]$ の逆回路は，キャパシタンス $C\,[\mathrm{F}]$ となる．これは，次のように考えればよい．インダクタンス L に対するインピーダンスは $j\omega L$ である．式 (2.71) に従って，

$$Z_2 = \frac{{R_0}^2}{j\omega L} = \frac{1}{j\omega\,(L/{R_0}^2)} = \frac{1}{j\omega C} \tag{2.73}$$

となるので，逆回路のキャパシタンス C は次式で与えられる．

$$C = \frac{L}{{R_0}^2}\,[\mathrm{F}] \tag{2.74}$$

また，キャパシタンス $C\,[\mathrm{F}]$ の逆回路は，インダクタンス $L\,[\mathrm{H}]$ となる．これは，次のように考えればよい．キャパシタンス C に対するインピーダンスは $1/(j\omega C)$ である．

表 2.1 代表的な 2 端子回路の逆回路

Z_1	Z_2
抵抗$R\,[\Omega]$ 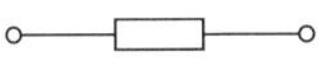	抵抗${R_0}^2/R\,[\Omega]$ 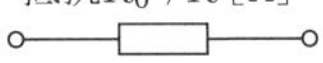
インダクタンス$L\,[\mathrm{H}]$ 	キャパシタンス$L/{R_0}^2\,[\mathrm{F}]$ 
キャパシタンス$C\,[\mathrm{F}]$ 	インダクタンス$C{R_0}^2\,[\mathrm{H}]$ 
インピーダンス$Z\,[\Omega]$ 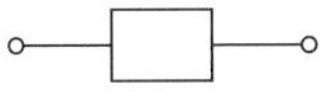	インピーダンス${R_0}^2/Z\,[\Omega]$ 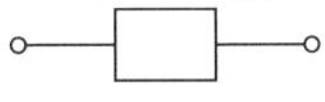

式 (2.71) に従って,

$$Z_2 = \frac{{R_0}^2}{1/(j\omega C)} = j\omega C{R_0}^2 = j\omega L \tag{2.75}$$

となるので，逆回路のインダクタンス L は次式で与えられる.

$$L = C{R_0}^2\,[\mathrm{H}] \tag{2.76}$$

　では，素子が直列接続あるいは並列接続された回路の逆回路はどうなるだろうか. **表 2.2** に，直列接続と並列接続の逆回路についてまとめてある．インピーダンス Z_a，Z_b，Z_c が直列接続された場合の合成インピーダンス Z_1 は,

$$Z_1 = Z_\mathrm{a} + Z_\mathrm{b} + Z_\mathrm{c} \tag{2.77}$$

である．この逆回路のインピーダンスは，式 (2.71) より次のようになる.

$$Z_2 = \frac{{R_0}^2}{Z_1} = \frac{{R_0}^2}{Z_\mathrm{a} + Z_\mathrm{b} + Z_\mathrm{c}} = \frac{1}{Z_\mathrm{a}/{R_0}^2 + Z_\mathrm{b}/{R_0}^2 + Z_\mathrm{c}/{R_0}^2} \tag{2.78}$$

この式は，Z_2 が三つのインピーダンス ${R_0}^2/Z_\mathrm{a}$，${R_0}^2/Z_\mathrm{b}$，${R_0}^2/Z_\mathrm{c}$ の並列接続であることを表す.

　一方，Z_a，Z_b，Z_c が並列接続された場合の合成インピーダンス Z_1 は,

表 2.2　直列接続と並列接続の逆回路

<table>
<tr><th>Z_1</th><th>Z_2</th></tr>
<tr><td>直列接続
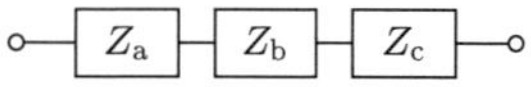
</td><td>並列接続
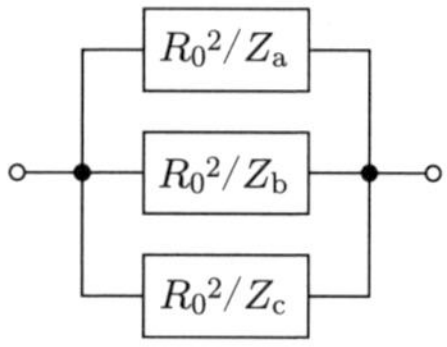
</td></tr>
<tr><td>並列接続
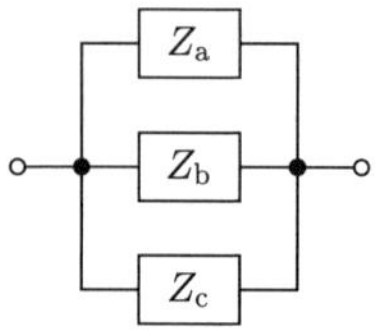
</td><td>直列接続
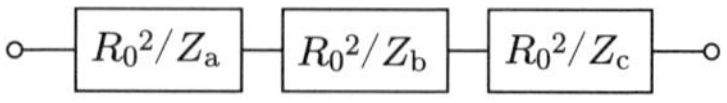
</td></tr>
</table>

$$Z_1 = \frac{1}{1/Z_\mathrm{a} + 1/Z_\mathrm{b} + 1/Z_\mathrm{c}} \tag{2.79}$$

である．この逆回路のインピーダンスは，式 (2.71) より次のようになる．

$$Z_2 = \frac{{R_0}^2}{Z_1} = {R_0}^2 \Bigg/ \left(\frac{1}{1/Z_\mathrm{a} + 1/Z_\mathrm{b} + 1/Z_\mathrm{c}}\right) = \frac{{R_0}^2}{Z_\mathrm{a}} + \frac{{R_0}^2}{Z_\mathrm{b}} + \frac{{R_0}^2}{Z_\mathrm{c}} \tag{2.80}$$

この式は，Z_2 が ${R_0}^2/Z_\mathrm{a}$，${R_0}^2/Z_\mathrm{b}$，${R_0}^2/Z_\mathrm{c}$ の直列接続であることを表す．

例題 2.4　図 2.22(a) で与えられる R と L の直列回路がある．この直列回路の，R_0 に関してお互いに逆回路となる回路を，図 (b) のように R と C との並列回路で構成したい．これが成立するための R, L, C および R_0 の間の条件を求めよ．

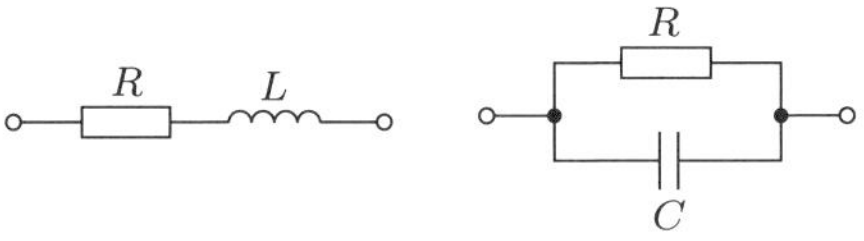

（a）R と L の直列回路　　（b）逆回路

図 2.22　例題 2.4

解答　図 (a) の回路のインピーダンス Z_1 は，次のようになる．

$$Z_1 = R + j\omega L$$

一方，図 (b) の回路のインピーダンス Z_2 は，次のようになる．

$$Z_2 = \frac{R \cdot 1/(j\omega C)}{R + 1/(j\omega C)} = \frac{R}{1 + j\omega CR}$$

これら二つのインピーダンス Z_1 と Z_2 との積を計算する．

$$Z_1 Z_2 = (R + j\omega L) \cdot \frac{R}{1 + j\omega CR} = \frac{R(R + j\omega L)(1 - j\omega CR)}{(1 + j\omega CR)(1 - j\omega CR)}$$
$$= \frac{R^2(1 + \omega^2 LC) - j\omega R(CR^2 - L)}{1 + (\omega CR)^2}$$

ここで，上式の右辺が ${R_0}^2$ となることが求める条件となる．このためには，

$$\frac{R^2(1 + \omega^2 LC)}{1 + (\omega CR)^2} = {R_0}^2, \quad CR^2 - L = 0$$

の二つの条件を満たせばよい．第 2 式より $R^2 = L/C$ となり，第 1 式に代入すると，${R_0}^2 = L/C$ となる．よって，逆回路になるための条件として，次式を得る．

$$R = R_0 = \sqrt{\frac{L}{C}}$$

2.12 定抵抗回路

一般に，コイルやコンデンサを含む回路のインピーダンスは，角周波数 ω により変化する．このインピーダンスが ω に依存せず，一定になる回路を，**定抵抗回路** (constant resistance network) という．

逆回路の考え方を用いると，この定抵抗回路を作ることができる．**図 2.23** に示す三つの回路は，いずれも Z_1 と Z_4 が R_0 に関してお互いに逆回路となるとき，すなわち，

$$Z_1 Z_4 = {R_0}^2 \tag{2.81}$$

の条件を満たすとき，定抵抗回路となる．これを確認してみよう．図 (a) の端子 a-b 間の合成インピーダンスは，次のようになる．

$$\begin{aligned} Z &= \frac{(R_0 + Z_1)(R_0 + Z_4)}{(R_0 + Z_1) + (R_0 + Z_4)} = \frac{{R_0}^2 + R_0(Z_1 + Z_4) + Z_1 Z_4}{2R_0 + Z_1 + Z_4} \\ &= \frac{{R_0}^2 + R_0(Z_1 + Z_4) + {R_0}^2}{2R_0 + Z_1 + Z_4} = \frac{2{R_0}^2 + R_0(Z_1 + Z_4)}{2R_0 + Z_1 + Z_4} = R_0 \end{aligned} \tag{2.82}$$

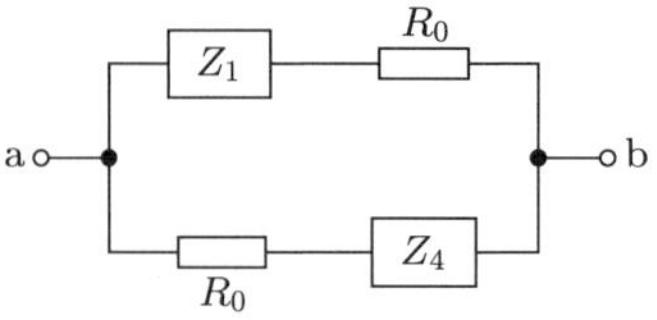

（a）定抵抗回路例1

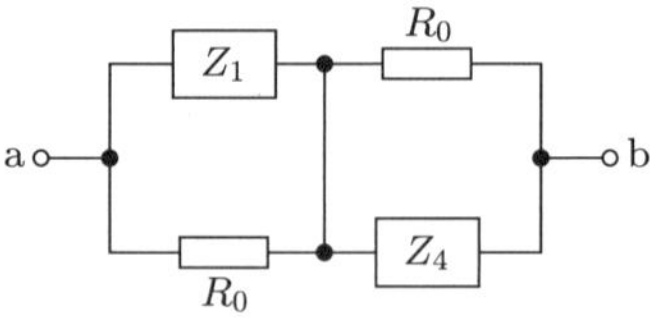

（b）定抵抗回路例2

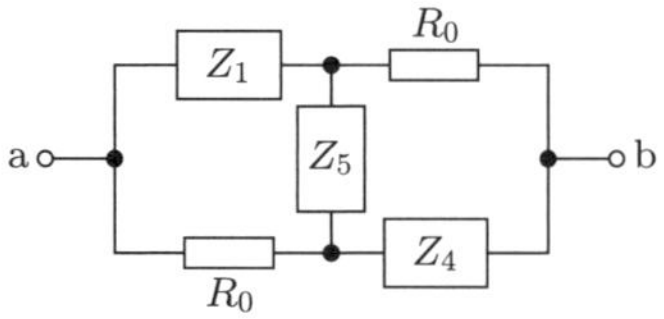

（c）定抵抗回路例3

図 2.23　定抵抗回路の例

同様にして，図 (b) の端子 a-b 間の合成インピーダンスは，次のようになる．

$$\begin{aligned} Z &= \frac{R_0 Z_1}{R_0 + Z_1} + \frac{R_0 Z_4}{R_0 + Z_4} = \frac{R_0 Z_1(R_0 + Z_4) + R_0 Z_4(R_0 + Z_1)}{(R_0 + Z_1)(R_0 + Z_4)} \\ &= \frac{{R_0}^2(Z_1 + Z_4) + 2R_0 Z_1 Z_4}{{R_0}^2 + R_0(Z_1 + Z_4) + Z_1 Z_4} = \frac{{R_0}^2(Z_1 + Z_4) + 2{R_0}^3}{R_0(Z_1 + Z_4) + 2{R_0}^2} = R_0 \end{aligned} \tag{2.83}$$

最後に，図 (c) の端子 a-b 間の合成インピーダンスを求めよう．このためには，Δ結線配線に対する合成インピーダンス計算の知識が必要であるが，今回の場合には，次のように考えればよい．

この回路は，素子の配置を少し変えてみると，**図 2.24** に示すブリッジ回路と同じであることがわかる．この回路で，c-d 間に電流が流れない平衡条件は，式 (2.65) より，対向するインピーダンスの積を等しいとおいた条件

$$Z_1 Z_4 = {R_0}^2 \tag{2.84}$$

で与えられた．ところが，この条件は，式 (2.70) と同一である．すなわち，式 (2.70) の条件は，このブリッジ回路の平衡条件を満たす．このとき，a-c 間と a-d 間，また c-b 間と b-d 間の電圧降下はそれぞれ等しく，c-d 間には電流が流れない．よって，端子 a-b 間の合成インピーダンスは，c-d 間のインピーダンス素子にはまったく影響を受けない．すなわち，a-b 間の合成インピーダンスを求めることは，図 2.23(a) の回路の合成インピーダンスを求めることと同じである．式 (2.84) の条件が満たされるとき，図 (a) の回路は，定抵抗回路であるから，図 (c) の回路も定抵抗回路となる．

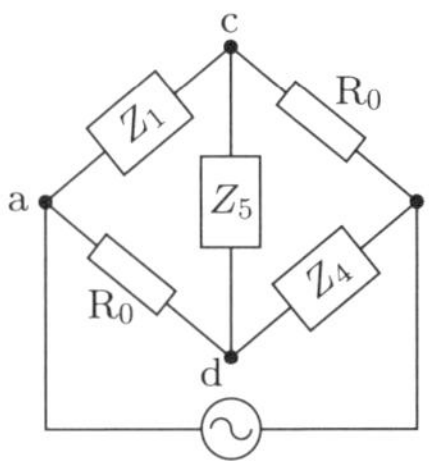

図 2.24　ブリッジ回路

演習問題

2.1【複素電流の表記法】 次に示す瞬時電流 i に対して，この複素電流 I を，直交座標形式，指数関数形式，およびフェーザ形式で表せ．また，複素電流 I のフェーザ図を描け．

$$i = 2\sqrt{2}\cos\left(\omega t - \frac{\pi}{4}\right)\ [\mathrm{A}]$$

2.2【立方体回路の合成抵抗】 問図 2.1 は，12 本の導線で構成された立方体回路である．12 個の各陵には，インピーダンス Z の素子が配置されている．AC 間の合成インピーダンスを表す表式を求めよ．

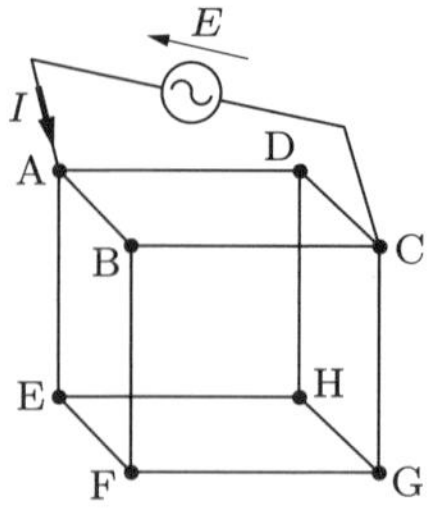

問図 2.1

2.3【RLC 直列回路】 図 2.12 に示した RLC 直列回路において，抵抗 $R = 60$ [Ω]，インダクタンス $L = 20$ [mH]，キャパシタンス $C = 5$ [μF] である．この回路に，角周波数 $\omega = 5000$ [rad/s] の複素交流電流 $I = 2.0\angle 0°$ [A] を流した．電流を基準にしたときの，各素子の端子間の複素電圧 V_R，V_L，V_C，および電源の複素電圧 V を求めよ．この回路のインピーダンス Z と，V_R，V_L，V_C，V，および I の関係を表すフェーザ図を描け．

2.4【電圧源と電流源の等価変換】 問図 2.2 の回路に対する，等価電圧源および等価電流源の回路を示せ．ただし，$E_1 = E_2 = 5$ [V]，$J_1 = 2$ [A]，$J_3 = 1$ [A]，$Z_1 = 2$ [Ω]，$Z_2 = 5$ [Ω] とする．

2.5【オーウェンブリッジ】 問図 2.3 に示すオーウェンブリッジ回路において，平衡条件を与える抵抗 R_1 とインダクタンス L_1 の値を求めよ．ただし，$R_2 = 10$ [Ω]，$R_3 = 50$ [Ω]，$C_3 = 20$ [μF]，$C_4 = 50$ [μF] である．

2.6【定抵抗ブリッジ】 問図 2.4 に示すブリッジ回路において，平衡条件を満たし，かつ，回路を流れる電流 I が，周波数に依存せず一定になるための条件を求めよ．

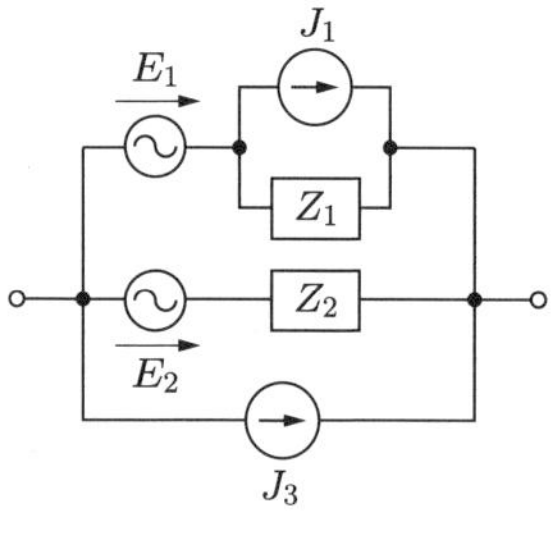

問図 2.2

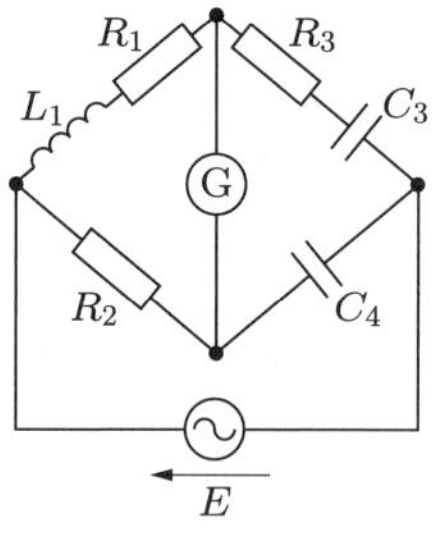

問図 2.3

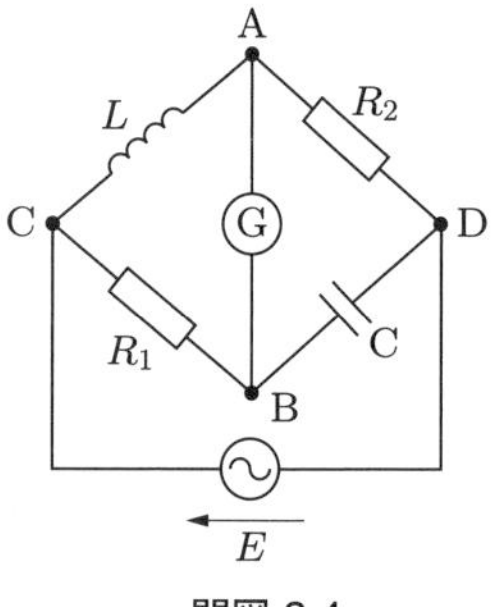

問図 2.4

2.7【逆回路】 問図 2.5(a) で与えられる，R と C の直列回路がある．この直列回路の，R_0 に関してお互いに逆回路となる回路を，問図 (b) のように R と L との並列回路で構成したい．これが成立するための R, L, C および R_0 の間の条件を求めよ．

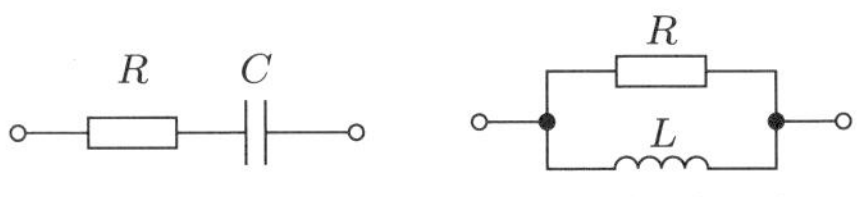

（a） RとCの直列回路　　（b） 逆回路

問図 2.5

2.8【逆回路】 問図 2.6 で与えられる回路がある．この回路の，$R_0 = 200$ [Ω] に関してお互いに逆回路となる回路を求めて描け．ただし，$R = 100$ [Ω]，$C = 5$ [μF]，$L = 50$ [mH] とする．

2.9【定抵抗回路】 問図 2.7 の回路が，定抵抗回路となるようにしたい．このためには，抵抗 R をいくらにすればよいか．ただし，$L = 20$ [mH]，$C = 2$ [μF] である．

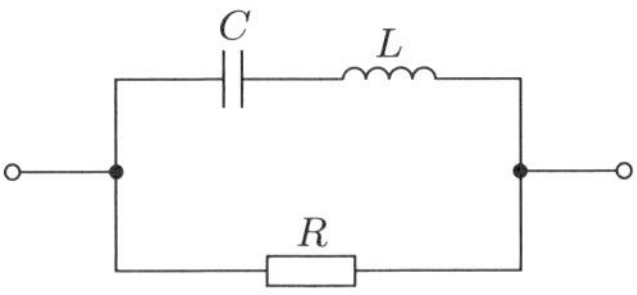

問図 2.6

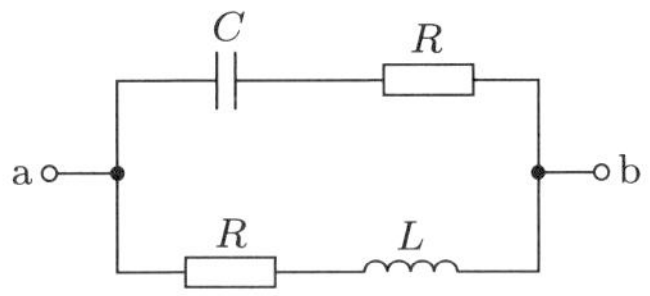

問図 2.7

第3章 交流回路方程式の基本解法

オームの法則とキルヒホッフの法則を用いて，電気回路網の解析を行うための典型的な方法として，枝電流法，閉路電流法，そして節点電位法の三つがよく知られている．これらの方法を，具体的な例を挙げて確認していくことから始めよう．一方で，これら三つの方法は，1次独立で完全な解を求める，という観点からは課題を抱えている．これが，以後の章で説明される，グラフ理論に基づく回路解析の必要性の根拠となっている．さらに，複雑な電気回路網解析において大変役に立つ，重ね合わせの理，テブナンの定理，そしてノートンの定理について説明していく．本章も，すでに十分理解している読者は読み飛ばすこともできるが，以後の章を理解するうえで基本となる考え方であるので，あらためて確認しておいてほしい．

3.1 枝電流法

図3.1 の回路において，電圧源 E_1，E_2，およびインピーダンス $Z_1 \sim Z_3$ が与えられたとき，回路を流れる電流を求める問題を取り上げる．未知変数として，枝電流 I_1，I_2，I_3 を仮定する．このように，各枝路の電流を仮定して解くことから，**枝電流法** (branch current method) とよぶ．求めるべき未知変数は三つであるので，これから三つの方程式を作っていく．まず，一つ目の方程式として，節点 A に対しキルヒホッフの第1法則を適用する．

$$I_1 + I_2 - I_3 = 0 \tag{3.1}$$

次に，これらの枝電流を用いて，二つの独立な閉路 $\mathrm{S_a}$，$\mathrm{S_b}$ に対してキルヒホッフ

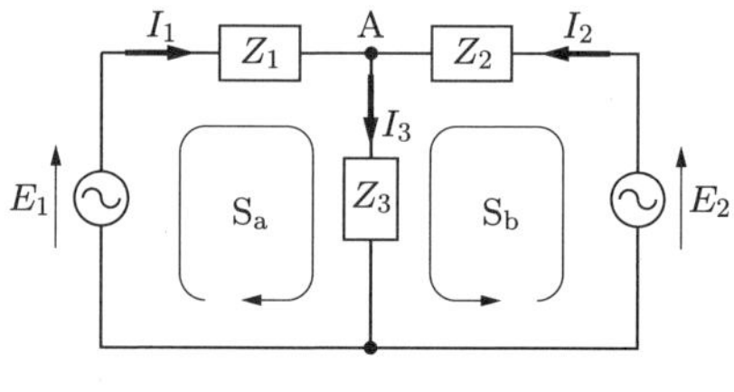

図 3.1　枝電流法の説明

の第 2 法則を適用する．これにより，以下の残り二つの方程式が作られる．

$$Z_1 I_1 + Z_3 I_3 = E_1 \tag{3.2}$$

$$Z_2 I_2 + Z_3 I_3 = E_2 \tag{3.3}$$

方程式は式 (3.1)～(3.3) の合計三つあり，未知数は枝電流 I_1，I_2，I_3 の三つであるので，この方程式から 1 次独立な解を得ることができる．

式 (3.1) を I_3 について解くと，次のようになる．

$$I_3 = I_1 + I_2 \tag{3.4}$$

これを，式 (3.2)，(3.3) に代入して整理すると，

$$(Z_1 + Z_3)I_1 + Z_3 I_2 = E_1 \tag{3.5}$$

$$Z_3 I_1 + (Z_2 + Z_3)I_2 = E_2 \tag{3.6}$$

となる．式 (3.5)，(3.6) から変数 I_2 を消去し，I_1 だけの式にすると，次のようになる．

$$\left\{(Z_1 + Z_3)(Z_2 + Z_3) - {Z_3}^2\right\} I_1 = (Z_2 + Z_3) E_1 - Z_3 E_2 \tag{3.7}$$

よって，求めるべき枝電流 I_1 は，

$$I_1 = \frac{(Z_2 + Z_3)E_1 - Z_3 E_2}{Z_1 Z_2 + Z_2 Z_3 + Z_3 Z_1} \tag{3.8}$$

となる．同様にして，式 (3.5)，(3.6) から変数 I_1 を消去し，I_2 だけの式にすると，次のようになる．

$$\left\{{Z_3}^2 - (Z_1 + Z_3)(Z_2 + Z_3)\right\} I_2 = Z_3 E_1 - (Z_1 + Z_3)E_2 \tag{3.9}$$

よって，求めるべき枝電流 I_2 は，

$$I_2 = \frac{(Z_1 + Z_3)E_2 - Z_3 E_1}{Z_1 Z_2 + Z_2 Z_3 + Z_3 Z_1} \tag{3.10}$$

となる．式 (3.8)，(3.10) を式 (3.4) に代入して，求めるべき枝電流 I_3 は次のようになる．

$$I_3 = I_1 + I_2 = \frac{Z_2 E_1 + Z_1 E_2}{Z_1 Z_2 + Z_2 Z_3 + Z_3 Z_1} \tag{3.11}$$

例題 3.1 **図 3.2** で与えられる交流回路がある．枝電流法を用いて，枝電流 I_1，I_2，I_3 を求めよ．ただし，電源の角周波数を ω とする．

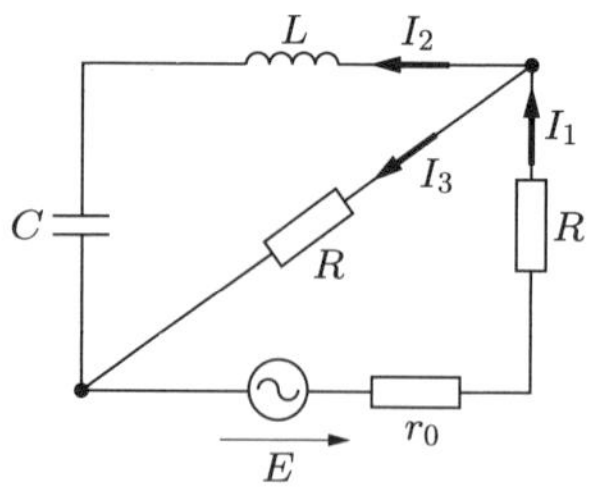

図 3.2　電圧源を含む交流回路（例題 3.1）

解答　図 3.3 は，各枝のインピーダンスを Z_1～Z_5 で表したものである．これらのインピーダンスは次式で与えられる．

$$Z_1 = r_0, \quad Z_2 = R, \quad Z_3 = j\omega L, \quad Z_4 = -j\frac{1}{\omega C}, \quad Z_5 = R \tag{1}$$

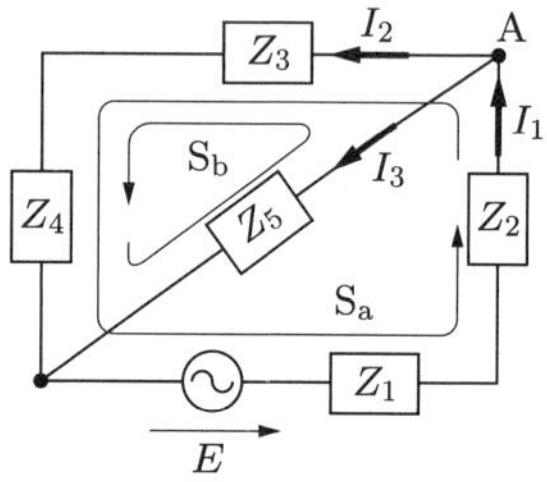

図 3.3　インピーダンスで表した交流回路

まず，節点 A に対しキルヒホッフの第 1 法則を適用する．

$$I_1 - I_2 - I_3 = 0 \tag{2}$$

次に，二つの独立な閉路 $\mathrm{S_a}$，$\mathrm{S_b}$ に対して，キルヒホッフの第 2 法則を適用する．

$$(Z_1 + Z_2)I_1 + (Z_3 + Z_4)I_2 = E \tag{3}$$

$$(Z_3 + Z_4)I_2 - Z_5 I_3 = 0 \tag{4}$$

式 (2) を I_3 について解き，式 (4) に代入して整理すると，

$$Z_5 I_1 - (Z_3 + Z_4 + Z_5)I_2 = 0 \tag{5}$$

となる．式 (3)，(5) より変数 I_2 を消去して，枝電流 I_1 は次のようになる．

$$I_1 = \frac{(Z_3 + Z_4 + Z_5)E}{(Z_1 + Z_2)(Z_3 + Z_4 + Z_5) + (Z_3 + Z_4)Z_5} \tag{6}$$

同様にして，式 (3)，(5) より変数 I_1 を消去して，枝電流 I_2 は次のようになる．

$$I_2 = \frac{Z_5 E}{(Z_1 + Z_2)(Z_3 + Z_4 + Z_5) + (Z_3 + Z_4)Z_5} \tag{7}$$

式 (6), (7) を式 (2) に代入して，枝電流 I_3 は次のようになる．

$$I_3 = I_1 - I_2 = \frac{(Z_3+Z_4)E}{(Z_1+Z_2)(Z_3+Z_4+Z_5)+(Z_3+Z_4)Z_5} \tag{8}$$

式 (6)〜(8) に，式 (1) の各式を代入して整理すると，枝電流 I_1, I_2, I_3 は，次のように求められる．

$$I_1 = \frac{E}{\Delta}\left\{\omega^2C^2R^2(R+r_0)+(2R+r_0)(1-\omega^2LC)^2+j\omega CR^2(1-\omega^2LC)\right\}$$

$$I_2 = \frac{E}{\Delta}\left\{\omega^2C^2R^2(R+r_0)-r_0(1-\omega^2LC)^2+j\omega CR(2R+r_0)(1-\omega^2LC)\right\}$$

$$I_3 = \frac{E}{\Delta}(R+r_0)\left\{2(1-\omega^2LC)^2-j\omega CR(1-\omega^2LC)\right\}$$

ここで，Δ は，次式で与えられる．

$$\Delta = \omega^2C^2R^2(R+r_0)^2+(2R+r_0)^2(1-\omega^2LC)^2$$

3.2 閉路電流法

図 3.4 のように，閉路電流を仮定し，閉路方程式を立てて解く方法を**閉路電流法** (loop current method) という．閉路 S_a を流れる電流を I_a，閉路 S_b を流れる電流を I_b として，それぞれの閉路にキルヒホッフの第 2 法則を適用する．

$$S_a:\quad (Z_1+Z_3)I_a + Z_3I_b = E_1 \tag{3.12}$$

$$S_b:\quad Z_3I_a + (Z_2+Z_3)I_b = E_2 \tag{3.13}$$

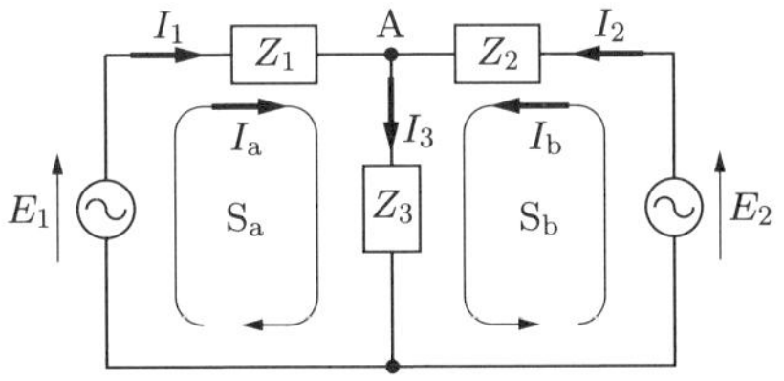

図 3.4　閉路電流法の説明

未知数が閉路電流 I_a と I_b の二つであり，方程式が二つあるから，確実に解くことができる．前節の，枝電流法で行った演算操作と同様な方法で解くと，求めるべき閉路電流 I_a と I_b は，次のようになる．

$$I_a = \frac{(Z_2+Z_3)E_1 - Z_3E_2}{Z_1Z_2+Z_2Z_3+Z_3Z_1},\quad I_b = \frac{(Z_1+Z_3)E_2 - Z_3E_1}{Z_1Z_2+Z_2Z_3+Z_3Z_1} \tag{3.14}$$

ここまで計算できたら，I_1, I_2, I_3 は次のようにして求められる．

$$I_1 = I_a \tag{3.15}$$

$$I_2 = I_b \tag{3.16}$$

$$I_3 = I_a + I_b \tag{3.17}$$

このように，閉路電流法を用いると，見かけ上，キルヒホッフの第 1 法則が不要となる．実際には，式 (3.17) で，この第 1 法則を使っている．

例題 3.2　**図 3.5** で与えられる交流回路がある．閉路電流法を用いて，枝電流 I_1，I_2，I_3 を求めよ．

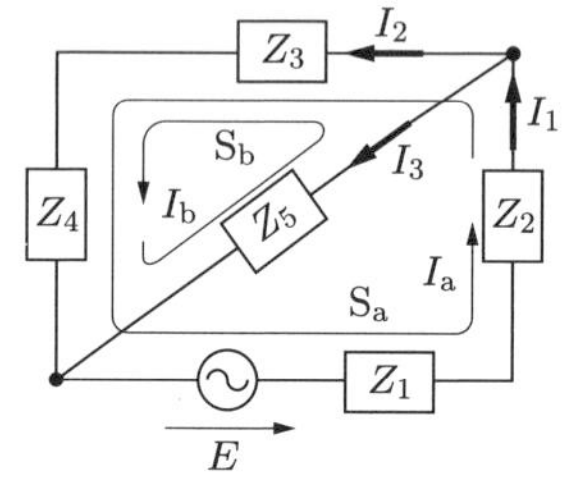

図 3.5　例題 3.2

解答　閉路 S_a を流れる電流を I_a，閉路 S_b を流れる電流を I_b として，それぞれの閉路にキルヒホッフの第 2 法則を適用する．

$$S_a:\quad (Z_1 + Z_2 + Z_3 + Z_4)I_a + (Z_3 + Z_4)I_b = E$$

$$S_b:\quad (Z_3 + Z_4)I_a + (Z_3 + Z_4 + Z_5)I_b = 0$$

未知数が閉路電流 I_a と I_b の二つであり，方程式が二つあるから，確実に解くことができる．前節の，枝電流法で行った演算操作と同様な方法で解くと，求めるべき閉路電流 I_a と I_b は，次のようになる．

$$I_a = \frac{(Z_3 + Z_4 + Z_5)E}{(Z_1 + Z_2)(Z_3 + Z_4 + Z_5) + (Z_3 + Z_4)Z_5}$$

$$I_b = -\frac{(Z_3 + Z_4)E}{(Z_1 + Z_2)(Z_3 + Z_4 + Z_5) + (Z_3 + Z_4)Z_5}$$

ここまで計算できたら，I_1，I_2，I_3 は次のようにして求められる．

$$I_1 = I_a,\quad I_3 = -I_b,$$

$$I_2 = I_a + I_b = \frac{Z_5 E}{(Z_1 + Z_2)(Z_3 + Z_4 + Z_5) + (Z_3 + Z_4)Z_5}$$

3.3 節点電位法

図 3.6 のように，節点の電位を仮定し，節点における電流則を用いて解く方法を，**節点電位法** (node voltage method) という．この方法は，とくに電源が電流源である場合に有効な方法である．ここでは，枝電流法や閉路電流法の結果と比較するために，電源が電圧源の場合について説明する．

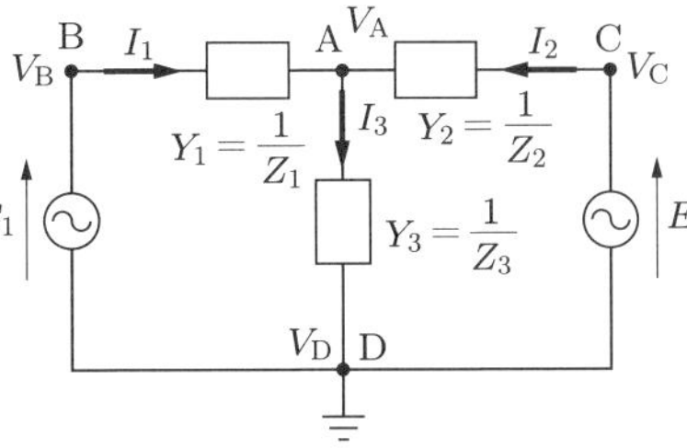

図 3.6　節点電位法の説明

図 3.6 において，まず，回路中の一つの節点 D を接地し，ほかの節点の電位を決める．接地とは，この地点を大地に導線で接続することであるが，この場合には，この地点を電位の共通の基準点にとることと考えればよい．すなわち，点 D を電位が 0 V の点とし，ここを基準として，点 A，B，C の電位をそれぞれ V_A，V_B，V_C と仮定する．明らかに，

$$V_B = E_1, \quad V_C = E_2 \tag{3.18}$$

である．図中の各電流は，アドミタンスを用いて，

$$I_1 = Y_1(V_B - V_A) = Y_1(E_1 - V_A) \tag{3.19}$$

$$I_2 = Y_2(V_C - V_A) = Y_2(E_2 - V_A) \tag{3.20}$$

$$I_3 = Y_3(V_A - 0) = Y_3 V_A \tag{3.21}$$

となる．また，

$$I_3 = I_1 + I_2 \tag{3.22}$$

であるので，式 (3.19)～(3.21) を式 (3.22) に代入すると次式を得る．

$$Y_3 V_A = Y_1(E_1 - V_A) + Y_2(E_2 - V_A) \tag{3.23}$$

よって，

$$V_A(Y_1+Y_2+Y_3)=Y_1E_1+Y_2E_2 \tag{3.24}$$

となる．これより，電位 V_A が次のように決まる．

$$V_A=\frac{Y_1E_1+Y_2E_2}{Y_1+Y_2+Y_3} \tag{3.25}$$

これを，式 (3.19)～(3.21) に代入すると，枝電流 I_1，I_2，I_3 が以下のように決まる．

$$I_1=\frac{Y_1\{(Y_2+Y_3)E_1-Y_2E_2\}}{Y_1+Y_2+Y_3} \tag{3.26}$$

$$I_2=\frac{Y_2\{(Y_1+Y_3)E_2-Y_1E_1\}}{Y_1+Y_2+Y_3} \tag{3.27}$$

$$I_3=\frac{Y_1Y_3E_1+Y_2Y_3E_2}{Y_1+Y_2+Y_3} \tag{3.28}$$

アドミタンスによる表記をインピーダンスに戻すことにより，枝電流法で求めた式 (3.8)，(3.10)，(3.11) と一致することが確認できる．

節点電位法を振り返ってみると，電流についてのキルヒホッフの第 1 法則は使っているが，電圧についての第 2 法則は見かけ上使っていない．このことから，電源が電流源の場合には，各節点における電流の保存側を用いて容易に各枝電流を決定することができる．

例題 3.3　図 3.7 で与えられる交流回路がある．節点電位法を用いて，枝電流 I_1，I_2，I_3 を求めよ．

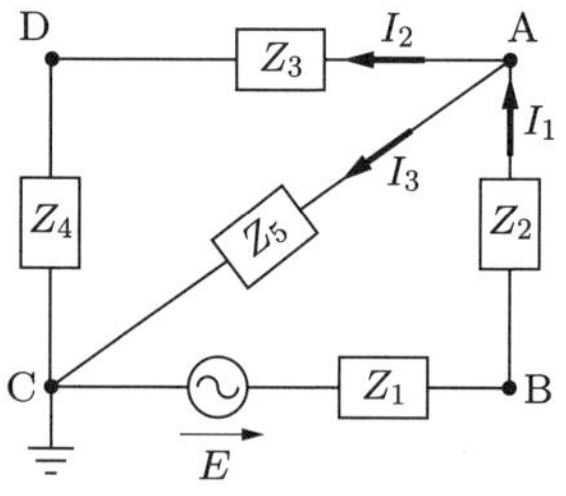

図 3.7　例題 3.3

解答　インピーダンス Z_1 を，電圧源 E の内部インピーダンスと考える．図 3.8 に示すように，式 (2.66)，(2.67) を用いて，Z_1 と定電圧源 E の直列接続を，内部アドミタンス Y_1 と定電流源 J の並列接続に等価変換する．ここで，

$$J=\frac{E}{Z_1},\quad Y_1=\frac{1}{Z_1}$$

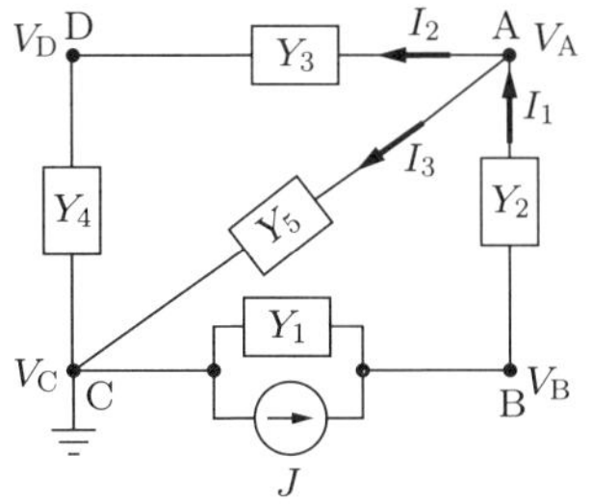

図 3.8 電流源とアドミタンスで表した回路

である．さらに，インピーダンス $Z_2 \sim Z_5$ を，その逆数をとって，アドミタンス $Y_2 \sim Y_5$ に置き換える．節点電位を未知変数にとる．節点 A，B，C，D の電位をそれぞれ V_A，V_B，V_C，V_D と仮定する．たとえば，節点 A から流れ出し Y_2 を通って節点 B に流れ込む枝電流は，$Y_2(V_A - V_B)$ で与えられる．このことを念頭において，各節点におけるキルヒホッフの電流則を書き下すと次のようになる．各式の左辺は，各節点から電流が流れ出す向きを正にとっている．

$$\text{節点 A：}\quad Y_2(V_A - V_B) + Y_3(V_A - V_D) + Y_5(V_A - V_C) = 0 \tag{1}$$

$$\text{節点 B：}\quad Y_1(V_B - V_C) + Y_2(V_B - V_A) = J \tag{2}$$

$$\text{節点 C：}\quad Y_1(V_C - V_B) + Y_4(V_C - V_D) + Y_5(V_C - V_A) = -J \tag{3}$$

$$\text{節点 D：}\quad Y_3(V_D - V_A) + Y_4(V_D - V_C) = 0 \tag{4}$$

さて，式 (1)~(4) の左辺には，同じ枝電流が逆向きに 1 回ずつ現れるので，足し合わせると 0 になる．よって，これら四つの式のうち，一つの式を削除しても，この式を再現することができる．すなわち，式 (1)~(4) は 1 次独立ではない．ここでは，節点 C の式を削除することにより，1 次独立な方程式系を作る．さらに，式 (1)~(4) において大切なのは電位ではなく，電位差である．よって，ここでは，節点 C を接地し，この点を基準にとって，$V_C = 0$ とする．結局，式 (1)~(4) に対する 1 次独立な方程式系は，以下の三つの方程式にまとめられる．

$$\text{節点 A：}\quad Y_2(V_A - V_B) + Y_3(V_A - V_D) + Y_5 V_A = 0 \tag{5}$$

$$\text{節点 B：}\quad Y_1 V_B + Y_2(V_B - V_A) = J \tag{6}$$

$$\text{節点 D：}\quad Y_3(V_D - V_A) + Y_4 V_D = 0 \tag{7}$$

さらに，式 (5)~(7) は次のように整理できる．

$$\text{節点 A：}\quad (Y_2 + Y_3 + Y_5)V_A - Y_2 V_B - Y_3 V_D = 0 \tag{8}$$

$$\text{節点 B：}\quad -Y_2 V_A + (Y_1 + Y_2)V_B = J \tag{9}$$

節点 D：　$-Y_3V_A + (Y_3 + Y_4)V_D = 0$　(10)

未知数は節点電位 V_A，V_B，V_D の三つであり，これに対して，方程式は三つあるから，確実に解くことができる．

式 (9) を取り上げて，この式の意味を考えてみよう．左辺第 1 項は，節点 B と隣接する節点 A との間のアドミタンスと節点 A の電位との積に，負の符号をつけたものである．もう一つの隣接する節点 C の電位は 0 であるので，この項はなくなっている．左辺第 2 項は，節点 B と接続しているアドミタンスの総和と，節点 B の電位との積である．また，右辺は，節点 B に流入している電流を表す．式 (8) および式 (10) についても，同様の考え方で式の意味を確認してほしい．

少し長い計算になるが，式 (8)～(10) の連立方程式を解くと，V_A，V_B，V_D は次のように求められる．

$$V_A = \frac{J}{\Delta} Y_2(Y_3 + Y_4) \tag{11}$$

$$V_B = \frac{J}{\Delta}(Y_2Y_3 + Y_2Y_4 + Y_3Y_4 + Y_3Y_5 + Y_4Y_5) \tag{12}$$

$$V_D = \frac{J}{\Delta} Y_2Y_3 \tag{13}$$

ここで，Δ は次式で与えられる．

$$\begin{aligned} \Delta &= Y_1Y_2Y_3 + Y_1Y_2Y_4 + Y_1Y_3Y_4 + Y_1Y_3Y_5 \\ &\quad + Y_1Y_4Y_5 + Y_2Y_3Y_4 + Y_2Y_3Y_5 + Y_2Y_4Y_5 \\ &= (Y_1 + Y_2)(Y_3Y_4 + Y_3Y_5 + Y_4Y_5) + Y_1Y_2(Y_3 + Y_4) \end{aligned}$$

枝電流 I_1，I_2，I_3 は，式 (11)～(13) を用いて，以下のように求められる．

$$I_1 = Y_2(V_B - V_A) = \frac{J}{\Delta} Y_2(Y_3Y_4 + Y_3Y_5 + Y_4Y_5)$$

$$I_2 = Y_3(V_A - V_D) = \frac{J}{\Delta} Y_2Y_3Y_4$$

$$I_3 = Y_5V_A = \frac{J}{\Delta} Y_2Y_5(Y_3 + Y_4)$$

上式において，$J = E/Z_1$ を用いて，電流源 J を電圧源 E に，また，アドミタンス Y_1～Y_5 をインピーダンス Z_1～Z_5 に戻すと，例題 3.1 の式 (6)～(8) と一致することが確認できる．

3.4 基本解法の課題

交流回路方程式の基本解法として，枝電流法，閉路電流法，そして節点電位法について説明した．ここで取り上げた図 3.1 のような単純な回路では，目の子で，求めるべき未知変数の個数，そして採用すべき独立な閉路はどれか，採用すべき未知節点電位はどれか，などがすぐにわかる．また，どの時点で，どのようにしてキルヒホッフの第 1 法則とキルヒホッフの第 2 法則を組み合わせて適用するかも，おおよそ的確に判断できる．

一方，**図 3.9** に示すような回路を考えてみよう．このような，複雑な回路網の解析を行おうとすると，求めるべき未知変数の個数，採用すべき独立な閉路，あるいは採用すべき未知節点電位をどのように選択していけばよいのかという判断がとても難しくなる．すなわち，1 次独立で完全な解を求めるための的確な判断が簡単にはできない．これらを，体系的な手続きに従って求めていく手法が求められる．すなわち，どんなに大規模で複雑な交流回路に対しても，数学的な根拠に基づいて，体系的に，できれば計算機を用いて解いていける方法が求められる．

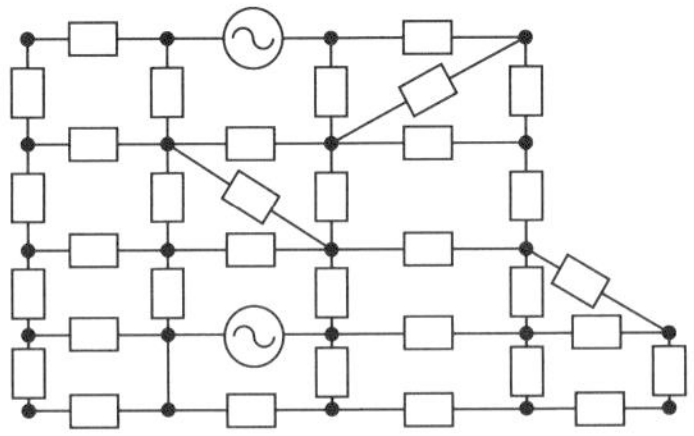

図 3.9　複雑な回路網の例

次章以降では，この課題を解決するための，グラフ理論に基づく回路解析手法をていねいに説明する．本章の以下の節では，そのような複雑な電気回路網解析において大変役に立つ，重ね合わせの理，テブナンの定理，そしてノートンの定理について説明していく．

3.5 重ね合わせの理

回路に複数の電源が存在する場合を考えよう．このときに，回路上の各点の電位や，回路中を流れる電流は，おのおのの電源が単独に存在する場合の結果を重ね合わせたものとなる．これを**重ね合わせの理** (law of superposition) という．これは，交流回路というシステムが**線形** (linear) であることに基づいている．

図 3.10 は，電源が二つ存在する回路である．**図 3.11**(a) の，電圧源 E_2 を取り除いて短絡した回路を考える．図のように電流 I_1'，I_2'，I_3' を仮定する．一方，図 (b) は，E_2 はそのままにして，電圧源 E_1 を取り除いて短絡した回路である．同様にして，図のように電流 I_1''，I_2''，I_3'' を仮定する．図 3.10 の解は，図 3.11(a)，(b) の解を重ね合わせたものとなる．

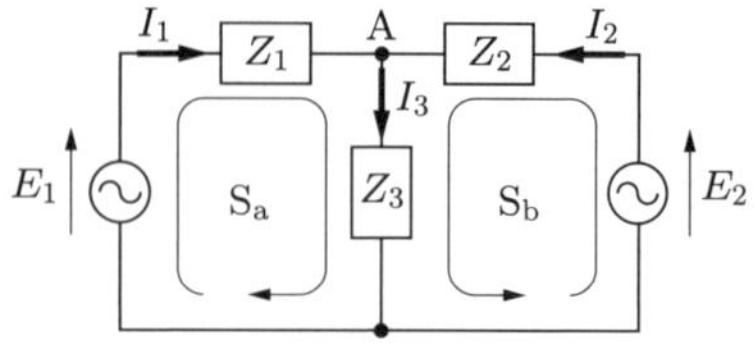

図 3.10　二つの電圧源をもつ回路

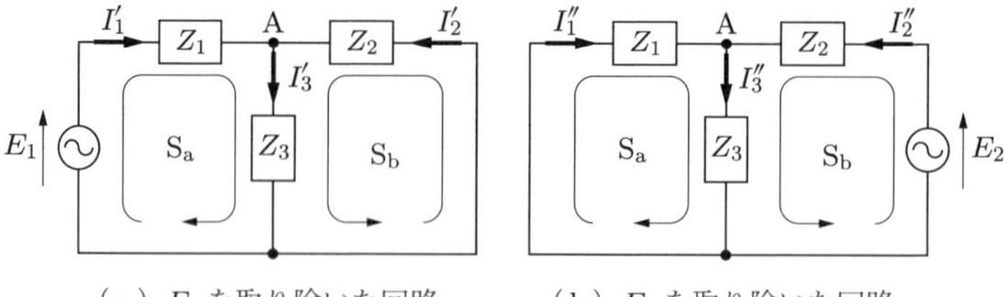

図 3.11　重ね合わせの理

$$I_1 = I_1' + I_1'' \tag{3.29}$$

$$I_2 = I_2' + I_2'' \tag{3.30}$$

$$I_3 = I_3' + I_3'' \tag{3.31}$$

重ね合わせの理が成り立つということは，とりもなおさず，キルヒホッフの法則が線形であることを表しているのである．

3.6 テブナンの定理とノートンの定理

交流電源を含む複雑な回路網から出ている任意の二つの端子間に，負荷インピーダンスを接続する場合を考える．**テブナンの定理** (Thevenin's theorem) は，この負荷インピーダンスを流れる電流を求めるのに大変役に立つ．

図 3.12 は，電圧源と電流源をもつ回路網である．この回路網から出ている任意の二つの端子 a-b 間の電圧を測定したところ，V_0 であったとする．次に，**図 3.13** に示すように，回路網中に電圧源がある場合には，これを取り除いて短絡させる．また，

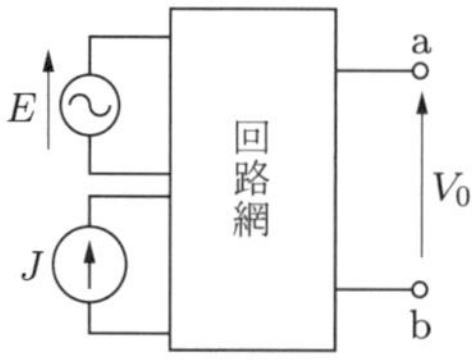

図 3.12　電圧源と電流源をもつ回路網および端子電圧

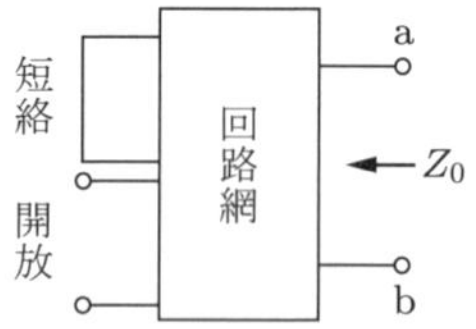

図 3.13　回路網の内部インピーダンス

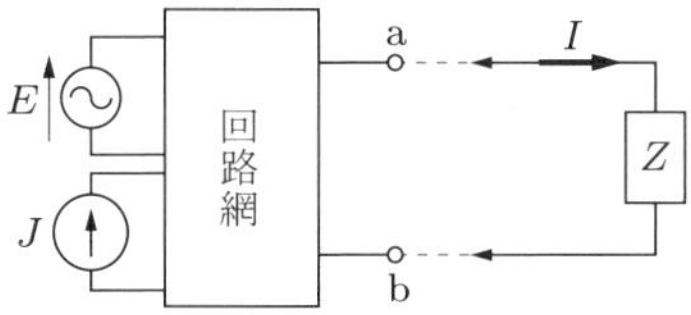

図 3.14　負荷インピーダンスを流れる電流

電流源がある場合には，これを取り除いて開放させる．このようにした後，端子 a-b から回路網を見た内部インピーダンスを測定し，それを Z_0 とする．この回路網に対して，**図 3.14** に示すように，端子 a-b の両端に負荷インピーダンス Z を接続したとき，この負荷インピーダンスを流れる電流は，次のテブナンの定理を用いて求められる．

【要点 3.1】テブナンの定理

ある回路網から出ている二つの端子間に現れる電圧が V_0 であるとする．また，回路網中の電源を取り去ったとき，この端子間から見た内部インピーダンスが Z_0 であるとする．この端子間にインピーダンス Z をつないだとき，Z に流れる電流 I は，次式で与えられる．

$$I = \frac{V_0}{Z_0 + Z} \tag{3.32}$$

結局，端子 a-b から見たこの回路網は，**図 3.15** に示すような，電圧源 V_0 と内部インピーダンス Z_0 を直列に接続した回路で置き換えることができる．これを**等価電圧源** (equivalent voltage source) という．このことから，テブナンの定理のことを**等価電圧源の定理** (theorem of equivalent voltage source) ともいう．

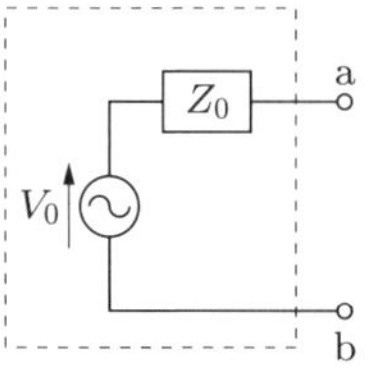

図 3.15　等価電圧源

次に，交流電源を含む複雑な回路網から出ている任意の二つの端子に負荷アドミタンスを接続する場合を考える．**ノートンの定理** (Norton's theorem) は，この負荷アドミタンスにかかる電圧を求めるのに大変役に立つ．ノートンの定理は，テブナンの定理と双対の関係にある定理である．

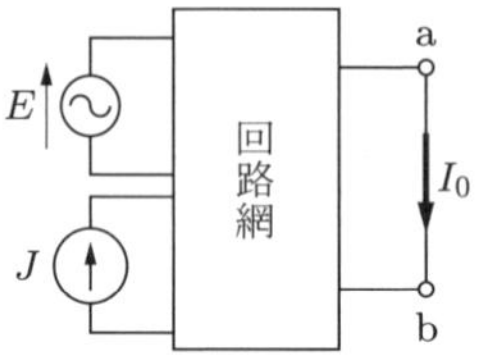

図 3.16　電圧源と電流源をもつ回路網
および端子間電流

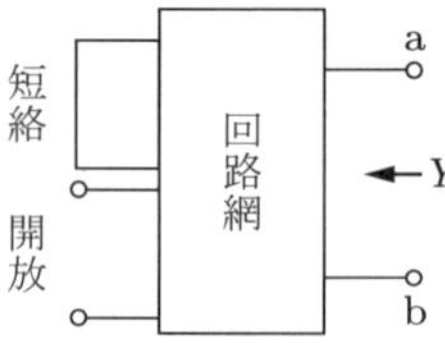

図 3.17　回路網の内部アドミタンス

図 3.16 は，電圧源と電流源をもつ回路網である．この回路網から出ている任意の二つの端子 a-b 間を短絡したときに流れる電流を測定したところ，I_0 であったとする．次に，**図 3.17** に示すように，回路網中に電圧源がある場合には，これを取り除いて短絡させる．また，電流源がある場合には，これを取り除いて開放させる．このようにした後，端子 a-b から回路網を見た内部アドミタンスを測定し，それを Y_0 とする．このとき，**図 3.18** に示すように，端子 a-b の両端に負荷アドミタンス Y を接続したとき，この負荷アドミタンスにかかる電圧は，次のノートンの定理を用いて求められる．

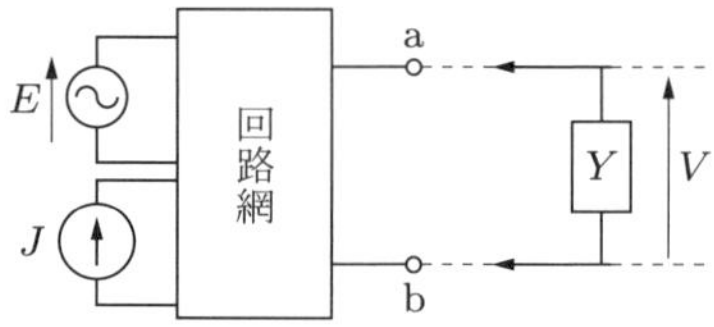

図 3.18　負荷アドミタンスにかかる電圧

【要点 3.2】ノートンの定理

ある回路網から出ている二つの端子間を短絡したときに流れる電流が I_0 であるとする．また，回路網中の電源を取り去ったとき，この端子間から見た内部アドミタンスが Y_0 であるとする．この端子間にアドミタンス Y をつないだとき，Y にかかる電圧 V は，次式で与えられる．

$$V = \frac{I_0}{Y_0 + Y} \tag{3.33}$$

結局，端子 a-b から見たこの回路網は，**図 3.19** に示すような，電流源 I_0 と内部アドミタンス Y_0 を並列に接続した回路で置き換えることができる．これを**等価電流源** (equivalent current source) という．このことから，ノートンの定理のことを**等価電流源の定理** (theorem of equivalent current source) ともいう．

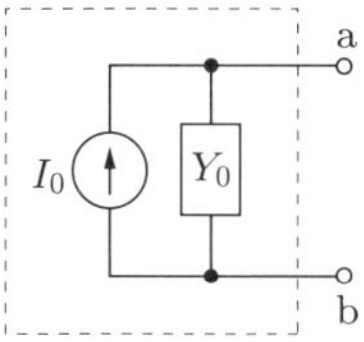

図 3.19 等価電流源

例題 3.4 図 3.20 に示す抵抗 R，インダクタンス L，電圧源 E で構成された交流回路がある．端子 a-b 間にキャパシタンス C をもつコンデンサを接続したとき，このコンデンサに流れる電流 I を与える表式を，テブナンの定理を用いて求めよ．$R = 200\,[\Omega]$，$L = 40\,[\text{mH}]$，$C = 5\,[\mu\text{F}]$，$E = 100\angle 0^\circ\,[\text{V}]$，角周波数 $\omega = 2000\,[\text{rad/s}]$ であるとき，I の値を計算せよ．

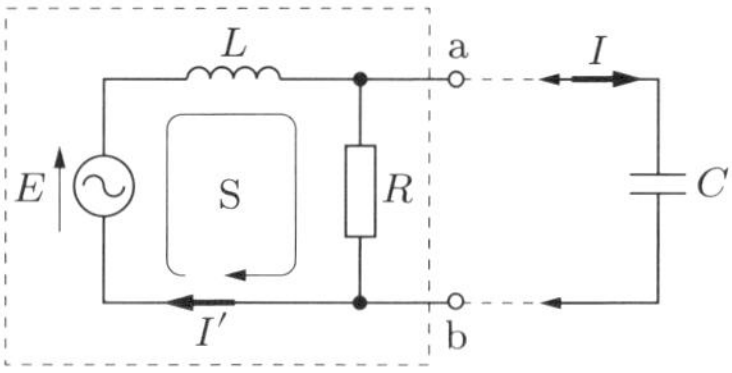

図 3.20 例題 3.4

解答 （ステップ 1）端子 a-b 間の両端の電圧 V_0 を求める．まず，破線で囲ったコンデンサを接続する前の回路について考える．**図 3.21** において，この閉回路 S を流れる電流 I' を求める．この閉回路は R，L が直列につながった回路であるので，

$$I' = \frac{E}{R + j\omega L}$$

となる．このとき，求める電圧 V_0 は，抵抗 R の両端にかかる電圧である．よって，分圧の法則に従い，V_0 は次のように与えられる．

$$V_0 = RI' = \frac{RE}{R + j\omega L} \tag{1}$$

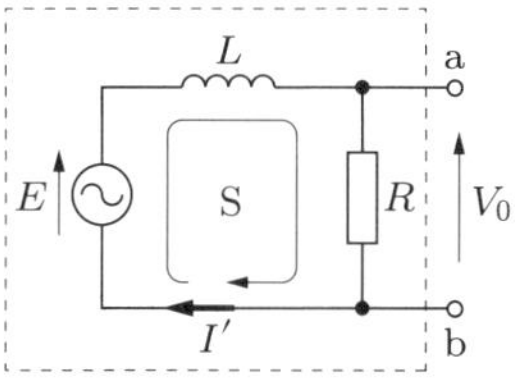

図 3.21 端子電圧の評価

（ステップ 2）内部インピーダンス Z_0 を求める．**図 3.22** のように，回路網中の電圧源を取り除いて短絡させた回路を考える．端子 a-b からこの回路網を見たインピーダンス Z_0 を求める．この回路は，R と L が並列に接続された回路である．よって，式 (2.59) を用いて，次のようになる．

$$Z_0 = \frac{j\omega LR}{R + j\omega L} \tag{2}$$

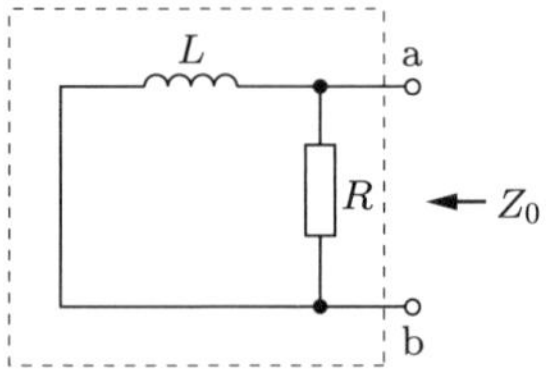

図 3.22　内部インピーダンスの評価

（ステップ 3）キャパシタンス C をもつコンデンサに流れる電流を求める．端子 a-b 間にコンデンサを接続したとき，コンデンサに流れる電流 I は，テブナンの定理から，式 (1)，(2) および $Z = 1/(j\omega C)$ を式 (3.32) に代入することにより，次のようになる．

$$I = \frac{V_0}{Z_0 + Z} = \frac{RE/(R + j\omega L)}{j\omega LR/(R + j\omega L) + 1/(j\omega C)} = \frac{j\omega CRE}{R(1 - \omega^2 CL) + j\omega L} \tag{3}$$

（ステップ 4）具体的な数値を求める．ここで，$\omega L = 2000 \times 40 \times 10^{-3} = 80\,[\Omega]$，$\omega C = 2000 \times 5 \times 10^{-6} = 0.01\,[\mathrm{S}]$ であることを考慮して，これらと与えられた数値を式 (3) に代入すると，次のようになる．

$$I = \frac{j0.01 \times 200 \times 100}{200(1 - 80 \times 0.01) + j80} = \frac{j20}{4 + j8} = \frac{j20 \times (4 - j8)}{(4 + j8)(4 - j8)} = 2 + j1\,[\mathrm{A}]$$

演習問題

3.1【枝電流法】 **問図 3.1** で与えられる交流回路がある．枝電流法を用いて，枝電流 I_1，I_2，I_3 を求めよ．ただし，電源の角周波数を ω とする．

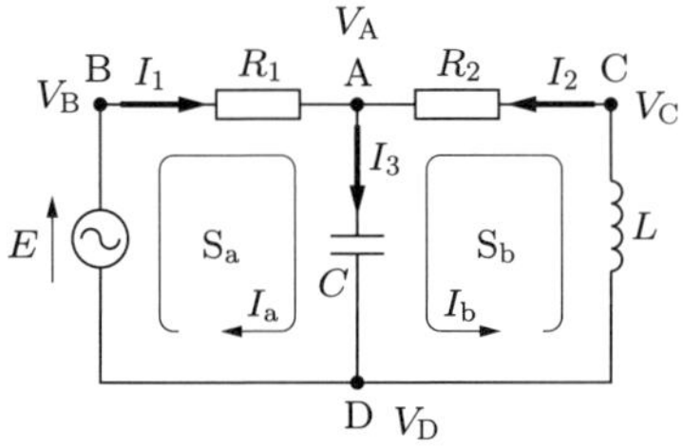

問図 3.1

3.2【閉路電流法】 問題 3.1 を，閉路電流法を用いて解け．

3.3【節点電位法】 問題 3.1 を，節点電位法を用いて解け．

3.4【テブナンの定理】 **問図 3.2** で与えられる，抵抗 R，キャパシタンス C，電圧源 E で構成された交流回路がある．端子 a-b 間にインピーダンス Z を接続したとき，この Z を流れる電流 I を与える表式を，テブナンの定理を用いて求めよ．$R = 200$ [Ω]，$C = 5$ [μF]，$E = 100\angle 0°$ [V]，$Z = 50$ [Ω]，角周波数 $\omega = 2000$ [rad/s] であるとき，I の値を計算せよ．

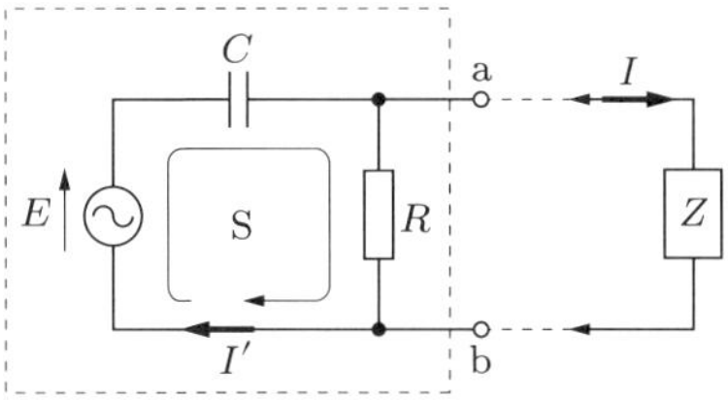

問図 3.2

3.5【ノートンの定理】 問図 3.2 の交流回路において，端子 a-b 間にアドミタンス Y を接続したとき，この Y の両端の電圧 V を与える表式を，ノートンの定理を用いて求めよ．$R = 200$ [Ω]，$C = 5$ [μF]，$E = 100\angle 0°$ [V]，$Y = 1/Z = 0.02$ [S]，角周波数 $\omega = 2000$ [rad/s] であるとき，V の値を計算せよ．

3.6【等価電圧源】 **問図 3.3** の回路を，テブナンの定理およびノートンの定理の考え方を用いて，それぞれ，等価電圧源および等価電流源に変換せよ．

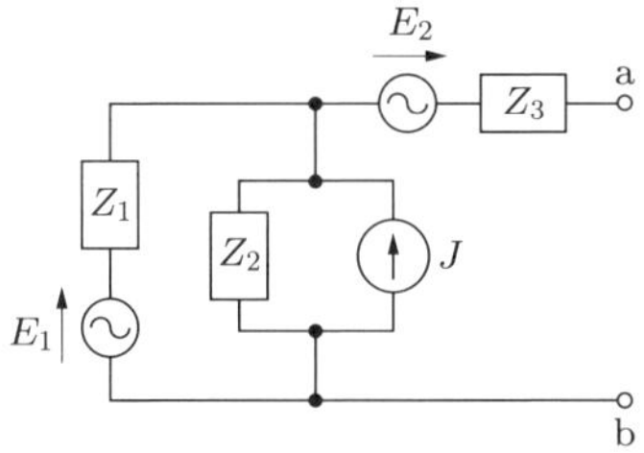

問図 3.3

第4章 グラフの理論

グラフとは，二つの節点と，これらの節点間をつなぐ線分からできている図形のことをいう．グラフは，いくつかの物事や抽象的な概念の関係を，直感的にわかりやすく表現してくれる．本書では，電気回路における，素子と素子の接続点である節点における電位，節点間の電圧や電流の解析を目的として，向きをもったグラフ，すなわち有向グラフに焦点を当てる．有向グラフの定義から始め，グラフ理論の基礎となるいくつかの用語を説明する．木と補木，そして閉路とカットセットという，お互いに双対な重要概念について，しっかりと理解を深める．さらに，ある与えられた電気回路と等価な回路，すなわち双対回路について学ぶ．

4.1 グラフの定義

4.1.1 完全グラフとレギュラーグラフ

図 4.1 は，ある電気回路を示している．この図において，いくつかの素子や電源が，黒丸の点を介して接続されている．この回路を，接続されている素子や電源の種類は区別しないで，単に，接続の形だけに着目する．すると，図 4.1 は，**図 4.2** のように表される．これを，図 4.1 の**グラフ** (graph) という．本書では，平面上に描写された**平面グラフ** (planar graph) を対象にする．ここで，黒丸を**節点**（node, vertex）とよぶ．また，節点と節点を結ぶ線分を**枝**（branch, edge）とよぶ．本書では，各節点は，括弧をつけた番号を用いて表している．

どの二つの節点間にも枝があるようなグラフを，**完全グラフ** (complete graph) という．**図 4.3**(a)，(b) に示すグラフは，節点数が 3 および 6 の場合の完全グラフである．

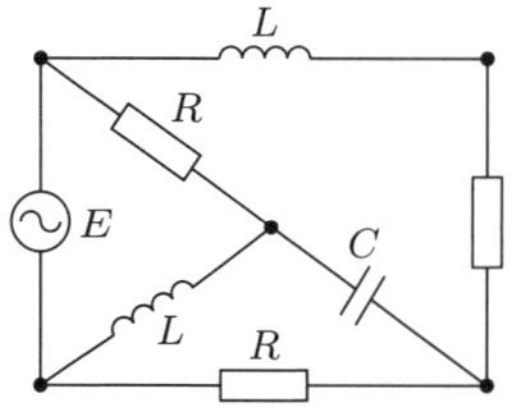

図 4.1　電気回路の例

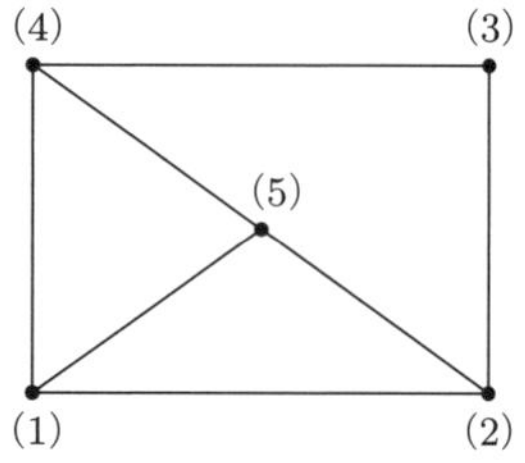

図 4.2　図 4.1 の電気回路のグラフ

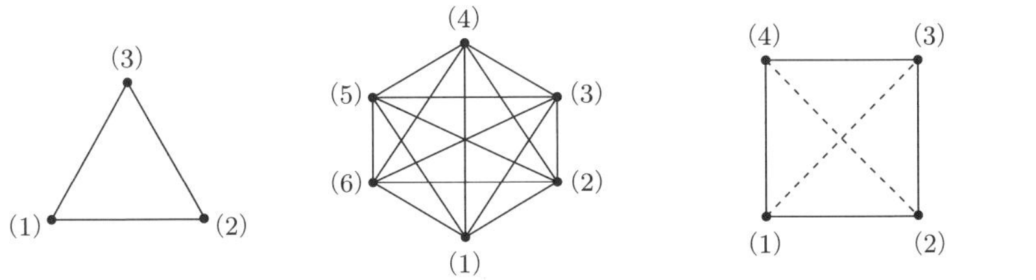

（a）線度 2 の完全グラフ　（b）線度 5 の完全グラフ　（c）完全グラフではないグラフ

図 4.3　完全グラフと線度

一方，図 (c) に示す節点数が 4 のグラフは，完全グラフではない．しかし，破線で示した二つの枝を加えると，このグラフも完全グラフとなる．

図 (a) において，節点 1 に接続されている枝の数は 2 である．節点 2 および 3 についても同様である．一方，図 (b) においては，各節点に接続されている枝の数は 5 である．ある節点に接続されている枝の数を**線度**（degree of vertex）という．図 (a) に示すグラフの各節点の線度は 2 である．また，図 (b) に示すグラフの各節点の線度は 5 である．すべての節点の線度が等しいグラフを，**レギュラーグラフ** (regular graph) という．完全グラフは，節点の総数を n とおくと，線度が $n-1$ のレギュラーグラフとなる．

図 4.4(a) に示すグラフ G に対して，図 (b) に示すグラフ G′ は，グラフ G に含まれている．すなわち，グラフ G′ は，グラフ G の一部分となっている．このとき，グラフ G′ を，グラフ G の**部分グラフ**（subgraph）という．

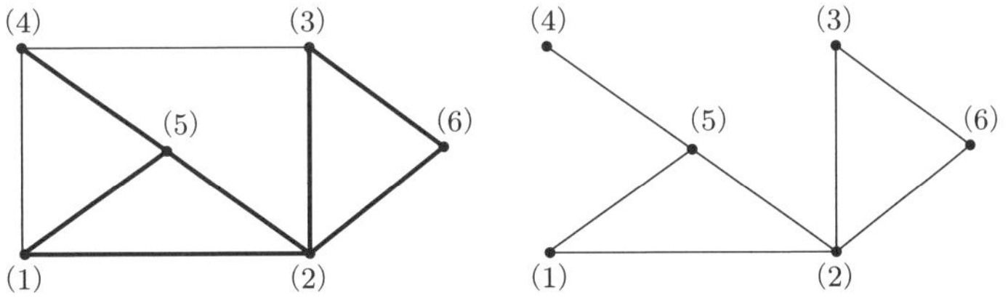

（a）グラフ G　（b）グラフ G の部分グラフ G′

図 4.4　部分グラフ

4.1.2　連結グラフ

ある節点を出発し，いくつかの枝を経由し，また，途中同じ節点を通ることなく，別の節点に到達する経路を，**道**（path）という．**図 4.5**(a) のように，どの任意の二つの節点をとっても，この二つの節点を結ぶ道が存在するようなグラフを，**連結グラフ** (connected graph) という．図 4.2 も連結グラフである．これに対して，図 (b) のよ

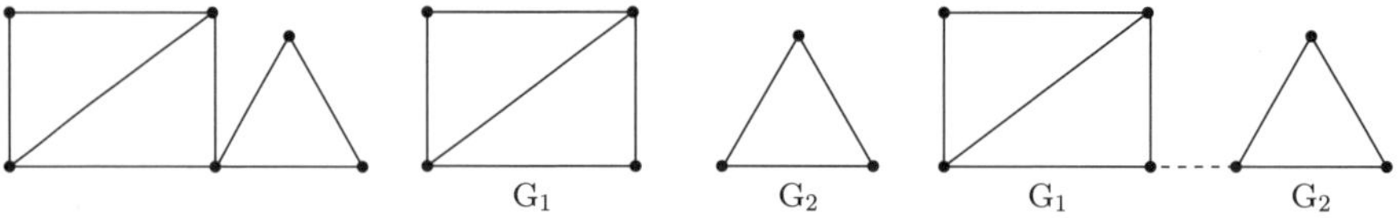

（a）連結グラフ　（b）非連結グラフ　（c）非連結グラフを連結グラフにする方法

図 4.5　連結グラフと非連結グラフ

うなグラフを，**非連結グラフ** (unconnected graph) という．図 (b) で与えられる非連結グラフは，G_1 と G_2 で示される二つの連結グラフで構成されている．非連結グラフは，図 (c) のように，この連結グラフ G_1，G_2 から，おのおの一つの節点をとり，破線で示すように，これら 2 節点を結ぶことにより，連結グラフにすることができる．

4.1.3　有向グラフと無向グラフ

電気回路の解析は，一般に，枝を流れる電流や，枝に沿った電圧の向きを仮定して行う．そのため，図 4.2 のグラフの枝に対して，向きを指定すると便利である．向きを指定された枝を**有向枝**（oriented edge）という．また，**図 4.6** に示すように，すべての枝が有向枝で構成された，向きをもつグラフを**有向グラフ**（oriented graph）という．一方，向きを考えないグラフを**無向グラフ** (non-oriented graph) という．本書では，とくに断りがない限り，グラフというときは，有向グラフを指すことにする．

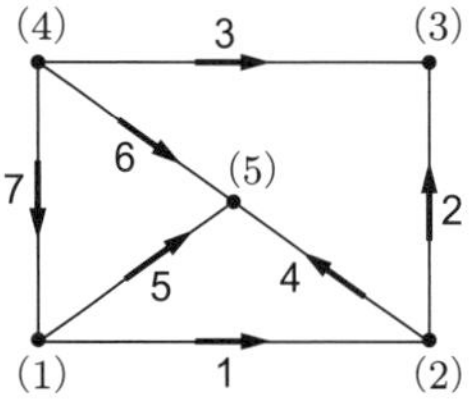

図 4.6　有向グラフ

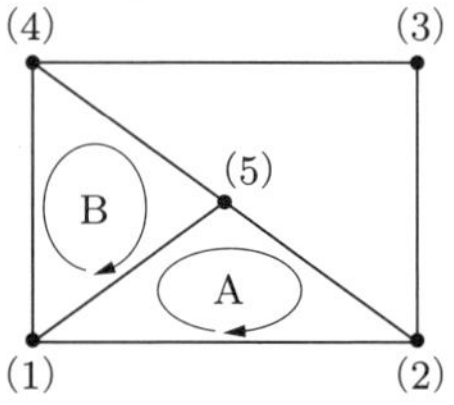

図 4.7　有向閉路

【要点 4.1】有向枝

グラフの向きは，枝に矢印をつけて表す．有向グラフの枝は，すべて向きをもった有向枝で構成される．

ある節点を出発し，いくつかの枝を一度だけ経由し，また，もとの節点に戻る周回路を，**閉路**（circuit），あるいは**ループ**（loop）という．閉路に，向きを指定すると便利である．これを**有向閉路**（oriented loop）という．**図 4.7** には，節点 (1) を出発し，節点 (5)，節点 (2) を経由して節点 (1) に戻る閉路 A と，節点 (1) を出発し，節点 (4)，節点 (5) を経由して節点 (1) に戻る閉路 B が示されている．

4.2 木と補木

4.2.1 木

図 4.6 に示した有向グラフを改めて考えよう．このグラフの節点の数を n，枝の数を b とする．明らかに，$n = 5$，$b = 7$ である．

ここで，すべての節点を連結する最小数の枝の組を考えてみよう．**図 4.8**(a) において，太線で示した枝の組は，この条件を満たしている．この枝の組をグラフの**木**（tree）という．木を構成する枝を，**木の枝**（tree branch）という．枝 **1**，**3**，**5**，**7** は，木の枝である．木は複数個ある．図 (b) に示すように，たとえば，枝 **1**，**2**，**4**，**6** の組もグラフの木である．

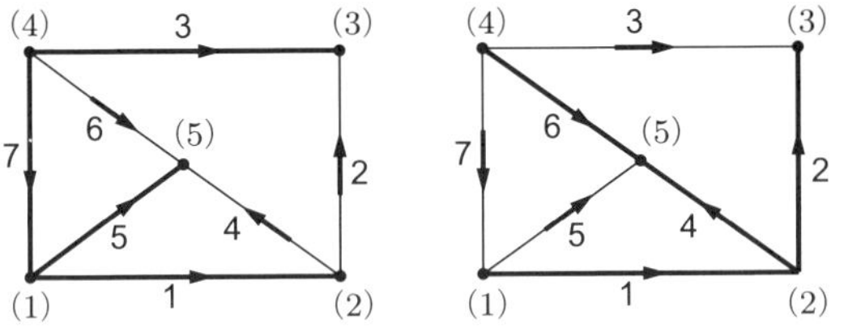

（a）木とその木の枝　（b）別の木とその木の枝

図 4.8　木と木の枝

節点の総数 n と木の枝の総数 t の関係について考えよう．**図 4.9** は，直線，三角形，四角形のグラフを示している．ここでは，木の枝を太線で，また，それ以外の枝を破線で示している．ここでは，木の枝と黒丸で示す節点の，これら二つの 1 対 1 のペアの関係を，強調して描いている．ペアになっている木の枝と節点の数は，当然等しい．

図 (a) では，木の枝 **1** と，この枝の片方の節点 (1) をペアにしている．このことを示すために，木の枝 **1** は節点 (1) とは接続するように描いているが，他方の節点 (2) との間には，少し隙間をあけている．また，節点 (2) は，白丸で表している．白丸の節点は，木の枝とペアを組むことができなかった余った節点である．このグラフの場合には，節点の総数は 2 であり，この総数 2 から余った節点分の 1 個を差し引くこと

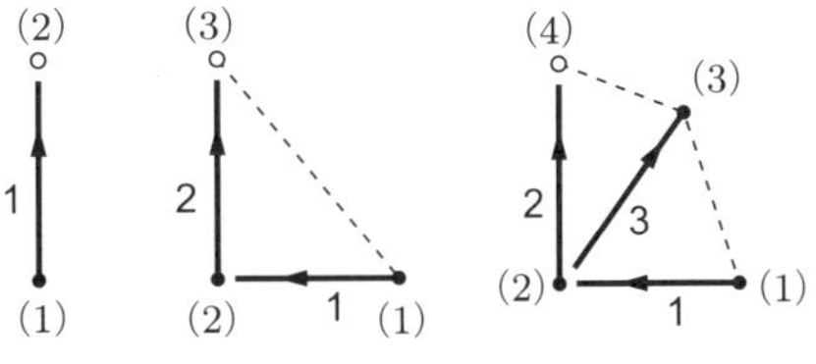

(a)　(b)　(c)

図 4.9　木の枝の数え方

により，木の枝の総数が $2-1=1$ として求められる．

図 (b) では，木の枝 **1** と節点 (1)，また木の枝 **2** と節点 (2) をペアにしている．このグラフの場合には，節点の総数は 3 であり，総数 3 から余った節点 (3) の分の 1 個を差し引くことにより，木の枝の総数が $3-1=2$ として求められる．

図 (c) は，少し条件が異なっている．図 (b) と同じ木の枝に加えて，節点 (2) から分岐する木の枝 **3** がある．節点 (2) は木の枝 **2** とすでにペアになっている．そこで，木の枝 **3** は節点 (3) とペアにする．したがって，連続した経路から分岐した木の枝がいくつあっても，この木の枝の終点の節点は，この木の枝とペアを組むことができる．

以上をまとめると，与えられたグラフに対して，木の枝とペアを組むことができない節点は，ただ一つしか存在しない．この節点は，一つ以上の木の枝が連続して接続した経路に存在する，最後の木の枝の終点の節点である．この経路から分岐した木の枝の経路の終点の節点は，この木の枝とペアを組むことができる．したがって，木の枝の総数は，節点の総数から 1 を引いた数で与えられる．

図 4.10 は，図 4.8(a) で与えられたグラフに対して，木の枝の総数の検討を行うための説明図である．このグラフでは，木の枝 **1** と節点 (2)，木の枝 **7** と節点 (1)，木の枝 **3** と節点 (4) をペアにしている．この連続した経路から分岐した，節点 (1) を出発点とする木の枝 **5** に対しては，この木の枝の終点の節点 (5) とペアにする．このグラフの場合には，節点の総数は 5 であり，総数 5 から終端の節点 (3) の分の 1 個を差し引くことにより，木の枝の総数 4 が求められる．

なお，以上の内容は，無向グラフに対しても成り立つ．

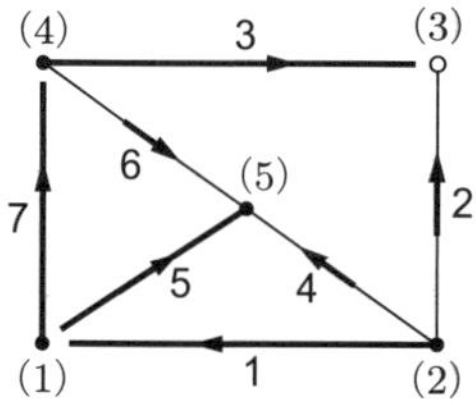

図 4.10　図 4.8(a) のグラフの木の枝の数え方

【要点 4.2】木の枝の総数

n 個の節点をもつ連結グラフにおける木の枝の総数 t は，節点の総数から 1 を引いたものとなる．

$$t=n-1 \tag{4.1}$$

4.2.2 補 木

ある一つの木の枝の組に対して，その残りの枝の組を**補木** (co-tree) という．**図 4.11**(a) は，図 4.8(a) に示したグラフを改めて描いたものである．この図において，太線で示す木に対して，図 4.11(b) の太線で示した枝の組は補木を構成している．これら，補木を構成している各枝を，**補木の枝** (co-tree branch)，あるいは**リンク** (link) という．本書では，リンクという用語を標準的に用いる．リンクの総数は次式で与えられる．

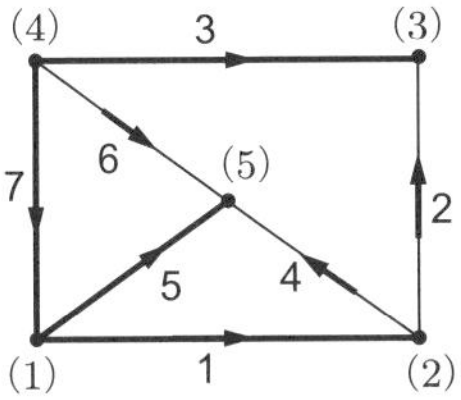

（a）木の枝

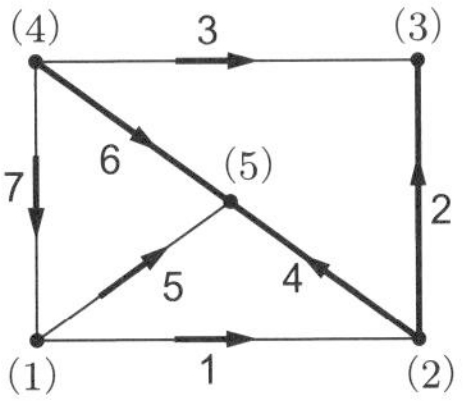

（b）補木の枝(リンク)

図 4.11　木と補木

【要点 4.3】リンクの総数

リンクの総数 l は，枝の総数 b から，木の枝の総数 t を引いたものである．

$$l = b - t = b - n + 1 \tag{4.2}$$

図 4.11(a) の場合には，$b = 7$，$n = 5$ であるので，$l = 3$ となる．

この項の内容も，4.2.1 項と同様に，無向グラフに対しても成り立つ．

例題 4.1　図 4.12 で示される連結有向グラフがある．このグラフに対する木の枝の集合の組み合わせを，それを構成する木の枝の枝番号を用いて，もれなく示せ．また，おのおのの木に対する補木の枝の集合の組み合わせを，それを構成する補木の枝の枝番号を用いて，もれなく示せ．

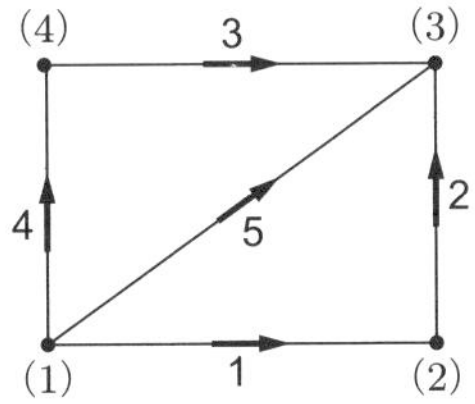

図 4.12　例題 4.1

解答　木の枝の組と，これに対応する補木の枝の組は次のようになる．節点の総数 $n = 4$ であるので，木の枝の数 $t = n - 1 = 3$ である．枝の総数 $b = 5$ 本から，$t = 3$ 本を選ぶ組み合わせの数は，${}_5C_3 = 5!/(3!2!) = 10$ となる．このうち，木の枝を構成しない組み合わせは，3 本の枝が閉じた三角形を作る {1,2,5}, {3,4,5} の二つの場合のみである．よって，求める組み合わせの数は，これら以外の 10 − 2 = 8 個となる．

木の枝	{1,2,3}	{1,2,4}	{1,3,4}	{1,3,5}	{1,4,5}	{2,3,4}	{2,3,5}	{2,4,5}
補木の枝	{4,5}	{3,5}	{2,5}	{2,4}	{2,3}	{1,5}	{1,4}	{1,3}

4.3 閉　路

4.3.1　基本閉路

すでに説明したように，閉路とは，ある節点を出発し，いくつかの枝を一度だけ経由し，もとの節点に戻る周回路である．**図 4.13** の七つの図は，図 4.11(a) のグラフに対するすべての閉路を描いたものである．おのおのの閉路には，便宜的に番号をつけている．

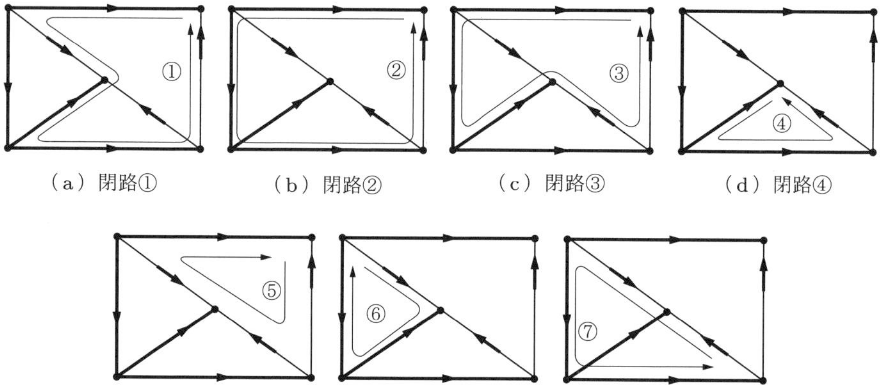

（a）閉路①　（b）閉路②　（c）閉路③　（d）閉路④
（e）閉路⑤　（f）閉路⑥　（g）閉路⑦

図 4.13　グラフに対するすべての閉路

さて，閉路の中で，ただ一つのリンクと，ほかは木の枝で構成される閉路を，**基本閉路** (fundamental loop) という．**図 4.14** は，図 4.13 に描いた閉路の中から，基本閉路のみを抽出したものである．この図において，太線で表した枝 **1**，**3**，**5**，**7** は木の枝である．一方，枝 **2**，**4**，**6** はリンクである．ここで，枝 **1**，**2**，**3**，**7** で作られる閉路を考えよう．この閉路は，ただ一つのリンク **2** を含み，ほかは木の枝で構成される閉路である．よって，この閉路は基本閉路である．閉路の向きは，この閉路にただ一つ含むリンクの向きと一致させる．この場合には，リンク **2** の向きが上向きであることと対応して，閉路の向きは，反時計回りとなる．

本書では，基本閉路に番号をつけることとし，その番号は，リンクの番号と一致さ

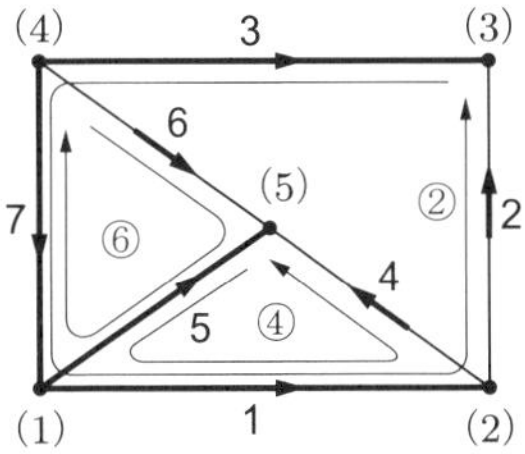

図 4.14　基本閉路

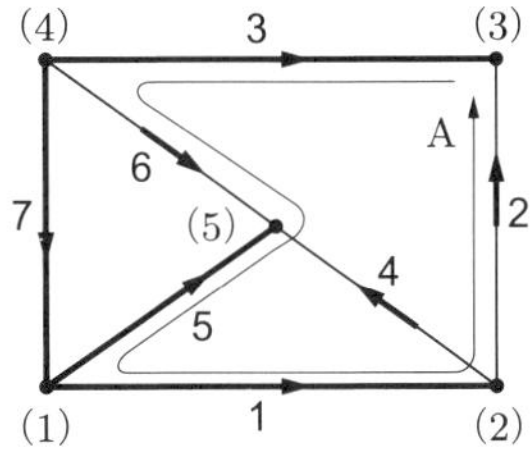

図 4.15　基本閉路ではない閉路 A

せる．よって，いま考えている基本閉路の番号は②となる．

同様にして，枝 1，4，5 で作られる閉路は，ただ一つのリンク 4 を含み，ほかは木の枝で構成される基本閉路④となる．また，枝 5，6，7 で作られる閉路は，ただ一つのリンク 6 を含み，ほかは木の枝で構成される基本閉路⑥となる．

あるグラフに対して，木の枝とリンクを指定し，これに従って，リンクの総数 l 個の基本閉路を構成する．このとき，この l 個の基本閉路で構成される集合を**基本閉路系** (system of fundamental loops) という．

さて，図 4.15 に描かれている閉路 A は，基本閉路ではない閉路である．この閉路は，基本閉路の線形結合として，次のように表すことができる．

$$\text{閉路 A} = (+1) \times \text{基本閉路②} + (0) \times \text{基本閉路④} + (+1) \times \text{基本閉路⑥} \tag{4.3}$$

閉路 A を作るにあたって，次の点に注意してほしい．すなわち，図 4.14 の枝 7 の部分において，基本閉路②の向きと基本閉路⑥の向きはお互いに逆である．このため，図 4.15 の枝 7 の部分において，これら二つの閉路はお互いに相殺し，枝 7 に沿った閉路はなくなっている．

一方，基本閉路は，その基本閉路そのもののみで表される．たとえば，基本閉路⑥は次のようになる．

$$\begin{aligned}\text{基本閉路⑥} &= (0) \times \text{基本閉路②} + (0) \times \text{基本閉路④} + (+1) \times \text{基本閉路⑥} \\ &= (+1) \times \text{基本閉路⑥}\end{aligned} \tag{4.4}$$

このように，任意の閉路は，いくつかの基本閉路を，向きを考えて重ね合わせることにより得られる．

【要点 4.4】基本閉路による任意の閉路の構成

任意の閉路は，係数を 0，+1，−1 のいずれかとした，基本閉路の線形結合で表すことができる．

ある基本閉路系を考える．この系で構成される基本閉路は，それぞれ，お互いに異なるただ一つのリンクを含む．よって，l 個の基本閉路は，お互いに1次独立である．以上をまとめると次のようになる．

【要点 4.5】基本閉路の個数

枝の総数 b，節点数 n，木の枝の総数 t，リンクの総数 l で構成される連結グラフの基本閉路は，l 個存在し，次式で与えられる．なお，l 個の基本閉路は，お互いに1次独立である．

$$l = b - t = b - n + 1 \tag{4.5}$$

このことは，基本閉路は，ただ一つのリンクと1対1に対応することから理解できる．

ここで取り上げた，基本閉路の概念は，任意の閉路に沿った閉路電流を扱うキルヒホッフの第1法則（電流則）の1次独立性，あるいは任意の閉路に沿った電圧の保存則を扱うキルヒホッフの第2法則（電圧則）の1次独立性を考える際に，とても大切になってくる．このことは，第6章で説明する．

例題 4.2　図 4.14 で与えられた基本閉路の定義に基づいて，下記の演算で与えられる閉路を描け．

閉路 B：　(+1) × 基本閉路②　+ (−1) × 基本閉路④

閉路 C：　(+1) × 基本閉路②　+ (−1) × 基本閉路④　+ (+1) × 基本閉路⑥

解答　閉路 B および閉路 C は，**図 4.16** で示される．

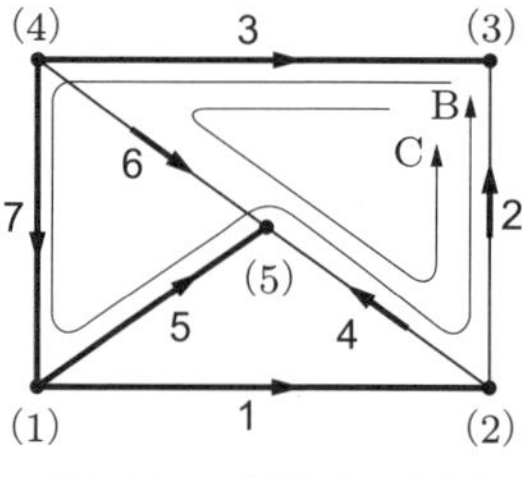

図 4.16　例題 4.2 解答

4.3.2　分離度と退化次数

図 4.17 において，この非連結グラフ G は，G_1 と G_2 で示される二つの連結グラフで構成されている．連結グラフ G_1 は，このグラフの節点の集合 $N_1 = \{(1), (2), (3), (4)\}$

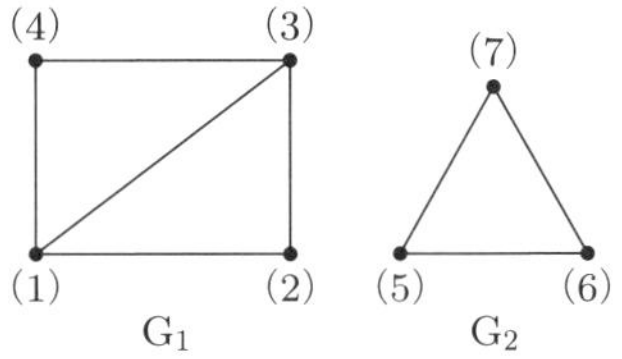

図 4.17　分離度 2 のグラフ

で構成され，これらの節点間には，少なくとも一つの道が存在する．同様にして，連結グラフ G_2 は，このグラフの節点の集合 $N_2 = \{(5), (6), (7)\}$ で構成され，これらの節点間には，少なくとも一つの道が存在する．すなわち，与えられたグラフ G の節点の集合 N は，連結性の観点から二つに分割できる．一般に，与えられたグラフ G の節点の集合 N が，連結性の観点から k 個に分割できるとき，G を**分離度** (number of maximal connected subgraphs) k のグラフという．図 4.17 のグラフは，分離度 2 のグラフである．なお，連結グラフは，分離度 1 のグラフである．

【要点 4.6】退化次数

分離度 k，節点数 n，枝数 b のグラフ G に対して，

$$\mu = b - n + k \tag{4.6}$$

を，G の**退化次数** (nullity) という．この退化次数は，独立なキルヒホッフの閉路方程式の，必要十分な本数を与える大切な値である．

4.4 カットセット

4.4.1 カットセットの定義

連結グラフの中の，ある 1 組の枝を取り除くと，そのグラフが連結グラフでなくなるとする．一方，この 1 組の任意の枝を，1 本でも元に戻すと，そのグラフが連結グラフになるとする．この条件を満たすとき，この 1 組の枝を**カットセット** (cut-set) という．図 4.18 において，破線 A と交差する枝 1，5，7 の組を切断（カット）して取り除くと，節点 (1) と，その他の節点群 (2)～(5) は連結ではなくなる．この組の任意の枝，たとえば枝 5 を戻すと，グラフは連結となる．よって，カットされた枝 1，5，7 の集合はカットセットとなる．同様にして，破線 B と交差する枝 1，3，4 の組はカットセットとなる．また，破線 C と交差する枝 4，5，6 の組もカットセットとなる．

一方，図 4.19 において，たとえば，実線の曲線 T でカットされ取り除かれる枝 1 と 5 の集合は，カットセットにはならない．なぜならば，枝 7 を介して，節点 (1) か

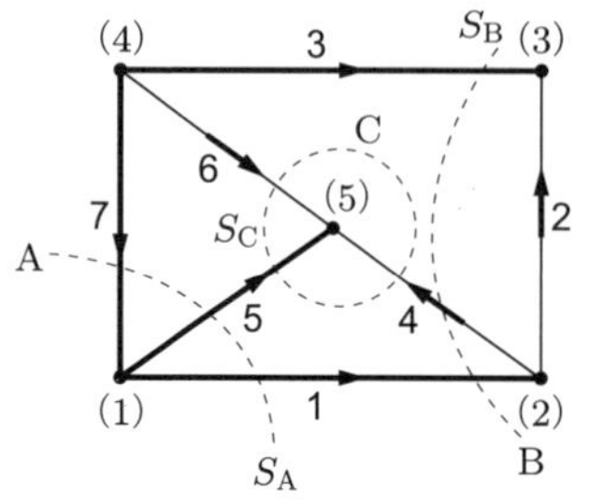

図 4.18　カットセットの例

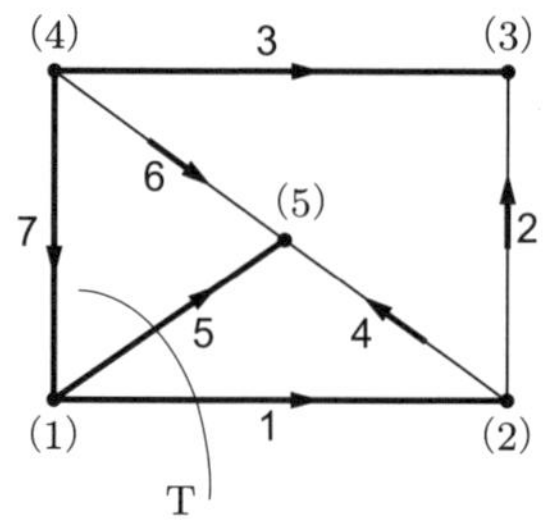

図 4.19　カットセットとはならない例

らほかのすべての節点へ到達する道が存在するからである．

1 組の枝をカットするのに用いた破線は，本来，ループ（閉路）を構成しているべきものである．したがって，この破線を，**カットループ** (cut-loop) と定義する．破線 A，B は，正確に描くと，**図 4.20** に示すようになる．しかし，図 4.18 のように，その 1 部分を示すだけで，切断される枝の様子がわかるので，そのように描いているだけである．

ここで，グラフの階数を定義しよう．

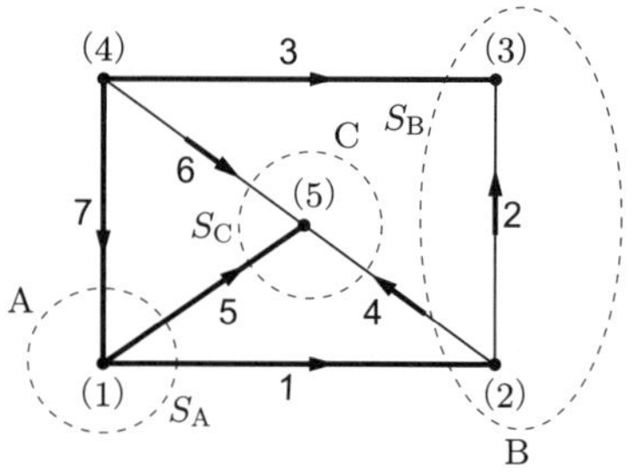

図 4.20　カットループ

【要点 4.7】グラフの階数

分離度 k，節点数 n のグラフ G に対して，

$$\phi = n - k \tag{4.7}$$

を，G の**階数** (rank) という．

なお，ϕ は，グラフ G の木の枝の総数を与える．分離度 $k = 1$ の連結グラフに対しては，式 (4.1) の t と一致する．

ここで導入した階数の概念を用いて，連結グラフ G のカットセットは，次のように定義される．

【要点 4.8】カットセットの定義

カットセットとは，いくつかの枝の集合 S を，おのおのの節点を残したまま連結グラフ G から削除したとき，残ったグラフの階数が 1 だけ減少し，かつ S の任意の 1 本の枝を残しておくと，グラフの階数が変わらないような枝の集合 S のことである．

これからは，カットセットを S で表す．また，いくつかのカットセットを区別するために，S に下つきの添え字をつける．図 4.18 において，破線で示すカットループ A で示したカットセットを S_{A} で示す．同様にして，カットループ B，C で示したカットセットは S_{B}，S_{C} で表す．

図 4.21 のグラフ G′ は，図 4.18 のグラフ G において，カットセット S_{B} に含まれる枝の集合を削除して得られたグラフである．図 4.21 のグラフ G′ は，もはや連結グラフではなく，二つの成分をもつグラフとなっている．すなわち，グラフ G′ は，分離度 2 のグラフとなっている．

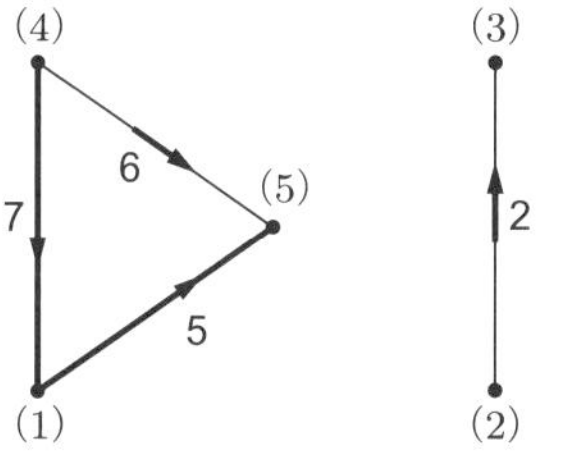

図 4.21 S_{B} でカットした分離度 2 のグラフ

4.4.2 基本カットセット

木の枝をただ一つ含むカットセットを，**基本カットセット** (fundamental cut-set) という．図 4.18 において，破線で示すカットループ A で切断される枝の組には，三つの木の枝 1，5，7 が含まれるので，このカットセットは基本カットセットではない．同様に，カットループ B で切断される枝の組には，二つの木の枝 1，3 が含まれるので，このカットセットも基本カットセットではない．一方，カットループ C で切断される枝の組には，ただ一つの木の枝 5 を含む．よって，このカットセットは基本カットセットである．

ある与えられた木に対して，基本カットセットの組を，**基本カットセット系** (system of fundamental cut-sets) という．**図 4.22** は，基本カットセット系を示している．すなわち，指定された木の枝 1，3，5，7 に対して，おのおのの破線で切断される枝の組は，基本カットセットである．

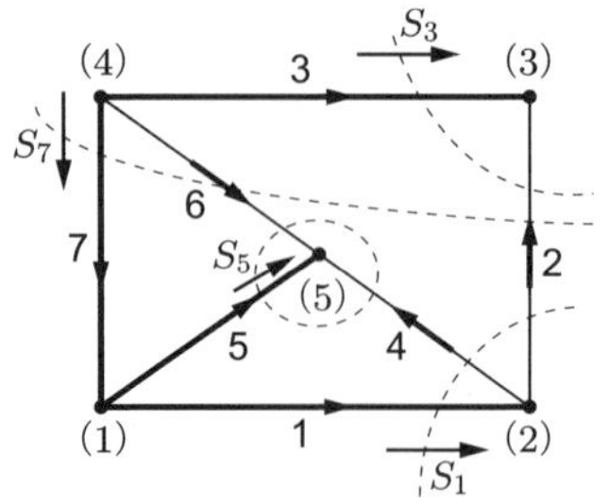

図 4.22 基本カットセット系

おのおのの基本カットセットに対して，カットループで切断される枝の中にただ一つ含む木の枝と同じ番号をつける．図 4.22 において，たとえば，基本カットセット S_1 は，ただ一つの木の枝 **1** を含む．同様にして，基本カットセット S_3，S_5，S_7 は，それぞれ，ただ一つの木の枝 **3**，**5**，**7** を含む．基本カットセット S_1，S_3，S_5，S_7 は，基本カットセット系を形成している．

また，おのおのの基本カットセットに対して，破線で示すカットループで切断される枝の中にただ一つ含む木の枝と同じ方向を指定する．たとえば，基本カットセット S_1 においては，ただ一つの木の枝 **1** の向きは，カットループが分ける領域を外から内へ向かっているので，S_1 の向きも図のように外から内へと向かう方向とする．**図 4.23** は，図 4.22 から，基本カットセット S_1 に関連する右下の部分を切り出して示したものである．この図には，三つの枝 **1**，**2**，**4** のそれぞれに沿った S_1 の向きを矢印で示している．

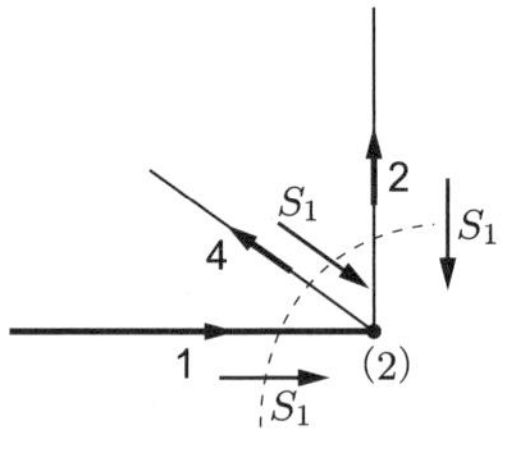

図 4.23 基本カットセット S_1 の向き

同様に，S_5 に対応するカットループは，三つの枝 **4**，**5**，**6** を切断しながら，節点 (5) を中心とする円状の内側領域と外側領域を分けている．ただ一つ含まれる木の枝 **5** の向きは，領域を外から内へ向かっているので，枝 **4**，**6** に沿った S_5 の向きも，外から内へ向かう方向となる．**図 4.24** は，図 4.22 から，基本カットセット S_5 に関連する中心の部分を切り出して示したものである．この図には，三つの枝 **4**，**5**，**6** のそれ

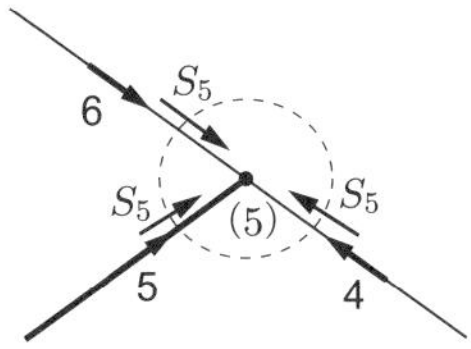

図 4.24 基本カットセット S_5 の向き

ぞれに沿った S_5 の向きを矢印で示している．

基本カットセットは，木の一つの枝と，この木の枝を通過するおのおのの基本閉路が通るリンクからなる．図 4.14 と図 4.22 を見比べると，このことが理解できる．基本カットセット S_1 は，木の枝 **1** と，リンク **2** および **4** を含む．リンク **2** は，木の枝 **1** を通過する基本閉路 ② のリンクである．また，リンク **4** は，木の枝 **1** を通過する基本閉路 ④ のリンクである．

同様にして，基本カットセット S_3 は，木の枝 **3** とリンク **2** を含む．基本カットセット S_5 は，木の枝 **5** とリンク **4** および **6** を含む．また，基本カットセット S_7 は，木の枝 **7** とリンク **2** および **6** を含む．これらのことを確認してほしい．

以上のことを踏まえ，基本カットセットの個数について，次のことがいえる．

【要点 4.9】基本カットセットの個数

連結グラフ G の任意の木に対して，その木の枝をただ一つ含む基本カットセットは，ϕ 個存在する．ただし，$\phi = n - k = n - 1$ は G の階数である．

このことは，式 (4.7) で与えられる階数 ϕ が，木の枝の総数を与えることから理解できる．

さて，**図 4.25** に描かれているカットセット S_A は，枝番号 **1** および **3** の二つの木の枝を含むので，基本カットセットではない．このカットセット S_A は，基本カットセットの線形結合として，次のように表すことができる．

$$\text{カットセット } S_\mathrm{A} = (+1) \times S_1 + (+1) \times S_3 + (0) \times S_5 + (0) \times S_7 \tag{4.8}$$

カットセット S_A を作るにあたって，次の点を注意してほしい．枝 **2** 上において，基本カットセット S_1 は枝 **2** の向きとは逆向きに枝 **2** をカットし，基本カットセット S_3 は同じ向きに枝 **2** をカットしている．これら両者は，カットセットの向きが逆であるので，お互いに相殺し，結局，枝 **2** はカットされない．一方，S_1 によって，枝 **1** と **4** がカットされ，S_3 によって，枝 **3** がカットされる．結局，枝 **1**，**4**，**3** のみがカットされることになり，これは，カットセット S_A の定義と一致する．

一方，基本カットセットは，その基本カットセットそのもののみで表される．たと

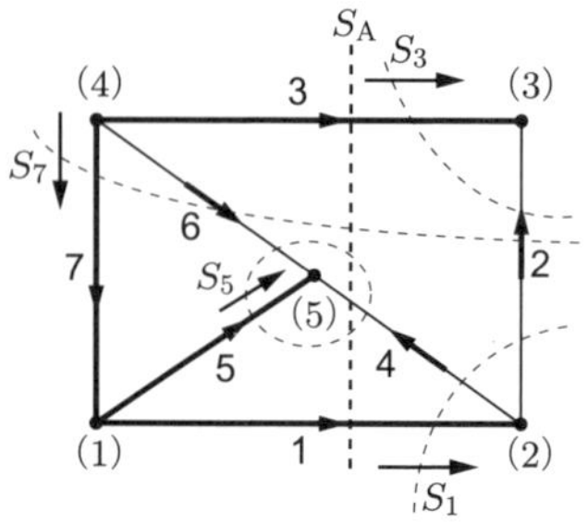

図 4.25　S_A を基本カットセットの線形結合で表す方法

えば，基本カットセット S_3 は次のようになる．

$$\begin{aligned}\text{基本カットセット } S_3 &= (0)\times S_1 + (+1)\times S_3 + (0)\times S_5 + (0)\times S_7 \\ &= (+1)\times S_3 \end{aligned} \tag{4.9}$$

このように，任意のカットセットは，いくつかの基本カットセットを，向きを考えて，重ね合わせることにより得られる．

【要点 4.10】基本カットセットによる任意のカットセットの構成

任意のカットセットは，係数を $0, +1, -1$ のいずれかとした，基本カットセットの線形結合で表すことができる．

ここで取り上げた基本カットセットの概念は，任意の節点における電流保存則を扱うキルヒホッフの第 1 法則（電流則）の 1 次独立性，あるいは任意の閉路に沿った電圧の保存則を扱うキルヒホッフの第 2 法則（電圧則）の 1 次独立性を考える際に，とても大切になってくる．このことは，第 6 章で説明される．

例題 4.3　図 4.22 で与えられた基本カットセットの定義に基づいて，下記の演算で与えられるカットセットを描け．

$$\text{カットセット } S_B = (+1)\times S_1 + (0)\times S_3 + (+1)\times S_5 + (-1)\times S_7$$

解答　カットセット S_B は，図 4.26 の太い破線で示される．カットセット S_B を作るにあたって，次の点を注意してほしい．枝 4 上において，基本カットセット S_1 は枝 4 の向きとは逆向きに枝 4 をカットし，一方，基本カットセット S_5 は同じ向きに枝 4 をカットしている．これら両者は，カットセットの向きが逆であるので，お互いに相殺し，結局，枝 4 はカットされない．枝 2 上において，基本カットセット S_1 は枝 2 の向きと逆向きに枝 2 をカットし，さらに，基本カットセット S_7 も逆向きに枝 2 をカットしている．しかし，与式において，基本カットセット S_7 についている係数は -1 であるので，基本カット

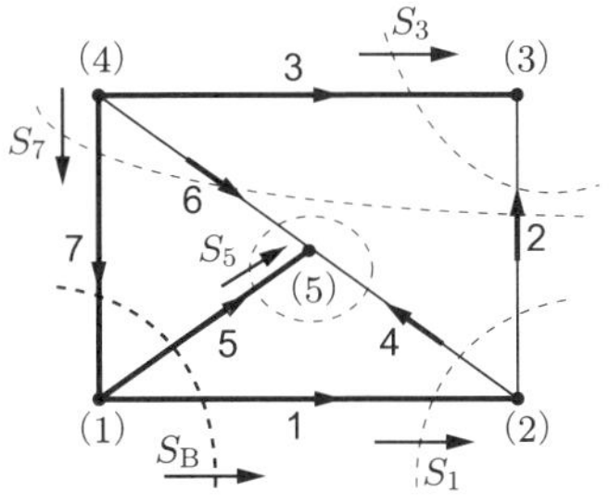

図 4.26　例題 4.3 解答

セット S_7 は枝 2 の向きと同じ向きに枝 2 をカットすることになる．これら両者は，カットセットの向きが逆であるので，お互いに相殺し，結局，枝 2 はカットされない．同様のことが，枝 6 上において，カットセット S_5 および S_7 との関係で生じるので，枝 6 はカットされない．結局，S_1 によって枝 1 がカットされ，S_5 によって枝 5 がカットされ，さらに S_7 によって枝 7 がカットされるだけである．S_B の向きも確認してほしい．

4.5 閉路とカットセットの関係

図 4.27 は，閉路とカットセットの関係の説明図である．連結グラフ G に対するカットセット S と，ある閉路 L を考えよう．この閉路 L の一部分は，太線で示されている．連結グラフ G からカットセット S を構成する枝を取り除いたとき，連結グラフ G は，G_1 と G_2 という二つの連結グラフに分けられるとする．このとき，カットセット S に含まれる各枝は，一方の節点を G_1 内にもち，また，もう一方の節点を G_2 内にもつ．そこで，閉路 L の節点を順次 (1),(2),(3),$\cdots$,(k),$\cdots$,(1) と接続していく．節点 (1) は，連結グラフ G_1 内にあるとする．節点 (1) を出発し，閉路 L の枝を順番にたどっていくと，再び節点 (1) に戻る．このとき，カットセット S に含まれる枝を偶数回通らないと，連結グラフ G_1 には戻れない．

もう少し，具体的に考えてみよう．G_1 内の節点 (1) を出発し，G_2 内の節点 (2) に接続された枝を含む経路が閉路を作るためには，絶対に，いったんは G_1 内に戻り，G_1

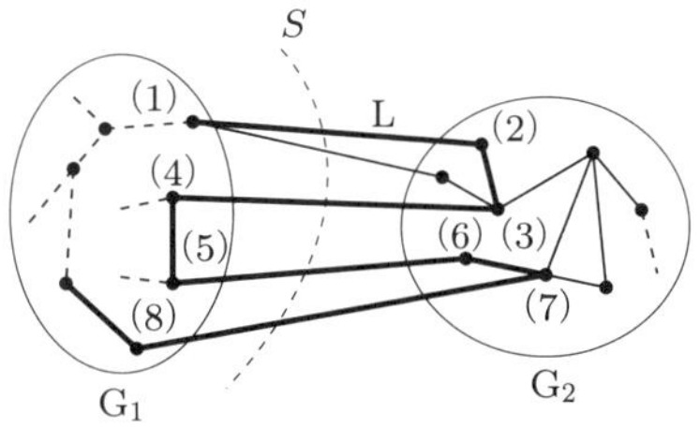

図 4.27　閉路とカットセットの関係

内の節点 (1) と改めて接続されないといけない．この際に，G_1 から G_2 へ行く枝と，G_2 から G_1 へ戻る枝の，都合 2 本の枝がペアとなって，カットセット S に含まれることになる．

図 4.27 は，2 往復して閉路を作っている場合の例を示している．すなわち，G_1 内の節点 (1) を出発した枝が，破線で示すカットループ S を横切って，G_2 内の節点 (2) に接続され，さらに節点 (3) と接続された後，カットループ S を横切って G_1 内に戻り，節点 (4) と接続されている．その後，節点 (5) と接続された後，カットループ S を横切って改めて G_2 内に行き，節点 (6)，(7) と順に接続され，再度カットループ S を横切って G_1 内の節点 (8) と接続されている．その後，G_1 内のいくつかの節点と接続された後，節点 (1) と接続され，閉路を完成している．

このように往復を何度も繰り返してから，G_1 へ戻った枝が，その後，節点 (1) と接続されて，閉路を形成することもあるだろう．m 往復するのであれば，都合 $2 \times m$ 本の枝がカットセット S に含まれることになる．いずれにせよ，カットセット S は，G のどの閉路とも，偶数個の枝を共有することになる．

【要点 4.11】閉路とカットセットの関係

閉路とカットセットは，双対な概念である．連結グラフ G の任意のカットセットは，G のどの閉路とも，偶数個の枝を共有する．

図 4.28 は，いままで取りあげてきた図 4.8(a) のグラフに対して，基本閉路と基本カットセットを重ねて示したものである．**【要点 4.11】**の内容を確認してみよう．閉路②は，カットセット S_1 と，枝 **1** と枝 **2** の行きと戻りの合計 2 本の枝を共有し，さらに，S_3 と，枝 **2** と枝 **3** の行きと戻りの合計 2 本の枝を共有している．閉路④は，カットセット S_1 と，枝 **1** と枝 **4** の行きと戻りの合計 2 本の枝を共有し，さらに，S_5 と，枝 **4** と枝 **5** の行きと戻りの合計 2 本の枝を共有している．

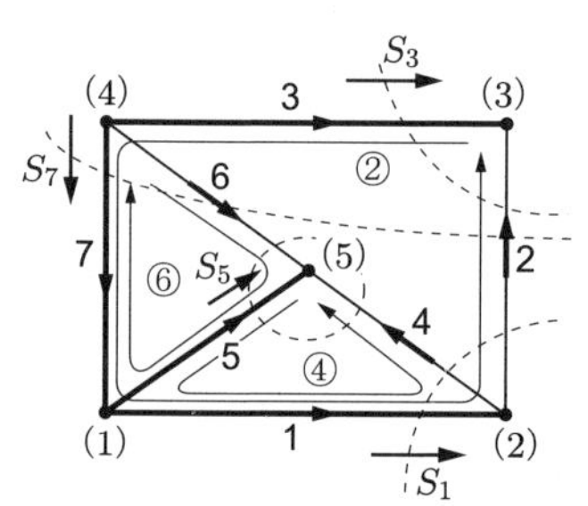

図 4.28　基本閉路と基本カットセットの関係

4.6 双対グラフと双対回路

4.6.1 双対グラフ

平面グラフ G に対して，グラフ G の枝で囲まれた領域で，その内部には，グラフ G のどの節点や枝をも含まない領域を，グラフ G の**窓** (window) という．グラフ G の窓のうち，無限遠を含む窓を，**無限の窓** (infinite window) という．それ以外の窓を，**有限の窓** (finite window) という．

図 4.29 において，窓 W_1，W_2，W_3 は有限の窓である．また，W_4 は無限の窓である．なお，有限の窓の境界上の閉路は，基本閉路系を作っている．

与えられたグラフ G_1 に対して，その窓を新しい節点に対応させる．窓の枝と交差しながら，その窓と窓とを連結する線分を新しい枝に対応させてできるグラフ G_2 を，G_1 の**双対グラフ** (dual graph) という．

図 4.30 の破線で表されるグラフは，図 4.29 で与えられるグラフ G_1 の双対グラフである．有限の窓 W_1，W_2，W_3 に対応して，新しい節点 (a)，(b)，(c) が設けられている．無限の窓 W_4 に対応して，新しい節点 (d) が設けられている．これらの新しい節点は，白丸で示されている．新しい枝 $1'$〜$8'$ が，それぞれ G_1 の枝 1〜8 と交差するように，新しい節点間を接続している．枝 $1'$ と枝 $2'$，あるいは枝 $3'$ と枝 $4'$ のように，両端の節点が同じ枝もある．また，枝 $8'$ のように，それ自身で閉路を作っている新しい枝もある．

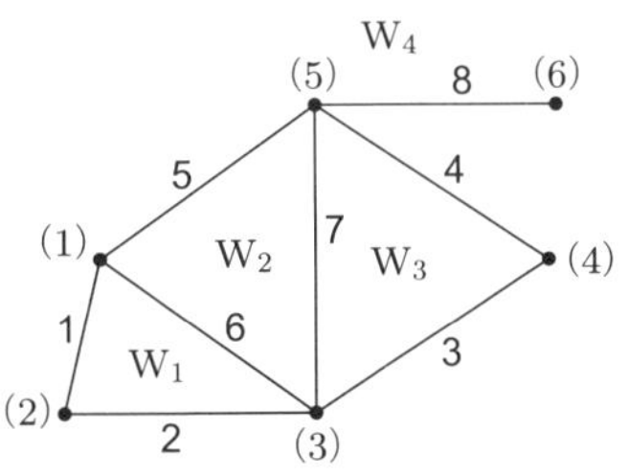

図 4.29 グラフの窓

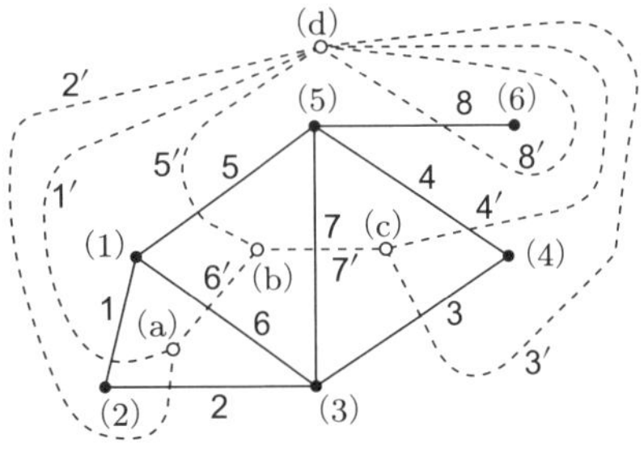

図 4.30 双対グラフ

4.6.2 電気回路の双対性

電気回路理論においては，いくつかの点について，二つの概念が対になって現れる．これを，電気回路の**双対性** (duality) という．表 4.1 に双対性を満たしている概念をまとめてある．たとえば，左側の項目を，対応する右側の項目で置き換えても，その回路が等価に成立する．電気回路理論に現れる定理や公式を考えるとき，この双対性を念頭におくと理解しやすい．双対性を満たす回路を，**双対回路** (dual circuit) という．

表 4.1　電気回路における双対性

電圧	電流
インピーダンス	アドミタンス
抵抗	コンダクタンス
インダクタンス	キャパシタンス
電圧源	電流源
直列接続	並列接続
短絡	開放
閉回路	カットセット

たとえば，第 2 章で説明した等価電圧源と等価電流源や，キルヒホッフの第 1 法則と第 2 法則は，お互いに双対の関係にある．同様にして，テブナンの定理とノートンの定理も，お互いに双対の関係にある．なお，表 4.1 で示した双対性の対応関係は，第 2 章の表 2.1 で説明した逆回路の対応関係と一致していることに注意してほしい．

図 4.31 は，双対回路を作るための具体的な方法について説明したものである．前項で説明した双対グラフの作成方法を念頭において，以下の操作を確認してほしい．

図 (a) はもとの回路である．まず，素子が直列接続されている部分，あるいは並列接続されている部分は，一つの素子としてまとめる．これらは，図において網かけで示している．すなわち，E と R_1，R_3 と L_1，R_4 と L_2 がこれらに相当する．次に，閉回路を作っている部分を探し出し，その真ん中に節点を設ける．すなわち，有限の窓の中心に節点を設ける．A，B，C が，これらに相当する節点である．さらに，回路の外部に，たとえば D のように節点を一つ設ける．これは，無限の窓に対応する節点で

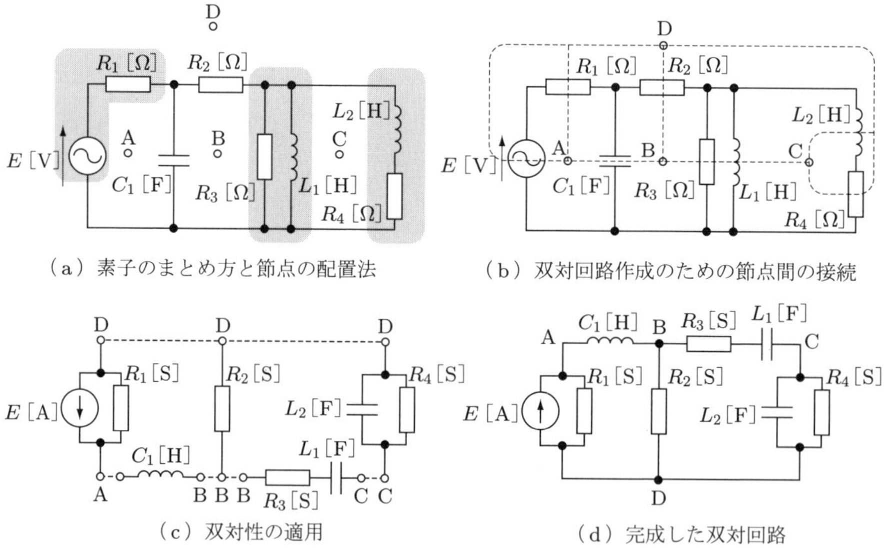

（a）素子のまとめ方と節点の配置法　（b）双対回路作成のための節点間の接続

（c）双対性の適用　（d）完成した双対回路

図 4.31　双対回路

である．なお，R_3 と L_1 は並列接続としてまとめているので，R_3 と L_1 とで作られる閉回路の中には，節点を設けない．これで準備が整った．

次に，図 (b) に示すように，これらの節点間を破線で接続する．すなわち，新しい枝を作成する．このとき，先ほどまとめた素子は，ばらばらの素子に戻しておく．節点間を接続する破線は，これらのばらばらにした素子を，1 度だけ，かつ，すべて通るようにする．これにより，破線で描かれた回路ができあがる．

この破線で描かれた回路と交わる素子を，表 4.1 に従い，双対な素子に置き換える．このとき，単位は変えるが，素子の数値自体は変えない．たとえば，節点 A と節点 D を結ぶ破線は二つあり，その一つは抵抗 R_1 [Ω]，もう一つは電圧源 E [V] と交わっている．表 4.1 に従い，前者はコンダクタンス R_1 [S] すなわち抵抗 $1/R_1$ [Ω] に，後者は，電流源 E [A] に置き換える．結局，節点 A と節点 D を結ぶ破線の回路は，コンダクタンス R_1 [S] と電流源 E [A] の並列接続に変換される．このようにして，各節点間の回路を作り上げて配置したものが図 (c) である．ここで，各節点間の回路は実線で示し，同じ節点どうしは破線で結んでいる．なお，電流源 E [A] は，電圧源 E [V] を含む閉回路の中心にある節点 A に，電流が流れ込む向きに配置する．最後に，図 (d) に示すように，電流源の矢印が上を向くように上下反転させ，同じ節点どうしを接続して整理すると，求める双対回路が得られる．

あらためて，以上の作業プロセスが，前項で説明した双対グラフを作成する手順と同じであることに注意してほしい．

演習問題

4.1【木と補木】 問図 4.1 で示される連結グラフがある．このグラフに対する木の枝の集合の組み合わせを，それを構成する木の枝の枝番号を用いて，もれなく示せ．また，おのおのの木に対する補木の枝の集合の組み合わせを，それを構成する補木の枝の枝番号を用いて，もれなく示せ．

4.2【基本閉路と基本カットセット】 問図 4.2 で示される連結有向グラフがある．太線で示した枝を木の枝とする．基本閉路と基本カットセットを描け．ただし，基本閉路はリンク

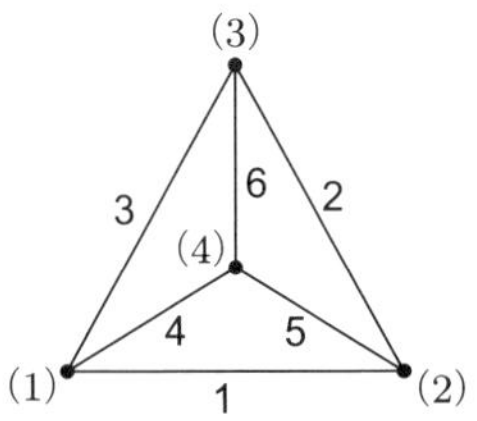

問図 4.1

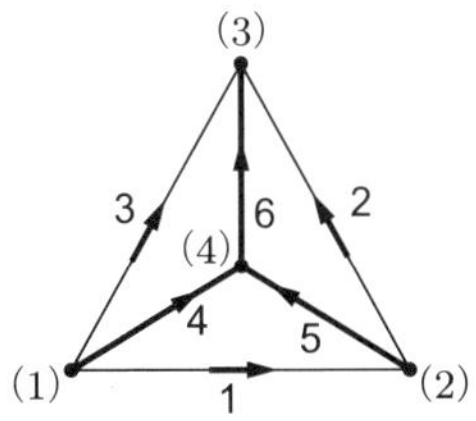

問図 4.2

と対応させ，また基本カットセットは木の枝と対応させて，それぞれに番号をつけよ．

4.3【閉路の構成】 問題 4.2 で求めた基本閉路の定義に基づいて，下記の演算で与えられる閉路を描け．

閉路 A：　$(+1) \times$ 基本閉路②　$+ (-1) \times$ 基本閉路③

閉路 B：　$(-1) \times$ 基本閉路①　$+ (-1) \times$ 基本閉路②　$+ (+1) \times$ 基本閉路③

4.4【カットセットの構成】 問題 4.2 で求めた基本カットセットの定義に基づいて，下記の演算で与えられるカットセットを描け．

カットセット $S_\mathrm{A} = (-1) \times S_5 + (+1) \times S_6$

カットセット $S_\mathrm{B} = (+1) \times S_4 + (+1) \times S_5 + (-1) \times S_6$

4.5【双対グラフ】 問図 4.3 で与えられるグラフの双対グラフを描け．

4.6【双対回路】 問図 4.4 の回路と双対な回路図を描け．

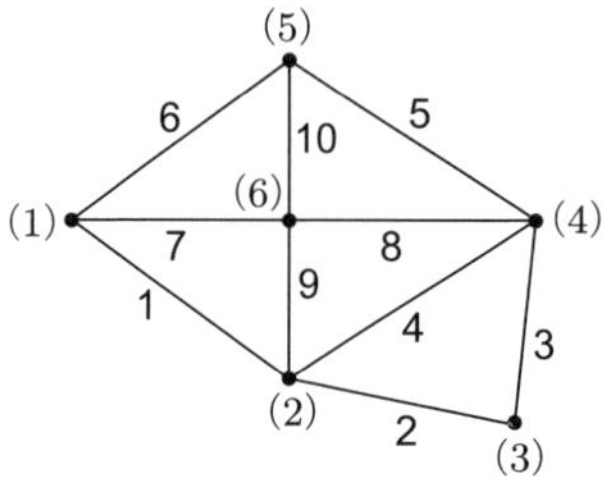

問図 4.3

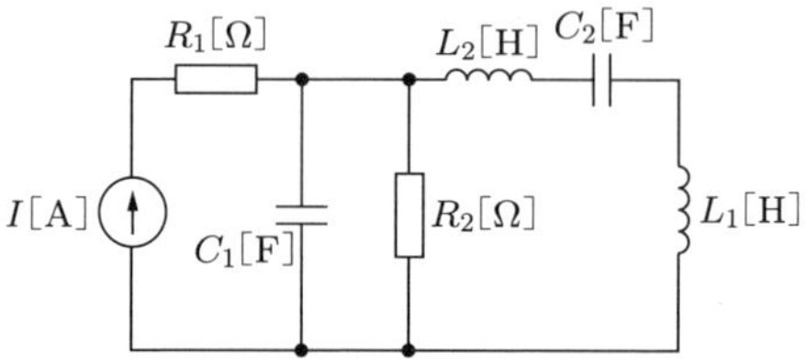

問図 4.4

第5章 有向グラフの行列表現

回路をグラフで描いてみると，素子間の接続関係や，回路自体の特徴が直感的に理解できて，とてもわかりやすい．しかし，グラフで表した回路の特徴や性質を用いて，たとえば電圧や電流を求める演算を行おうとすると，処理の方法が難しく，作業に困難をきたす．自動的に採用すべき変数や方程式を決定し，回路演算を実行するためには，グラフという図に頼らずに，グラフを行列という数式に変換して表現し，この行列を用いた演算を実行するとスムーズに処理が進む．とくに，大規模かつ複雑な回路網に対しては，行列を用いた数式的表現と，これに基づく演算は必須となる．この章では，有向グラフに対するいくつかの行列表現について説明する．

5.1 接続行列

グラフにおいては，その線の長さや形状がどうであるかは考えなくてよい．どの節点と，どの節点との間を，どの枝が接続しているか，ということが表現できれば，グラフは数式的に表現できる．**接続行列** (incidence matrix) は，このグラフの節点と枝との接続関係を明確に表現する．

第4章で説明したように，すべての枝が有向枝で構成される，向きをもつグラフを有向グラフという．そして，この枝の向きは，枝の上につけられた矢印で表す．**図 5.1** において，枝は，矢印の根元である節点 (i) から，矢印の先端である節点 (j) の方向の向きをもっている．

さっそく，接続行列について具体的に説明しよう．n 個の節点と b 本の枝をもつグラフを考える．接続行列 $\boldsymbol{A} = [a_{pk}]$ は，$n \times b$ 行列で与えられる．ここで，接続行列の成分 a_{pk} は，以下の定義に従う．

図 5.1　有向枝

【要点 5.1】接続行列の成分

接続行列 $\boldsymbol{A}$ は，有向グラフの節点と枝との接続関係を表現する．その (p,k) 成分 a_{pk} は，次のように定義される．

$$\begin{cases} a_{pk} = \ \ 1 & \cdots \text{節点}\,(p)\,\text{が枝}\,k\,\text{の始点であるとき} \\ a_{pk} = -1 & \cdots \text{節点}\,(p)\,\text{が枝}\,k\,\text{の終点であるとき} \\ a_{pk} = \ \ 0 & \cdots \text{節点}\,(p)\,\text{が枝}\,k\,\text{の始点でも終点でもないとき} \end{cases} \tag{5.1}$$

図 5.2 は，図 4.8(a) の有向グラフを改めて示したものである．これを有向グラフ G と定義しよう．すでに第 4 章で説明したが，(1),(2),$\cdots$,(5) は節点番号，**1**,**2**,$\cdots$,**7** は枝番号を表す．この図を使って，接続行列をもう少していねいに説明しよう．

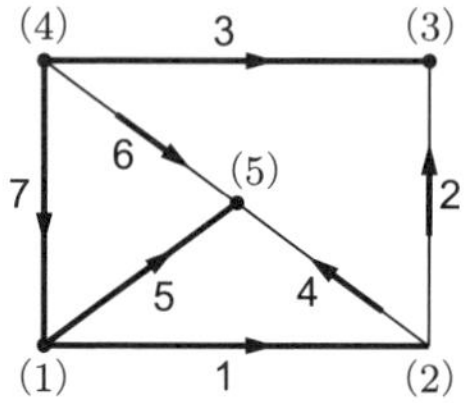

図 5.2　有向グラフ G

【要点 5.1】に従って，この有向グラフに対する接続行列 $\boldsymbol{A}$ は，次式で表される．

$$\boldsymbol{A} = \underbrace{\begin{bmatrix} 1 & 0 & 0 & 0 & 1 & 0 & -1 \\ -1 & 1 & 0 & 1 & 0 & 0 & 0 \\ 0 & -1 & -1 & 0 & 0 & 0 & 0 \\ 0 & 0 & 1 & 0 & 0 & 1 & 1 \\ 0 & 0 & 0 & -1 & -1 & -1 & 0 \end{bmatrix}}_{b} \left.\begin{matrix} (1) \\ (2) \\ (3) \\ (4) \\ (5) \end{matrix}\right\} n \tag{5.2}$$

（行：節点 (p)，列：枝 k = 1, 2, 3, 4, 5, 6, 7）

ここで，縦方向，すなわち行方向は，節点番号 (p) に対応する．横方向，すなわち列方向は，枝番号 k に対応する．接続行列の成分は，枝 k が節点 (i) から出て節点 (j) に入るとき，$\boldsymbol{A}$ の (i,k) 成分 a_{ik} を 1，(j,k) 成分 a_{jk} を -1 とする．その他の第 k 列目の成分は 0 とする．

結局，接続行列 $\boldsymbol{A}$ の α 行目は，節点 (α) に，どの枝が，どの方向に接続されているかの情報を与えている．たとえば，接続行列 $\boldsymbol{A}$ の 1 行目に着目してみよう．図 5.2

において，節点 (1) から枝 **1** と枝 **5** が出発し，一方，節点 (1) へ枝 **7** が入ってきている．よって，$\boldsymbol{A}$ の成分 a_{11} と a_{15} は 1，また，成分 a_{17} は -1 となる．

なお，**接続行列 $\boldsymbol{A}$ は，キルヒホッフの第 1 法則（電流則）に対する係数行列になっている**．このことは，第 6 章で説明する．

式 (5.2) から理解できるように，接続行列 $\boldsymbol{A}$ の各列には，1 と -1 が必ず 1 個ずつある．このことは，接続行列の各列は，各 1 本の枝に対応し，各枝には，必ず出発点に相当する節点と，到着点に相当する節点があることから明らかである．よって，$\boldsymbol{A}$ の各列の和はつねに 0 になる．

以上より，$\boldsymbol{A}$ にある n 行の行ベクトルから，任意の 1 行を削除しても，その削除した 1 行を再現することができる．すなわち，$\boldsymbol{A}$ の各行は，お互いに 1 次独立ではない．よって，次のことがいえる．

【要点 5.2】接続行列の階数

n 個の節点をもつ連結有向グラフに対する接続行列 $\boldsymbol{A}$ の階数 ϕ は，次式で与えられる．なお，ϕ は木の枝の総数 t と一致する．

$$\phi = n - 1 = t \tag{5.3}$$

ここで定義された階数 ϕ は，接続行列 $\boldsymbol{A}$ に対する 1 次独立な行数を与える．これは**【要点 4.7】**で定義されたグラフそのものの階数と一致する．

接続行列 $\boldsymbol{A}$ から任意の 1 行を削除して得られる行列を，**既約接続行列** (reduced incidence matrix) という．これを $\boldsymbol{A}_{\mathrm{r}}$ で表す．削除した行に対応する節点を**基準節点** (reference node) という．

節点 (5) を基準節点とした，式 (5.2) に対する既約接続行列は，以下のようになる．

$$\boldsymbol{A}_{\mathrm{r}} = \begin{bmatrix} 1 & 0 & 0 & 0 & 1 & 0 & -1 \\ -1 & 1 & 0 & 1 & 0 & 0 & 0 \\ 0 & -1 & -1 & 0 & 0 & 0 & 0 \\ 0 & 0 & 1 & 0 & 0 & 1 & 1 \end{bmatrix} \begin{matrix} (1) \\ (2) \\ (3) \\ (4) \end{matrix} \left.\vphantom{\begin{matrix} 1\\1\\1\\1 \end{matrix}}\right\} n-1 \tag{5.4}$$

(節点 (p)；枝 k：1 2 3 4 5 6 7，列数 b)

既約接続行列 $\boldsymbol{A}_{\mathrm{r}}$ は，$\boldsymbol{A}$ の部分行列であるので，$\boldsymbol{A}_{\mathrm{r}}$ の階数も $n-1$ である．

$\boldsymbol{P}_A$ を，その成分が $0, +1, -1$ のいずれかからなる適当な係数行列とする．このとき，$\boldsymbol{A}$ と $\boldsymbol{A}_{\mathrm{r}}$ との間には，次の関係がある．

$$\boldsymbol{A} = \boldsymbol{P}_A \boldsymbol{A}_{\mathrm{r}} \tag{5.5}$$

例題 5.1　既約接続行列 $\boldsymbol{A}_{\mathrm{r}}$ が次式で与えられる連結有向グラフがある．この接続行列 $\boldsymbol{A}$ を求めよ．また，該当する連結有向グラフを描け．

$$\boldsymbol{A}_{\mathrm{r}} = \begin{bmatrix} 1 & 0 & 0 & 1 & 1 \\ -1 & 1 & 0 & 0 & 0 \\ 0 & -1 & -1 & 0 & -1 \end{bmatrix} \begin{matrix} (1) \\ (2) \\ (3) \end{matrix}$$

節点 (p)：(1)，(2)，(3)（行）　枝 k：1　2　3　4　5（列）

解答　求める接続行列 $\boldsymbol{A}$ の各列の成分の和は，必ず 0 になる．すなわち，各列には 1 と -1 の成分が必ず 1 個ずつある．この観点から，与式において，第 3 列目は 1 の成分が不足し，第 4 列目は -1 の成分が不足している．よって，つけ加えるべき第 4 行目の成分は，第 3 列目が 1，第 4 列目は -1 であり，ほかの列の成分は 0 である．よって接続行列 $\boldsymbol{A}$ は次のようになる．

$$\boldsymbol{A} = \begin{bmatrix} 1 & 0 & 0 & 1 & 1 \\ -1 & 1 & 0 & 0 & 0 \\ 0 & -1 & -1 & 0 & -1 \\ 0 & 0 & 1 & -1 & 0 \end{bmatrix} \begin{matrix} (1) \\ (2) \\ (3) \\ (4) \end{matrix}$$

節点 (p)：(1)，(2)，(3)，(4)（行）　枝 k：1　2　3　4　5（列）

この接続行列 $\boldsymbol{A}$ に対する連結有向グラフは，図 5.3 で与えられる．

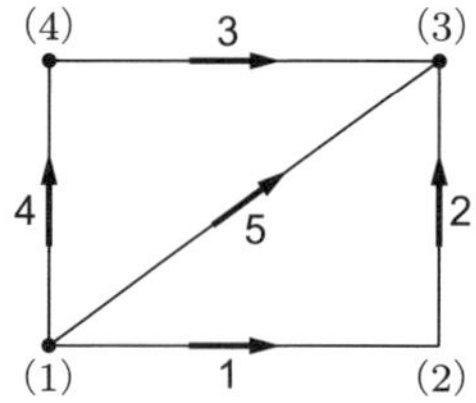

図 5.3　例題 5.1 解答

5.2 閉路行列

第 4 章で説明したように，向きを指定した閉路を有向閉路という．これから説明する**閉路行列** (loop matrix) は，有向グラフにおける有向閉路と有向枝との関係を表現する．すなわち，閉路行列は，どの枝がどの閉路に属するかを表す行列である．

すべての閉路を表す閉路行列 $\boldsymbol{B}$ を作ろう．b 本の枝と w 個の閉路をもつグラフを考える．閉路行列 $\boldsymbol{B} = [b_{pk}]$ は，$w \times b$ 行列で与えられる．ここで，$\boldsymbol{B}$ の成分 b_{pk} は以下の定義に従う．

【要点 5.3】閉路行列の成分

閉路行列 $\boldsymbol{B}$ は，有向グラフの閉路と枝との関係を表現する．その (p, k) 成分 b_{pk} は，次のように定義される．

$$\begin{cases} b_{pk} = \ \ 1 & \cdots \text{枝 } k \text{ の向きと閉路 } p \text{ の向きが同じであるとき} \\ b_{pk} = -1 & \cdots \text{枝 } k \text{ の向きと閉路 } p \text{ の向きが逆であるとき} \\ b_{pk} = \ \ 0 & \cdots \text{枝 } k \text{ が閉路 } p \text{ に含まれないとき} \end{cases} \tag{5.6}$$

図 5.4 は，図 5.2 のグラフ G に対するすべての閉路を表している．これは，第 4 章の図 4.13(a)〜(g) を，一つの図に集約して，改めて描いたものである．閉路番号は，①,②,③,$\cdots$,⑦ のように表している．この有向グラフに対する閉路行列 $\boldsymbol{B}$ は，次式で表される．

$$\boldsymbol{B} = \begin{bmatrix} 1 & 1 & -1 & 0 & -1 & 1 & 0 \\ 1 & 1 & -1 & 0 & 0 & 0 & 1 \\ 0 & 1 & -1 & -1 & 1 & 0 & 1 \\ 1 & 0 & 0 & 1 & -1 & 0 & 0 \\ 0 & -1 & 1 & 1 & 0 & -1 & 0 \\ 0 & 0 & 0 & 0 & -1 & 1 & -1 \\ 1 & 0 & 0 & 1 & 0 & -1 & 1 \end{bmatrix} \begin{matrix} ① \\ ② \\ ③ \\ ④ \\ ⑤ \\ ⑥ \\ ⑦ \end{matrix} \Bigg\} w \tag{5.7}$$

（行：閉路 p ①〜⑦，w 個；列：枝 k 1 2 3 4 5 6 7，b 本）

ここで，縦方向，すなわち行方向は，閉路番号 p に対応する．横方向，すなわち列方向は，枝番号 k に対応する．

たとえば，閉路 ② に着目しよう．この閉路は，節点 (3)，(4)，(1)，(2) を経由して

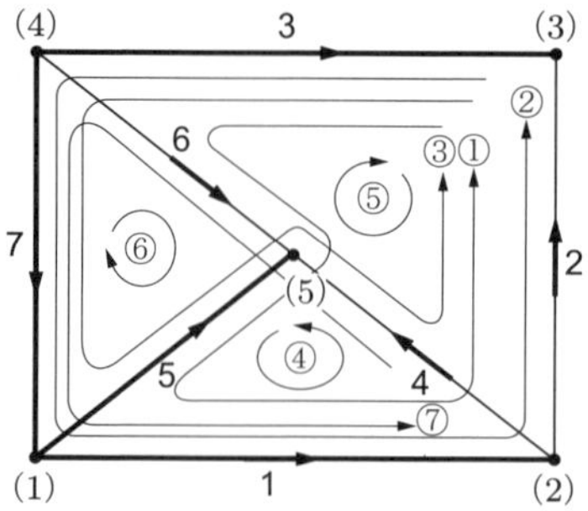

図 5.4　有向グラフ G におけるすべての閉路

(3) に戻る周回路となっている．閉路行列 $\boldsymbol{B}$ の 2 行目を考えよう．(3) → (4) の経路にある枝 3 の向きと，閉路の向きは逆であるので，$\boldsymbol{B}$ の (2,3) 成分 $b_{23} = -1$ となる．同様にして，(4) → (1) の経路にある枝 7 の向きと，閉路の向きは同じであるので，$\boldsymbol{B}$ の (2,7) 成分 $b_{27} = 1$ となる．(1) → (2) の経路にある枝 1 の向きと，閉路の向きは同じであるので，$\boldsymbol{B}$ の (2,1) 成分 $b_{21} = 1$ となる．最後に，(2) → (3) の経路にある枝 2 の向きと，閉路の向きは同じであるので，$\boldsymbol{B}$ の (2,2) 成分 $b_{22} = 1$ とする．その他の第 2 行目の成分は 0 とする．

結局，閉路行列 $\boldsymbol{B}$ の α 行目は，閉路 α に，どの枝が，どちらの向きに配置されているかの情報を与えている．すなわち，**閉路行列 $\boldsymbol{B}$ は，キルヒホッフの第 2 法則（電圧則）に対する係数行列になっている**．このことは，第 6 章で説明する．

ここでは，与えられたグラフに対して，すべての閉路を考え，この閉路行列 $\boldsymbol{B}$ を検討した．一方，基本閉路系は**基本閉路行列** (fundamental loop matrix) $\boldsymbol{B}_\mathrm{f}$ で表すことができる．

4.3 節で説明したように，ある木に対する連結有向グラフの基本閉路とは，ただ一つのリンクと，それ以外は木の枝で作られた，単一の経路で構成される閉路のことである．基本閉路は，リンクの総数である l 個，すなわち $b - n + 1$ 個存在する．基本閉路の向きは，リンクの向きと一致させる．

基本閉路行列 $\boldsymbol{B}_\mathrm{f}$ は，各リンクに対応する基本閉路に，各枝がどのように属するかを表す行列である．$\boldsymbol{B}_\mathrm{f}$ の (m, k) 成分 b_{mk} は，$\boldsymbol{B}$ に対する式 (5.6) と同様に定義される．すなわち，枝 k が各基本閉路の方向と同じ向きに含まれていれば 1，逆向きに含まれていれば -1，含まれていなければ 0 とする．

ここで，縦方向である行方向は，基本閉路に対応するリンクの枝番号を，上から下へ昇順に並べている．横方向である列方向は，すべての枝番号 k に対応する．すなわち，基本閉路行列 $\boldsymbol{B}_\mathrm{f}$ は，$l \times b$ 行列である．

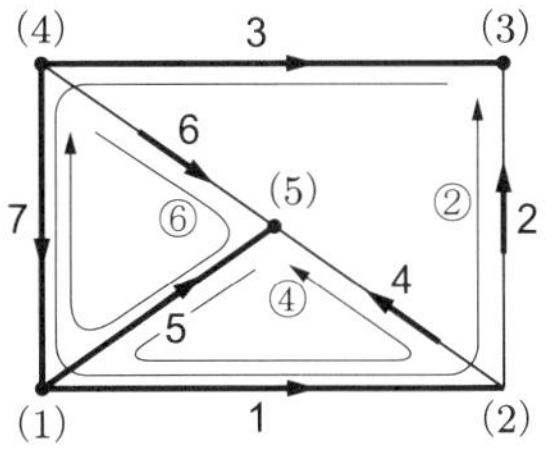

図 5.5 有向グラフ G における基本閉路系

図 5.5 は，図 5.2 のグラフ G に対する基本閉路を表す．これは，第 4 章の図 4.14 を改めて描いたものである．この有向グラフに対する基本閉路系を考えよう．リンクの総数 l は，$b = 7$，$n = 5$ を式 (4.2) に代入して，$l = 3$ となる．リンクとなる枝の枝番号 2，4，6 に対応して，閉路 ②，④，⑥が基本閉路である．基本閉路行列 $\boldsymbol{B}_{\mathrm{f}}$ を，次式に示す．

$$\boldsymbol{B}_{\mathrm{f}} = \underbrace{\begin{bmatrix} 1 & 1 & -1 & 0 & 0 & 0 & 1 \\ 1 & 0 & 0 & 1 & -1 & 0 & 0 \\ 0 & 0 & 0 & 0 & -1 & 1 & -1 \end{bmatrix}}_{\text{枝 } k:\ 1\ 2\ 3\ 4\ 5\ 6\ 7 \quad (b)} \begin{matrix} \text{基本閉路} \\ ② \\ ④ \\ ⑥ \end{matrix} \Bigg\} l \tag{5.8}$$

式 (5.8) において，基本閉路番号 ②，④，⑥ に対応して，リンクとなる枝の番号 2，4，6 の列を左側にまとめ，残りの枝である木の枝の番号 1，3，5，7 の列を右側にまとめて，それぞれ左から枝番号の昇順に並べる．

$$\boldsymbol{B}_{\mathrm{f}} = \left[\begin{array}{ccc:cccc} 1 & 0 & 0 & 1 & -1 & 0 & 1 \\ 0 & 1 & 0 & 1 & 0 & -1 & 0 \\ 0 & 0 & 1 & 0 & 0 & -1 & -1 \end{array}\right] \begin{matrix} \text{基本閉路} \\ ② \\ ④ \\ ⑥ \end{matrix} \Bigg\} l \tag{5.9}$$

$$\text{枝 } k \quad \underbrace{2\ \ 4\ \ 6}_{\text{リンク } l} \quad \underbrace{1\ \ 3\ \ 5\ \ 7}_{\text{木の枝 } n-1}$$

この行列から理解できるように，左側のリンクの列は，単位行列になっている．これは，リンクと基本閉路が一対一に対応しているから当然である．よって，基本閉路行列 $\boldsymbol{B}_{\mathrm{f}}$ は，ブロック行列の表現を用いて，次のように表される．

$$\boldsymbol{B}_{\mathrm{f}} = \left[\begin{array}{c:c} \boldsymbol{U}_{\mu} & \boldsymbol{B}_{\mathrm{fp}} \end{array}\right] \tag{5.10}$$

ここで、U_μ は $l \times l$ 単位行列である。すなわち、l 次の単位行列である。この場合には、3次の単位行列となる。また、B_f の要素のうち、大切な情報を含んでいるのは、木の枝に対応する B_{fp} である。よって、B_{fp} を**主要部** (principal part) という。

この単位行列は、基本閉路行列 B_f の階数が、$l = b - n + 1$ であることを示している。B_f は、B の部分行列であるので、閉路行列 B の階数も l である。

【要点 5.4】閉路行列の階数

n 個の節点と b 本の枝をもつ連結有向グラフに対する閉路行列 B の階数 μ は、次式で与えられる。なお、μ はリンクの総数 l と一致する。

$$\mu = b - n + 1 = l \tag{5.11}$$

ここで定義された階数 μ は、閉路行列 B に対する1次独立な行数、すなわち基本閉路の総数を与える。

以上の内容をまとめると、閉路行列 B は、次のようなブロック行列として表現できる。

$$B = \begin{bmatrix} U_\mu & B_{12} \\ B_{21} & B_{22} \end{bmatrix} \begin{matrix} \}l \\ \end{matrix} = \begin{bmatrix} U_\mu & B_{fp} \\ B_{21} & B_{22} \end{bmatrix} \tag{5.12}$$

$$\underbrace{}_{\substack{l \\ \text{リンク}}} \underbrace{}_{\substack{n-1 \\ \text{木の枝}}}$$

すなわち、B の最初の第1列から第 l 列にはリンクを、次の第 $l+1$ 列以降には木の枝を対応させる。また、B の最初の第1行から第 l 行には基本閉路系を、次の第 $l+1$ 行以降には基本閉路系以外の閉路を対応させる。U_μ は $l \times l$ 単位行列、また、$B_{fp} = B_{12}$ は $l \times (n-1)$ 行列である。

式 (5.7) で与えられる B に対して、式 (5.12) に現れる、それぞれのブロック要素の具体的な内容は次のようになる。

$$U = U_\mu = \begin{bmatrix} 1 & 0 & 0 \\ 0 & 1 & 0 \\ 0 & 0 & 1 \end{bmatrix} \begin{matrix} ② \\ ④ \\ ⑥ \end{matrix} \quad \text{基本閉路} \tag{5.13a}$$

$$\text{リンク}\ \ 2 \ \ 4 \ \ 6$$

$$\boldsymbol{B}_{12} = \boldsymbol{B}_{\mathrm{fp}} = \begin{bmatrix} 1 & -1 & 0 & 1 \\ 1 & 0 & -1 & 0 \\ 0 & 0 & -1 & -1 \end{bmatrix} \begin{matrix} ② \\ ④ \\ ⑥ \end{matrix} \tag{5.13b}$$

（行：基本閉路，列：木の枝 1　3　5　7）

$$\boldsymbol{B}_{21} = \begin{bmatrix} 1 & 0 & 1 \\ 1 & -1 & 0 \\ -1 & 1 & -1 \\ 0 & 1 & -1 \end{bmatrix} \begin{matrix} ① \\ ③ \\ ⑤ \\ ⑦ \end{matrix} \tag{5.13c}$$

（行：基本閉路以外の閉路，列：リンク 2　4　6）

$$\boldsymbol{B}_{22} = \begin{bmatrix} 1 & -1 & -1 & 0 \\ 0 & -1 & 1 & 1 \\ 0 & 1 & 0 & 0 \\ 1 & 0 & 0 & 1 \end{bmatrix} \begin{matrix} ① \\ ③ \\ ⑤ \\ ⑦ \end{matrix} \tag{5.13d}$$

（行：基本閉路以外の閉路，列：木の枝 1　3　5　7）

さて，**【要点 4.4】**で説明したように，任意の閉路は，係数を 0，+1，−1 のいずれかとした，基本閉路の線形結合で表せる．よって，次の関係が成り立つことに注意しよう．

$$\boldsymbol{B} = \boldsymbol{P}_B \boldsymbol{B}_{\mathrm{f}} \tag{5.14}$$

ここで，$\boldsymbol{P}_B$ は，その成分が 0，+1，−1 のいずれかからなる，適当な l 列の係数行列である．

5.3 カットセット行列

カットセットは，グラフの節点群の分割を定義するものである．第 4 章で説明したように，有向グラフに対して，向きを指定したカットセットを考える．

ここで説明する**カットセット行列** (cut-set matrix) $\boldsymbol{C} = [c_{pk}]$ は，どの枝がどのカットセットに属するかを表す行列である．また，基本カットセット系は，**基本カットセッ**

ト行列 (fundamental cut-set matrix) $\boldsymbol{C}_{\mathrm{f}}$ で表すことができる．ここで，カットセット行列の成分 c_{pk} は，以下の定義に従う．

【要点 5.5】カットセット行列の成分

カットセット行列 $\boldsymbol{C}$ は，有向グラフのカットセットと枝との関係を表現する．その (p,k) 成分 c_{pk} は次のように定義される．

$$\begin{cases} c_{pk} = \ \ 1 & \cdots \text{枝 } k \text{ の向きとカットセット } p \text{ の向きが同じであるとき} \\ c_{pk} = -1 & \cdots \text{枝 } k \text{ の向きとカットセット } p \text{ の向きが逆であるとき} \\ c_{pk} = \ \ 0 & \cdots \text{枝 } k \text{ がカットセット } p \text{ に含まれないとき} \end{cases} \tag{5.15}$$

以下では，基本カットセット系を中心に考えることにする．連結有向グラフの基本カットセットとは，ただ一つの木の枝と，それ以外はリンクで構成されたカットセットである．その方向は，その中にただ一つ含まれる木の枝の方向と一致させる．

基本カットセット行列 $\boldsymbol{C}_{\mathrm{f}}$ は，基本カットセットに，各枝がどのように属するかを表す行列である．カットセット行列 $\boldsymbol{C}$ の場合と同様に，$\boldsymbol{C}_{\mathrm{f}}$ の成分 c_{pk} は，枝 k が各基本カットセットの方向と同じ向きに含まれていれば 1，逆向きに含まれていれば -1，含まれていなければ 0 とする．

図 5.6 は，図 5.2 のグラフ G に対する基本カットセットを描いたものである．これは，すでに図 4.22 で説明している．この有向グラフに対する基本カットセット系を考える．基本カットセット番号は，S_1，S_3，S_5，S_7 のように添え字をつけて表している．枝をカット（切断）するカットループは，破線で示している．

このグラフの基本カットセット行列を，次式に示す．ここで，縦方向である行方向は，基本カットセットに対応する木の枝の番号を，上から下へ昇順に並べている．横方向である列方向は，すべての枝番号 k に対応する．図 5.6 のグラフに対する基本カッ

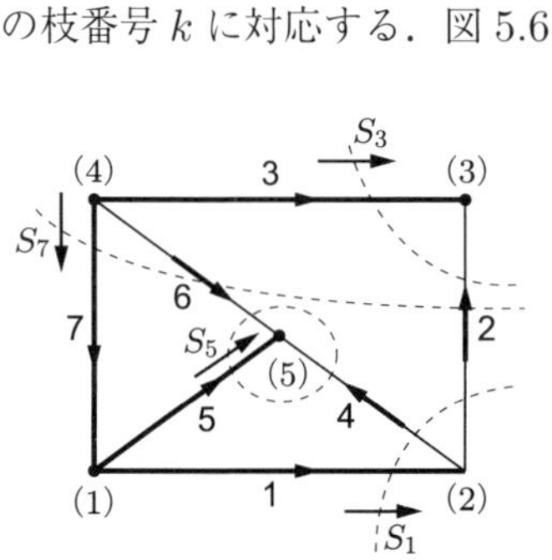

図 5.6　有向グラフ G における基本カットセット系

トセット行列 $\boldsymbol{C}_{\mathrm{f}} = [c_{pk}]$ は，$(n-1) \times b$ 行列となる．

$$\boldsymbol{C}_{\mathrm{f}} = \begin{bmatrix} 1 & -1 & 0 & -1 & 0 & 0 & 0 \\ 0 & 1 & 1 & 0 & 0 & 0 & 0 \\ 0 & 0 & 0 & 1 & 1 & 1 & 0 \\ 0 & -1 & 0 & 0 & 0 & 1 & 1 \end{bmatrix} \begin{matrix} S_1 \\ S_3 \\ S_5 \\ S_7 \end{matrix} \Bigg\} n-1 \quad \text{（基本カットセット）} \qquad (5.16)$$

$$\text{枝 } k \quad \underbrace{1 \quad 2 \quad 3 \quad 4 \quad 5 \quad 6 \quad 7}_{b}$$

たとえば，カットセット S_1 に着目してみよう．基本カットセット行列 $\boldsymbol{C}_{\mathrm{f}}$ の 1 行目を考える．この基本カットセットには，枝 1，2，4 が属している．このうち，枝 1 のみが木の枝であり，ほかの枝 2，4 はリンクである．カットセット S_1 は，木の枝 1 と対応している．すなわち，S_1 の添え字の番号 1 は，木の枝 1 の番号と一致している．また，カットセット S_1 の方向は，木の枝 1 の方向と一致している．ここで，S_1 の方向は，カットループにより分けられる領域を外から内に向かう方向であり，枝 2，4 とはそれぞれ逆向きとなる．

枝 1 に対応する $\boldsymbol{C}_{\mathrm{f}}$ の成分 c_{11} は，もちろん 1 である．枝 2 の向きと，カットセット S_1 の向きは逆であるので，枝 2 に対応する $\boldsymbol{C}_{\mathrm{f}}$ の成分 c_{12} は，-1 となる．同様にして，枝 4 の向きと，カットセット S_1 の向きは逆であるので，枝 4 に対応する $\boldsymbol{C}_{\mathrm{f}}$ の成分 c_{14} は，-1 である．カットセット S_1 には，枝 3，5，6，7 は含まれていないので，これらに相当する $\boldsymbol{C}_{\mathrm{f}}$ の成分は 0 となる．

ここで，基本カットセット行列 $\boldsymbol{C}_{\mathrm{f}}$ において，基本カットセット S_1，S_3，S_5，S_7 に対応して，木の枝番号 1，3，5，7 の枝に相当する列を右側にまとめ，リンクの枝番号 2，4，6 の枝に相当する列を左側にまとめて，それぞれ左から枝番号の昇順に並べる．この操作を施すと，式 (5.16) は次のようになる．

$$\boldsymbol{C}_{\mathrm{f}} = \left[\begin{array}{ccc:cccc} -1 & -1 & 0 & 1 & 0 & 0 & 0 \\ 1 & 0 & 0 & 0 & 1 & 0 & 0 \\ 0 & 1 & 1 & 0 & 0 & 1 & 0 \\ -1 & 0 & 1 & 0 & 0 & 0 & 1 \end{array}\right] \begin{matrix} S_1 \\ S_3 \\ S_5 \\ S_7 \end{matrix} \Bigg\} n-1 \quad \text{（基本カットセット）} \qquad (5.17)$$

$$\text{枝 } k \quad \underbrace{2 \quad 4 \quad 6}_{\text{リンク } l} \quad \underbrace{1 \quad 3 \quad 5 \quad 7}_{\text{木の枝 } n-1}$$

この行列から理解できるように，右側の木の枝の列は，単位行列になっている．これは，木の枝と基本カットセットが一対一に対応しているから当然である．よって，基本カットセット行列 $\boldsymbol{C}_{\mathrm{f}}$ は，次のように表される．

$$\boldsymbol{C}_{\mathrm{f}} = \left[\ \boldsymbol{C}_{\mathrm{fp}} \ \vdots\ \boldsymbol{U}_{\phi}\ \right] \tag{5.18}$$

ここで，$\boldsymbol{U}_{\phi}$ は $\phi = n-1$ 次の単位行列である．ϕ は式 (5.3) で与えられる階数である．なお，$\boldsymbol{C}_{\mathrm{f}}$ の要素のうち，大切な情報を含んでいるのは $\boldsymbol{C}_{\mathrm{fp}}$ である．$\boldsymbol{C}_{\mathrm{fp}}$ を**主要部** (principal part) という．

ここでは，基本カットセットのみを表している基本カットセット行列 $\boldsymbol{C}_{\mathrm{f}}$ について説明した．同様にして，すべてのカットセットに対する行列 $\boldsymbol{C}$ を作ることができる．

さて，**【要点 4.10】**で説明したように，任意のカットセットは，係数を 0，+1，−1 のいずれかとした，基本カットセットの線形結合で表すことができる．よって，次の関係が成り立つことに注意しよう．

$$\boldsymbol{C} = \boldsymbol{P}_C \boldsymbol{C}_{\mathrm{f}} \tag{5.19}$$

ここで，$\boldsymbol{P}_C$ は，その成分が 0，+1，−1 のいずれかからなる，適当な $\phi = n-1$ 列の係数行列である．

例題 5.2　図 5.7 に示す連結有向グラフがある．このグラフに対して，六つのカットセット $S_1, S_2, \cdots, S_6$ が存在する．このカットセット行列 $\boldsymbol{C}$ を求めよ．また，太線で示した枝 1，3，4 を木の枝とするとき，基本カットセット行列 $\boldsymbol{C}_{\mathrm{f}}$ を求めよ．

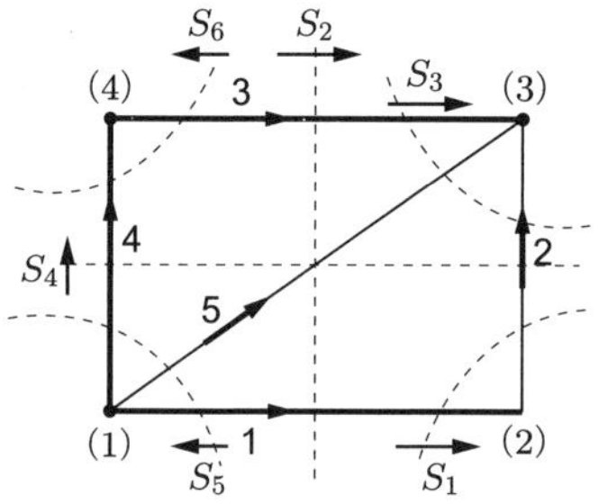

図 5.7　例題 5.2

解答　定義に従って，カットセット行列 $\boldsymbol{C}$ は，次のようになる．

$$
\boldsymbol{C} = \overset{\text{カットセット}}{\begin{bmatrix} 1 & -1 & 0 & 0 & 0 \\ 1 & 0 & 1 & 0 & 1 \\ 0 & 1 & 1 & 0 & 1 \\ 0 & 1 & 0 & 1 & 1 \\ -1 & 0 & 0 & -1 & -1 \\ 0 & 0 & -1 & 1 & 0 \end{bmatrix}} \begin{matrix} S_1 \\ S_2 \\ S_3 \\ S_4 \\ S_5 \\ S_6 \end{matrix}
$$

枝 k　1　2　3　4　5

次に，木の枝 1，3，4 で決定される基本カットセット行列 $\boldsymbol{C}_{\mathrm{f}}$ は次のようになる．

$$
\boldsymbol{C}_{\mathrm{f}} = \overset{\text{基本カットセット}}{\left[\begin{array}{cc:ccc} -1 & 0 & 1 & 0 & 0 \\ 1 & 1 & 0 & 1 & 0 \\ 1 & 1 & 0 & 0 & 1 \end{array}\right]} \begin{matrix} S_1 \\ S_3 \\ S_4 \end{matrix}
$$

枝 k　$\underbrace{2 \quad 5}_{\text{リンク}}$　$\underbrace{1 \quad 3 \quad 4}_{\text{木の枝}}$

ここで，カットセット S_1 は木の枝として 1 のみを含み，カットセット S_3 は木の枝として 3 のみを含み，また，カットセット S_4 は木の枝として 4 のみを含んでいることに注意してほしい．また，これらのカットセットの方向は，木の枝の方向と一致していることも，合わせて確認してほしい．なお，この例題では，木の枝の番号と，基本カットセットの番号が一致するように，あらかじめ調整していた．

式 (5.18) において，単位行列 $\boldsymbol{U}_{\phi}$ は，基本カットセット行列 $\boldsymbol{C}_{\mathrm{f}}$ の階数が $\phi = n-1$ であることを示している．$\boldsymbol{C}_{\mathrm{f}}$ は，$\boldsymbol{C}$ の部分行列であるので，カットセット行列 $\boldsymbol{C}$ の階数も $\phi = n-1$ となる．

【要点 5.6】カットセット行列の階数

n 個の節点をもつ連結有向グラフに対するカットセット行列 $\boldsymbol{C}$ の階数 ϕ は，次式で与えられる．なお，ϕ は木の枝の総数 t と一致する．

$$
\phi = n - 1 = t \tag{5.20}
$$

ここで定義された階数 ϕ は，カットセット行列 $\boldsymbol{C}$ に対する 1 次独立な行数，すなわち基本カットセットの総数を与える．これは，**【要点 5.2】**で示した接続行列の階数 ϕ と一致する．

5.4 接続行列と閉路行列の関係

接続行列 $\boldsymbol{A}$ と閉路行列 $\boldsymbol{B}$ の各行において，枝番号の並びを同じにしたとき，次の**直交関係** (orthogonality relation) が成り立つ．

【要点 5.7】接続行列と閉路行列の直交関係

$$\boldsymbol{A}{}^t\boldsymbol{B} = \boldsymbol{O} \tag{5.21a}$$

$$\boldsymbol{B}{}^t\boldsymbol{A} = \boldsymbol{O} \tag{5.21b}$$

式 (5.21a) は，以下のように証明できる．接続行列 $\boldsymbol{A}$ の i 行目のベクトルを次のように表す．

$$\boldsymbol{a}_i = \begin{bmatrix} a_{i1}, \ a_{i2}, \ \cdots, \ a_{ib} \end{bmatrix} \tag{5.22a}$$

また，閉路行列 $\boldsymbol{B}$ の j 行目のベクトルを次のように表す．

$$\boldsymbol{b}_j = \begin{bmatrix} b_{j1}, \ b_{j2}, \ \cdots, \ b_{jb} \end{bmatrix} \tag{5.22b}$$

ここで，添え字 b はグラフの枝の総数である．よって，$\boldsymbol{A}{}^t\boldsymbol{B}$ の (i, j) 成分は次式で表される．

$$\boldsymbol{a}_i{}^t\boldsymbol{b}_j = \sum_{k=1}^{b} a_{ik} b_{jk} \tag{5.23}$$

式 (5.23) の右辺の展開式の各項が，0 ではない有限な値をもつためには，枝 k が節点 (i) に接続されており，かつ，枝 k が閉路 j に含まれる，という条件が必要である．すなわち，ある節点 (i) と閉路 j に着目したとき，枝 k に対応する成分 a_{ik} と成分 b_{jk} が，ともに 0 でない次の四つの場合に分類できる．

(1) 枝 k が節点 (i) の始点であり，枝 k の向きが閉路 j の向きと同じであるとき．

$$a_{ik} = 1, \quad b_{jk} = 1 \quad \rightarrow \quad a_{ik} b_{jk} = 1 \tag{5.24a}$$

(2) 枝 k が節点 (i) の終点であり，枝 k の向きが閉路 j の向きと同じであるとき．

$$a_{ik} = -1, \quad b_{jk} = 1 \quad \rightarrow \quad a_{ik} b_{jk} = -1 \tag{5.24b}$$

(3) 枝 k が節点 (i) の始点であり，枝 k の向きが閉路 j の向きと逆であるとき．

$$a_{ik} = 1, \quad b_{jk} = -1 \quad \rightarrow \quad a_{ik}b_{jk} = -1 \tag{5.24c}$$

(4) 枝 k が節点 (i) の終点であり，枝 k の向きが閉路 j の向きと逆であるとき．

$$a_{ik} = -1, \quad b_{jk} = -1 \quad \rightarrow \quad a_{ik}b_{jk} = 1 \tag{5.24d}$$

以上の内容をまとめると，$a_{ik}b_{jk}$ の値は，**表 5.1** のように整理することができる．

表 5.1　接続行列と閉路行列の成分の積 $a_{ik}b_{jk}$ の値

ある枝 k において		節点 (i) が枝 k の	
		始点	終点
閉路 j の向きと枝 k の向きが	同じ	1	−1
	逆	−1	1

以上の結果から，式 (5.23) の値を評価してみよう．**図 5.8** は，このための説明図である．ここでは単純化して三角形の閉路を考えているが，一般性は失わない．

ある閉路 j を取り上げ，その閉路上の任意の一つの節点 (i) と，それに接続している閉路上の二つの枝 m と n に注目する．よって，二つの枝に対応して，二つの成分の積 $a_{ik}b_{jk}$ を考えればよい．なお，同じ節点を複数回通る閉路の場合は，通過するごとに別々に考えればよい．

節点 (i) が両方の枝の始点か，両方の枝の終点の場合，閉路 j の向きは必ず，片方の枝とは同じ向きで，他方の枝とは逆向きになる．したがって，二つの成分の積はお互

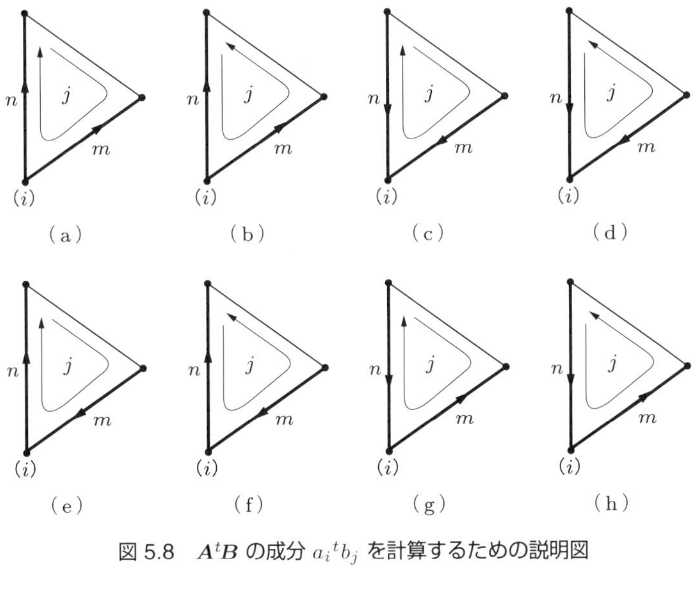

図 5.8　A^tB の成分 $a_i{}^tb_j$ を計算するための説明図

いに相殺して 0 となる．前者の場合は図 (a)，(b) に対応し，後者の場合は図 (c)，(d) に対応する．

また，節点 (i) が片方の枝の始点で他方の枝の終点の場合，閉路 j の向きは必ず，どちらの枝とも同じ向きか，どちらの枝とも逆向きとなる．したがって，二つの成分の積はお互いに相殺して 0 となる．この場合は図 (e)，(f)，(g)，(h) に対応する．

すなわち，$a_i{}^t b_j$ を展開して得られる式 (5.23) の右辺の各項のうち，これが非零成分となるものは二つしかなく，その一つは 1 であり，もう一つは −1 である．よって，$a_i{}^t b_j$ の非零成分の二つは，相殺して必ず 0 になる．以上の説明から，次式が成り立つ．

$$a_i{}^t b_j = \sum_{k=1}^{b} a_{ik} b_{jk} = 0 \tag{5.25}$$

この関係が，すべての閉路 j について成り立つので，式 (5.21a) が成立する．同様のことが，式 (5.21b) に対しても証明できる．

一方，連結有向グラフの接続行列 $\boldsymbol{A}$ と，基本閉路行列 $\boldsymbol{B}_{\mathrm{f}}$ との間には，次の関係がある．

【要点 5.8】接続行列と基本閉路行列の関係

連結有向グラフの接続行列 $\boldsymbol{A}$，および基本閉路行列 $\boldsymbol{B}_{\mathrm{f}}$ に対して，第 1 列から第 l 列にはリンクを，次の第 $l+1$ 列から第 b 列には木の枝を配置し，それぞれを左から枝番号の昇順に並べ替える．さらに，接続行列 $\boldsymbol{A}$ を次のようにブロック行列に分割する．

$$\boldsymbol{A} = \left[\begin{array}{c:c} \overbrace{\boldsymbol{A}_{11}}^{l} & \overbrace{\boldsymbol{A}_{12}}^{n-1} \\ \hdashline \boldsymbol{A}_{21} & \boldsymbol{A}_{22} \end{array}\right] \begin{array}{l} \}n-1 \\ \}1 \end{array} \tag{5.26}$$

ただし，$\boldsymbol{A}_{12}$ は $(n-1)\times(n-1)$ 正則行列である．また，$\boldsymbol{A}_{11}$ は $(n-1)\times l$ 行列，$\boldsymbol{A}_{21}$ は $1\times l$ 行列，$\boldsymbol{A}_{22}$ は $1\times(n-1)$ 行列である．このとき，基本閉路行列 $\boldsymbol{B}_{\mathrm{f}}$ は次のように表される．

$$\boldsymbol{B}_{\mathrm{f}} = \left[\begin{array}{c:c} \boldsymbol{U}_{\mu} & -{}^t\!\boldsymbol{A}_{11}{}^t(\boldsymbol{A}_{12}^{-1}) \end{array}\right] \tag{5.27}$$

式 (5.27) は，次のように証明できる．基本閉路行列 $\boldsymbol{B}_{\mathrm{f}}$ は，式 (5.10) で説明したように，上記のような列の入れ替えを行って，次のようにブロック行列に分割できる．

$$\boldsymbol{B}_{\mathrm{f}} = \left[\ \boldsymbol{U}_{\mu}\ \vdots\ \boldsymbol{B}_{\mathrm{fp}}\ \right] \tag{5.28}$$

式 (5.21a) より，以下の関係式が成り立つ．

$$\boldsymbol{A}{}^{t}\boldsymbol{B}_{\mathrm{f}} = \boldsymbol{O} \tag{5.29}$$

よって，式 (5.26)，(5.28) を式 (5.29) に代入すると，次のようになる．

$$\boldsymbol{A}{}^{t}\boldsymbol{B}_{\mathrm{f}} = \begin{bmatrix} \boldsymbol{A}_{11} & \boldsymbol{A}_{12} \\ \boldsymbol{A}_{21} & \boldsymbol{A}_{22} \end{bmatrix} {}^{t}\begin{bmatrix} \boldsymbol{U}_{\mu} & \boldsymbol{B}_{\mathrm{fp}} \end{bmatrix} = \begin{bmatrix} \boldsymbol{A}_{11} & \boldsymbol{A}_{12} \\ \boldsymbol{A}_{21} & \boldsymbol{A}_{22} \end{bmatrix} \begin{bmatrix} \boldsymbol{U}_{\mu} \\ {}^{t}\boldsymbol{B}_{\mathrm{fp}} \end{bmatrix} \tag{5.30}$$

$$\therefore \boldsymbol{A}_{11} + \boldsymbol{A}_{12}{}^{t}\boldsymbol{B}_{\mathrm{fp}} = \boldsymbol{O} \tag{5.31}$$

これより，

$$\boldsymbol{A}_{12}{}^{t}\boldsymbol{B}_{\mathrm{fp}} = -\boldsymbol{A}_{11} \tag{5.32}$$

$$\therefore {}^{t}\boldsymbol{B}_{\mathrm{fp}} = -\boldsymbol{A}_{12}^{-1}\boldsymbol{A}_{11} \tag{5.33}$$

$$\therefore \boldsymbol{B}_{\mathrm{fp}} = -{}^{t}\boldsymbol{A}_{11}{}^{t}\left(\boldsymbol{A}_{12}^{-1}\right) \tag{5.34}$$

となる．式 (5.34) の導出において，付録の式 (A.21d) の転置行列についての法則を用いている．よって，式 (5.27) が証明された．

例題 5.3　図 5.9 の連結有向グラフがある．ここで，太線で示した枝 1，3，4 を木の枝とする．リンク 2 および 5 に対応して，基本閉路②および⑤を図のように定める．基本閉路行列 $\boldsymbol{B}_{\mathrm{f}}$ を定義に従って求めよ．次に，接続行列 $\boldsymbol{A}$ を求めよ．さらに，式 (5.27) を用いて，接続行列 $\boldsymbol{A}$ から基本閉路行列 $\boldsymbol{B}_{\mathrm{f}}$ を求めよ．これら二つの方法で求めた基本閉路行列 $\boldsymbol{B}_{\mathrm{f}}$ が一致することを確認せよ．

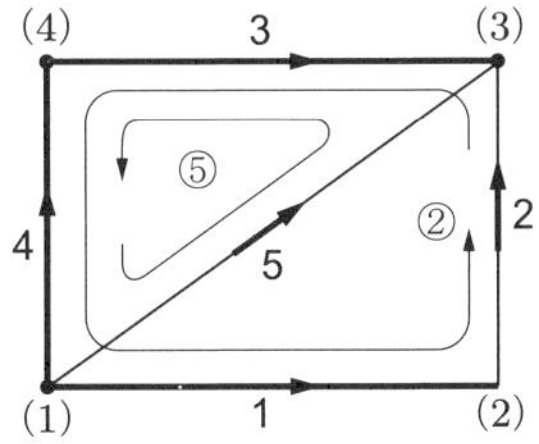

図 5.9　例題 5.3

解答　基本閉路行列 $\boldsymbol{B}_{\mathrm{f}}$ は，基本閉路 ② および ⑤ に対応して，定義より，次のように求められる．

$$\boldsymbol{B}_{\mathrm{f}} = \left[\begin{array}{cc:ccc} 1 & 0 & 1 & -1 & -1 \\ 0 & 1 & 0 & -1 & -1 \end{array}\right] \begin{array}{c} ② \\ ⑤ \end{array} \quad (\text{基本閉路}) \tag{1}$$

$$\text{枝 } k \quad \underbrace{2 \quad 5}_{\text{リンク}} \quad \underbrace{1 \quad 3 \quad 4}_{\text{木の枝}}$$

一方，接続行列 $\boldsymbol{A}$ は，次のようになる．

$$\boldsymbol{A} = \begin{bmatrix} 1 & 0 & 0 & 1 & 1 \\ -1 & 1 & 0 & 0 & 0 \\ 0 & -1 & -1 & 0 & -1 \\ 0 & 0 & 1 & -1 & 0 \end{bmatrix} \begin{array}{c} (1) \\ (2) \\ (3) \\ (4) \end{array} \quad (\text{節点 } (p)) \tag{2}$$

$$\text{枝 } k \quad 1 \quad 2 \quad 3 \quad 4 \quad 5$$

この接続行列 $\boldsymbol{A}$ に対して，式 (1) の $\boldsymbol{B}_{\mathrm{f}}$ の枝の並びと同じになるように，すなわち，リンク 2，5 が左側，木の枝 1，3，4 が右側になるように，列の配置を変える．さらに，式 (5.26) に従って，四つのブロックに分ける．すると，式 (2) は次のようになる．

$$\boldsymbol{A} = \begin{bmatrix} \boldsymbol{A}_{11} & \boldsymbol{A}_{12} \\ \boldsymbol{A}_{21} & \boldsymbol{A}_{22} \end{bmatrix} = \left[\begin{array}{cc:ccc} 0 & 1 & 1 & 0 & 1 \\ 1 & 0 & -1 & 0 & 0 \\ -1 & -1 & 0 & -1 & 0 \\ \hdashline 0 & 0 & 0 & 1 & -1 \end{array}\right] \begin{array}{c} (1) \\ (2) \\ (3) \\ (4) \end{array} \quad (\text{節点 } (p))$$

$$\text{枝 } k \quad \underbrace{2 \quad 5}_{\text{リンク}} \quad \underbrace{1 \quad 3 \quad 4}_{\text{木の枝}}$$

よって，次のようになる．

$${}^{t}\boldsymbol{A}_{11} = \begin{bmatrix} 0 & 1 & -1 \\ 1 & 0 & -1 \end{bmatrix}, \quad \boldsymbol{A}_{12} = \begin{bmatrix} 1 & 0 & 1 \\ -1 & 0 & 0 \\ 0 & -1 & 0 \end{bmatrix}$$

$$|\boldsymbol{A}_{12}| = (-1) \times (-1) \times 1 = 1$$

$\boldsymbol{A}_{12}$ の逆行列を求めると，次のようになる（付録の式 (A.64) 参照）．

$$\boldsymbol{A}_{12}^{-1} = \frac{1}{|\boldsymbol{A}_{12}|}\begin{bmatrix} 0 & -1 & 0 \\ 0 & 0 & -1 \\ 1 & 1 & 0 \end{bmatrix} = \begin{bmatrix} 0 & -1 & 0 \\ 0 & 0 & -1 \\ 1 & 1 & 0 \end{bmatrix}$$

以上から，次のようになる．

$$-{}^t\boldsymbol{A}_{11}\,{}^t\left(\boldsymbol{A}_{12}^{-1}\right) = -\begin{bmatrix} 0 & 1 & -1 \\ 1 & 0 & -1 \end{bmatrix}\begin{bmatrix} 0 & 0 & 1 \\ -1 & 0 & 1 \\ 0 & -1 & 0 \end{bmatrix} = -\begin{bmatrix} -1 & 1 & 1 \\ 0 & 1 & 1 \end{bmatrix}$$

$$= \begin{bmatrix} 1 & -1 & -1 \\ 0 & -1 & -1 \end{bmatrix}$$

$$\therefore \boldsymbol{B}_{\mathrm{f}} = \left[\ \boldsymbol{U}_2 \ \vdots \ -{}^t\boldsymbol{A}_{11}\,{}^t\left(\boldsymbol{A}_{12}^{-1}\right)\ \right] = \begin{bmatrix} 1 & 0 & 1 & -1 & -1 \\ 0 & 1 & 0 & -1 & -1 \end{bmatrix} \tag{3}$$

以上より，二つの方法で求めた式 (1) および式 (3) の基本閉路行列 $\boldsymbol{B}_{\mathrm{f}}$ は，お互いに一致することが確認できる．すなわち，式 (5.27) が成り立つ．

5.5 接続行列とカットセット行列の関係

接続行列 $\boldsymbol{A}$ は，節点と，これに接続する枝との関係を表している．一方，カットセット行列 $\boldsymbol{C}$ は，カットセットと，これに含まれる枝との関係を表している．ところが，このカットセットを構成する枝の集合のそれぞれの枝は，ある節点に接続している．よって，接続行列の各節点に対応する各行の成分のうち，カットセットを構成する枝に接続している節点の行の成分を，集めて足し合わせることにより，カットセット行列を作ることができる．すなわち，次の関係が成り立つ．

【要点 5.9】接続行列とカットセット行列の関係

カットセット行列 $\boldsymbol{C}$ の任意の行は，その符号は別として，接続行列 $\boldsymbol{A}$ あるいは既約接続行列 $\boldsymbol{A}_{\mathrm{r}}$ のいくつかの行の線形結合として，次のように表される．

$$\boldsymbol{C} = \boldsymbol{Q}_0\boldsymbol{A} \tag{5.35a}$$

$$\boldsymbol{C} = \boldsymbol{Q}_{\mathrm{r}}\boldsymbol{A}_{\mathrm{r}} \tag{5.35b}$$

ただし，$\boldsymbol{Q}_0$ および $\boldsymbol{Q}_{\mathrm{r}}$ は，それぞれ，その成分が 0，+1，−1 のいずれかからなる，適当な n 列および $n-1$ 列の係数行列である．この関係式は，**キルヒホッフの第 1 法**

則（電流則）を，カットセットと電流則の関係で理解する際に大切になってくる．これについては，第6章で説明する．

例題 5.4　図5.10に示す連結有向グラフを考える．これは，例題5.3で取り上げたものと同じである．枝の方向は，図に示すとおりである．このグラフの接続行列 $\boldsymbol{A}$ とカットセット行列 $\boldsymbol{C}$ との間に，式(5.35a)が成り立つことを確認せよ．

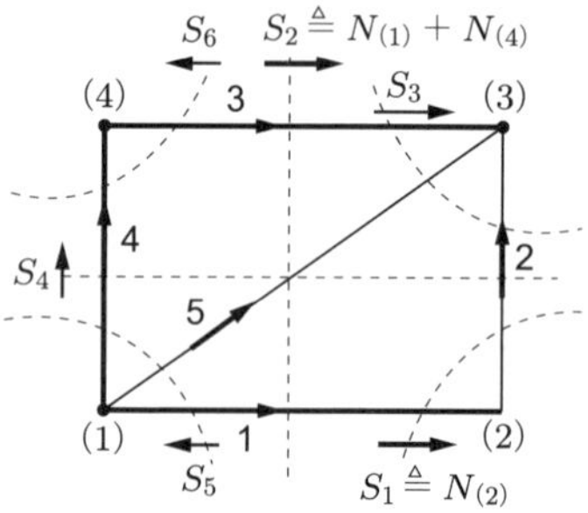

図5.10　例題5.4

解答　このグラフに対する接続行列 $\boldsymbol{A}$ とカットセット行列 $\boldsymbol{C}$ は，それぞれ例題5.2および例題5.3の結果から，次のようになる．

$$
\boldsymbol{A} = \begin{bmatrix} 1 & 0 & 0 & 1 & 1 \\ -1 & 1 & 0 & 0 & 0 \\ 0 & -1 & -1 & 0 & -1 \\ 0 & 0 & 1 & -1 & 0 \end{bmatrix}
\begin{matrix} \text{節点}\ (p) \\ (1) \\ (2) \\ (3) \\ (4) \end{matrix}
$$

枝 k　1　2　3　4　5

$$
\boldsymbol{C} = \begin{bmatrix} 1 & -1 & 0 & 0 & 0 \\ 1 & 0 & 1 & 0 & 1 \\ 0 & 1 & 1 & 0 & 1 \\ 0 & 1 & 0 & 1 & 1 \\ -1 & 0 & 0 & -1 & -1 \\ 0 & 0 & -1 & 1 & 0 \end{bmatrix}
\begin{matrix} \text{カットセット} \\ S_1 \\ S_2 \\ S_3 \\ S_4 \\ S_5 \\ S_6 \end{matrix}
$$

枝 k　1　2　3　4　5

図から明らかなように，カットセット S_1 は，節点(2)のみが関係している．すなわち，カットセット行列 $\boldsymbol{C}$ の1行目の成分は，接続行列 $\boldsymbol{A}$ の節点(2)に対応する2行目の成分と，符号の違いを除いてお互いに等しい．このことを，ここでは「等価である」であると表現しよう．この場合には，符号は逆転している．同様にして，カットセット S_3，S_5，S_6 は，それぞれ，節点 (3)，(1)，(4) のみが関係している．よって，カットセット行列 $\boldsymbol{C}$ の 3 行目，5 行目，6 行目の成分は，それぞれ，接続行列 $\boldsymbol{A}$ の節点 (3)，(1)，(4) に対応する 3 行目，1 行目，4 行目の成分と等価である．

カットセット行列 $\boldsymbol{C}$ の i 行目の成分で与えられるカットセット S_i のデータが，接続行列 $\boldsymbol{A}$ の j 行目の成分で与えられる節点データ $N_{(j)}$ と，符号の違いを除いて等価であることを，次のように表すことにしよう．

$$S_i \triangleq N_{(j)}$$

すると，以上の内容は，次のように表現できる．

$$S_1 \triangleq N_{(2)}, \quad S_3 \triangleq N_{(3)}, \quad S_5 \triangleq N_{(1)}, \quad S_6 \triangleq N_{(4)} \tag{1}$$

一方，カットセット S_2 は，節点 (1) と (4) の二つが関係している．すなわち，カットセット行列 $\boldsymbol{C}$ の 2 行目の成分は，接続行列 $\boldsymbol{A}$ の，節点 (1)，(4) に対応する 1 行目，4 行目の成分の和になっている．もちろん，カットセット S_2 を，節点 (2) と (3) の，二つが関係しているとみて，接続行列 $\boldsymbol{A}$ の，節点 (2)，(3) に対応する 2 行目，3 行目の成分の和になっていると考えてもよい．ただし，この場合には，符号は逆転する．同様にして，カットセット S_4 は，節点 (3) と (4) の二つが関係し，カットセット行列 $\boldsymbol{C}$ の 4 行目の成分は，接続行列 $\boldsymbol{A}$ の節点 (3)，(4) に対応する 3 行目，4 行目の成分の和になっている．

カットセット行列 $\boldsymbol{C}$ の i 行目の成分で与えられるカットセット S_i のデータが，接続行列 $\boldsymbol{A}$ の j 行目，k 行目の成分で与えられる節点データ $N_{(j)}$，$N_{(k)}$ の和と，符号の違いを除いて等価であることを，次のように表すことにする．

$$S_i \triangleq N_{(j)} + N_{(k)}$$

すると，以上の内容は，次のように表現できる．

$$S_2 \triangleq N_{(1)} + N_{(4)} \triangleq N_{(2)} + N_{(3)}, \quad S_4 \triangleq N_{(3)} + N_{(4)} \tag{2}$$

式 (1)，(2) の結果から，$\boldsymbol{C}$ は，係数行列 $\boldsymbol{Q}_0$ と $\boldsymbol{A}$ との積として，次のように表すことができる．

$$\boldsymbol{C} = \begin{bmatrix} 1 & -1 & 0 & 0 & 0 \\ 1 & 0 & 1 & 0 & 1 \\ 0 & 1 & 1 & 0 & 1 \\ 0 & 1 & 0 & 1 & 1 \\ -1 & 0 & 0 & -1 & -1 \\ 0 & 0 & -1 & 1 & 0 \end{bmatrix}$$

$$
= \begin{bmatrix} 0 & -1 & 0 & 0 \\ 1 & 0 & 0 & 1 \\ 0 & 0 & -1 & 0 \\ 0 & 0 & -1 & -1 \\ -1 & 0 & 0 & 0 \\ 0 & 0 & 0 & -1 \end{bmatrix} \begin{bmatrix} 1 & 0 & 0 & 1 & 1 \\ -1 & 1 & 0 & 0 & 0 \\ 0 & -1 & -1 & 0 & -1 \\ 0 & 0 & 1 & -1 & 0 \end{bmatrix} = \boldsymbol{Q}_0 \boldsymbol{A}
$$

ここで，係数行列 $\boldsymbol{Q}_0$ において，その第 1 行目では，2 列目の成分のみが非零であることは，$S_1 \triangleq N_{(2)}$ の式の，それぞれ左辺の 1 と右辺の 2 の数字に対応する．また，第 2 行目では，第 1 列目と第 4 列目の成分のみが同符号の非零であることは，$S_2 \triangleq N_{(1)} + N_{(4)}$ の式の，それぞれ左辺の 2 と右辺に現れる 1 と 4 の数字に対応する．この計算過程からも理解できるように，$\boldsymbol{Q}_0$ は $n = 4$ 列の行列である．以上より，式 (5.35a) が成り立つ．

5.6 閉路行列とカットセット行列の関係

あるカットセットに属する 1 組の枝を考える．その 1 組の枝の中の一つの枝が，ある閉路に属するとする．この閉路が，領域 $\alpha \rightarrow$ 領域 β と通過するならば，この閉路は，領域 β から領域 α へ戻るために，このカットセットに属するほかの枝を領域 $\beta \rightarrow$ 領域 α と通過する．すなわち，4.5 節においてすでに説明したように，カットセットと閉路は，偶数個の枝を共有する．以上のことは，もちろん，基本カットセットと基本閉路に対しても成り立つ．

閉路行列 $\boldsymbol{B}$ とカットセット行列 $\boldsymbol{C}$ の各行において，列方向の枝番号の並びをお互いに同じにすると，次の**直交関係**が成り立つ．

【要点 5.10】閉路行列とカットセット行列の直交関係

$$
\boldsymbol{B}{}^t\boldsymbol{C} = \boldsymbol{O} \tag{5.36a}
$$

$$
\boldsymbol{C}{}^t\boldsymbol{B} = \boldsymbol{O} \tag{5.36b}
$$

式 (5.36a) は，次のように証明できる．閉路行列 $\boldsymbol{B}$ の i 行目のベクトルを次のように表す．

$$
\boldsymbol{b}_i = \begin{bmatrix} b_{i1}, b_{i2}, \cdots, b_{ib} \end{bmatrix} \tag{5.37a}
$$

また，カットセット行列 $\boldsymbol{C}$ の j 行目のベクトルを次のように表す．

$$\boldsymbol{c}_j = \left[\ c_{j1}, c_{j2}, \cdots, c_{jb} \ \right] \tag{5.37b}$$

ここで，添え字 b はグラフの枝の総数である．よって，$\boldsymbol{B}^t\boldsymbol{C}$ の成分は次のようになる．

$$\boldsymbol{b}_i{}^t\boldsymbol{c}_j = \sum_{k=1}^{b} b_{ik}c_{jk} \tag{5.38}$$

式 (5.38) の右辺の展開式の各項が 0 ではない有限な値をもつためには，枝 k が閉路 i に含まれており，かつ，枝 k がカットセット S_j に含まれる，という条件が必要である．すなわち，成分 b_{ik} と成分 c_{jk} が，ともに 0 でない，次の四つの場合に分類できる．

(1) 枝 k の向きが閉路 i の向きと同じであり，枝 k の向きがカットセット S_j の向きと同じであるとき．

$$b_{ik} = 1, \quad c_{jk} = 1 \quad \to \quad b_{ik}c_{jk} = 1 \tag{5.39a}$$

(2) 枝 k の向きが閉路 i の向きと逆であり，枝 k の向きがカットセット S_j の向きと同じであるとき．

$$b_{ik} = -1, \quad c_{jk} = 1 \quad \to \quad b_{ik}c_{jk} = -1 \tag{5.39b}$$

(3) 枝 k の向きが閉路 i の向きと同じであり，枝 k の向きがカットセット S_j の向きと逆であるとき．

$$b_{ik} = 1, \quad c_{jk} = -1 \quad \to \quad b_{ik}c_{jk} = -1 \tag{5.39c}$$

(4) 枝 k の向きが閉路 i の向きと逆であり，枝 k の向きがカットセット S_j の向きと逆であるとき．

$$b_{ik} = -1, \quad c_{jk} = -1 \quad \to \quad b_{ik}c_{jk} = 1 \tag{5.39d}$$

以上の内容をまとめると，$b_{ik}c_{jk}$ の値は**表 5.2** のように整理することができる．

式 (5.38) の値を評価してみよう．表 5.2 に示すように，ある枝 k における閉路 i の向きとカットセット S_j の向きが一致するときは 1，異なるときは -1 になる．このことは，枝 k の向きには無関係である．閉路 i が，ある枝を領域 $\alpha \to$ 領域 β の向きに通過すると，閉路 i は必ず，別の枝を領域 $\beta \to$ 領域 α と逆向きに通過する．カット

表 5.2　閉路行列とカットセット行列の成分の積 $b_{ik}c_{jk}$ の値

ある枝 k において		閉路 i の向きと枝 k の向きが	
		同じ	逆
カットセット S_j の向きと枝 k の向きが	同じ	1	-1
	逆	-1	1

セット S_j の向きはどちらの枝においても同じなので，閉路 i の向きとカットセット S_j の向きは，片方の枝では一致して 1 となり，他方の枝では異なり -1 となる．両者は必ず対になって存在するので，相殺して必ず 0 になる．以上の説明から，次式が成り立つ．

$$\boldsymbol{b}_i{}^t\boldsymbol{c}_j = \sum_{k=1}^{b} b_{ik}c_{jk} = 0 \tag{5.40}$$

図 5.11 は，以上の内容を説明するための図である．ここでは，単純化して，節点 (p) で接続されている二つの枝 m，n と，これらを共有している閉路 i とカットセット S_j のみを抽出して考えているが，一般性は失わない．2 本の枝のそれぞれの方向，閉路の二つの方向，そしてカットセットの二つの方向，これらすべての組み合わせを考えると，$2^4 = 16$ 通りある．ここでは，枝 m を木の枝，枝 n をリンクと仮定し，これらで決まる基本閉路 i と基本カットセット S_j を仮定している．この場合には，組み合わせとして四つが考えられ，図 (a)～(d) がそれらにあたる．破線で示したカットループで分けられる左上の領域を α，右下の領域を β としている．

この図からも，閉路 i の向きとカットセット S_j の向きは，片方の枝ではお互いに一致して 1 となり，他方の枝ではお互いに異なり -1 となる．そして，両者は必ず対になって存在することが理解できる．

すなわち，$\boldsymbol{b}_i{}^t\boldsymbol{c}_j$ を展開して得られる式 (5.38) の右辺の各項のうち，これが非零成分となるものは二つしかなく，その一つは $+1$ であり，もう一つは -1 である．よって，$\boldsymbol{b}_i{}^t\boldsymbol{c}_j$ の非零成分の二つは，お互いに相殺して必ず 0 になる．以上より，式 (5.38) で定義される，i と j の二つの行の，同じ列 k に属する成分の積の和は 0 となる．このことから，閉路行列 $\boldsymbol{B}$ の行ベクトルと，カットセット行列 $\boldsymbol{C}$ の行ベクトルとは直交する．以上の直交関係は，$\boldsymbol{B}$ および $\boldsymbol{C}$ の 1 次独立な行列である $\boldsymbol{B}_\mathrm{f}$ および $\boldsymbol{C}_\mathrm{f}$ に対しても成り立つ．

$$\boldsymbol{B}_\mathrm{f}{}^t\boldsymbol{C}_\mathrm{f} = \boldsymbol{O} \tag{5.41a}$$

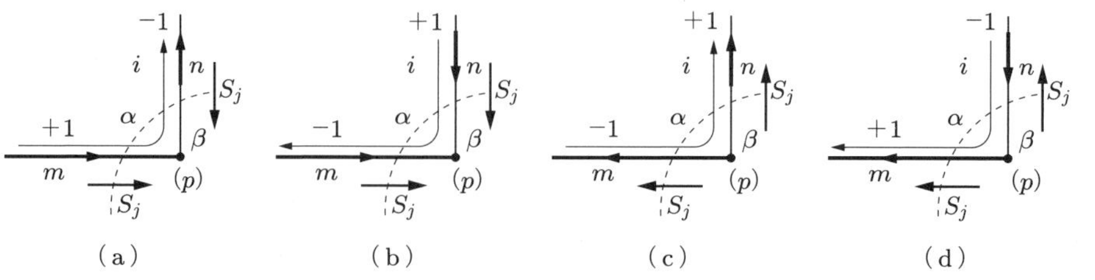

図 5.11　$\boldsymbol{B}_\mathrm{f}{}^t\boldsymbol{C}_\mathrm{f}$ の成分 $\boldsymbol{b}_i{}^t\boldsymbol{c}_j$ を計算するための説明図

$$\boldsymbol{C}_{\mathrm{f}}{}^{t}\boldsymbol{B}_{\mathrm{f}} = \boldsymbol{O} \tag{5.41b}$$

一方，基本閉路行列 $\boldsymbol{B}_{\mathrm{f}}$ と基本カットセット行列 $\boldsymbol{C}_{\mathrm{f}}$ の間には，次の関係も成り立つ．

【要点 5.11】閉路行列を用いたカットセット行列の表現

連結有向グラフの基本閉路行列 $\boldsymbol{B}_{\mathrm{f}}$，および基本カットセット行列 $\boldsymbol{C}_{\mathrm{f}}$ に対して，第 1 列から第 l 列にはリンクを，次の第 $l+1$ 列から第 b 列には木の枝を配置し，それぞれを左から枝番号の昇順に並べ替える．

$$\boldsymbol{B}_{\mathrm{f}} = \left[\ \boldsymbol{U}_{\mu}\ \vdots\ \boldsymbol{B}_{\mathrm{fp}}\ \right] \tag{5.42}$$

$$\boldsymbol{C}_{\mathrm{f}} = \left[\ \boldsymbol{C}_{\mathrm{fp}}\ \vdots\ \boldsymbol{U}_{\phi}\ \right] \tag{5.43}$$

このとき，基本カットセット行列 $\boldsymbol{C}_{\mathrm{f}}$ は次のように表される．

$$\boldsymbol{C}_{\mathrm{f}} = \left[\ -{}^{t}\boldsymbol{B}_{\mathrm{fp}}\ \vdots\ \boldsymbol{U}_{\phi}\ \right] \tag{5.44}$$

式 (5.44) は，次のように証明できる．式 (5.41a) に，式 (5.42)，(5.43) を代入して，

$$\boldsymbol{B}_{\mathrm{f}}{}^{t}\boldsymbol{C}_{\mathrm{f}} = \left[\ \boldsymbol{U}_{\mu}\ \vdots\ \boldsymbol{B}_{\mathrm{fp}}\ \right]{}^{t}\left[\ \boldsymbol{C}_{\mathrm{fp}}\ \vdots\ \boldsymbol{U}_{\phi}\ \right] = {}^{t}\boldsymbol{C}_{\mathrm{fp}} + \boldsymbol{B}_{\mathrm{fp}} = 0 \tag{5.45}$$

となる．よって，

$$\boldsymbol{C}_{\mathrm{fp}} = -{}^{t}\boldsymbol{B}_{\mathrm{fp}} \tag{5.46}$$

となる．この式を，改めて式 (5.43) に代入すると，式 (5.44) が導かれる．

例題 5.5 図 5.12 の連結有向グラフがある．ここで，太線で示した枝 1，3，4 を木の枝とする．リンク 2 および 5 に対応して，基本閉路 ② および ⑤ を図のように定める．式 (5.44) が成り立つことを確認せよ．

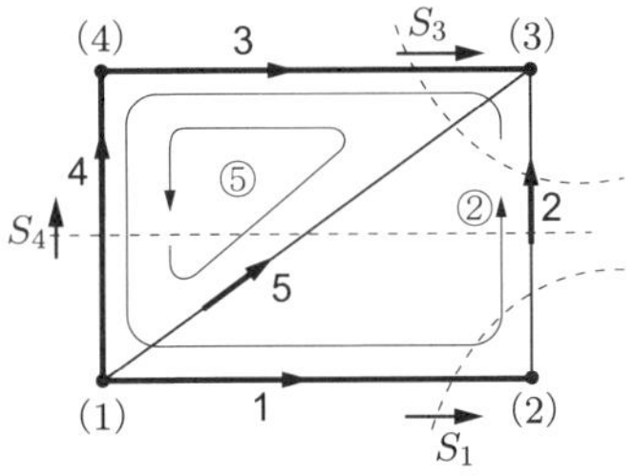

図 5.12 例題 5.5

…………………………………………………………………………………………

解答　基本閉路行列 $\boldsymbol{B}_{\mathrm{f}}$ は，基本閉路②および⑤に対応して，次のように与えられる．

$$\boldsymbol{B}_{\mathrm{f}} = \left[\begin{array}{cc:ccc} 1 & 0 & 1 & -1 & -1 \\ 0 & 1 & 0 & -1 & -1 \end{array}\right] \begin{array}{c} ② \\ ⑤ \end{array} \tag{1}$$

（行：基本閉路，列：枝 k 　2　5（リンク）　1　3　4（木の枝））

一方，基本カットセット行列 $\boldsymbol{C}_{\mathrm{f}}$ は，木の枝 1，3，4 に対応して，次のように与えられる．

$$\boldsymbol{C}_{\mathrm{f}} = \left[\begin{array}{cc:ccc} -1 & 0 & 1 & 0 & 0 \\ 1 & 1 & 0 & 1 & 0 \\ 1 & 1 & 0 & 0 & 1 \end{array}\right] \begin{array}{c} S_1 \\ S_3 \\ S_4 \end{array} \tag{2}$$

（行：基本カットセット，列：枝 k 　2　5（リンク）　1　3　4（木の枝））

式 (1) より，次のようになる．

$$-{}^{t}\boldsymbol{B}_{\mathrm{fp}} = -{}^{t}\begin{bmatrix} 1 & -1 & -1 \\ 0 & -1 & -1 \end{bmatrix} = \begin{bmatrix} -1 & 0 \\ 1 & 1 \\ 1 & 1 \end{bmatrix} \tag{3}$$

式 (3) を式 (5.44) に代入することにより，式 (2) と一致することが確認できる．すなわち，式 (5.44) が成り立つ．

5.7 三つの行列の関係

この章で導入した接続行列 $\boldsymbol{A}$，閉路行列 $\boldsymbol{B}$，カットセット行列 $\boldsymbol{C}$ の三つの行列は，ある与えられたグラフに対する，それぞれ異なった観点からの表現形式である．したがって，それぞれの行列がもつ情報から，同じグラフを描き出すことができる．

一方，三つの行列は，それぞれ冗長な情報をもっている．グラフを描き出すための必要最小限の情報，すなわち1次独立な情報は，それぞれ既約接続行列 $\boldsymbol{A}_{\mathrm{r}}$，基本閉路行列 $\boldsymbol{B}_{\mathrm{f}}$，基本カットセット行列 $\boldsymbol{C}_{\mathrm{f}}$ で十分である．さて，$\boldsymbol{A}$，$\boldsymbol{B}$，$\boldsymbol{C}$ あるいは $\boldsymbol{A}_{\mathrm{r}}$，$\boldsymbol{B}_{\mathrm{f}}$，$\boldsymbol{C}_{\mathrm{f}}$ の三つの行列は，同じグラフに対する別々の観点からの表現であるので，これらの三つの行列の間には，お互いの変換関係が存在する．以上の点について，改めて整理しなおし，確認してみよう．

連結グラフの任意の木に対して，この木の枝の個数を $t = n - 1$，また，補木の枝，すなわちリンクの個数を l とする．枝の総数 b は，$b = t + l$ で与えられる．以下の行列において，各列は b 個のそれぞれの枝に対応している．ただし，第 1 列から第 l 列までは，リンクを枝番号の昇順に配置する．また，第 $l+1$ 列から第 b 列までは，木の枝を昇順に配置する．

接続行列 $\boldsymbol{A}$ は，次のように，四つのブロック行列で構成される．$\boldsymbol{A}$ の各行は，連結グラフの節点に対応する．

$$\boldsymbol{A} = \left[\begin{array}{c:c} \overbrace{\boldsymbol{A}_{11}}^{l} & \overbrace{\boldsymbol{A}_{12}}^{n-1} \\ \hdashline \boldsymbol{A}_{21} & \boldsymbol{A}_{22} \end{array}\right] \begin{array}{l} \}n-1 \\ \}1 \end{array} \tag{5.47}$$

これから切り出して得られる 1 次独立な既約接続行列 $\boldsymbol{A}_\mathrm{r}$ は，次のようになる．

$$\boldsymbol{A}_\mathrm{r} = \left[\begin{array}{c:c} \overbrace{\boldsymbol{A}_{11}}^{l} & \overbrace{\boldsymbol{A}_{12}}^{n-1} \end{array}\right] \}n-1 \tag{5.48}$$

ここで，$\boldsymbol{A}_\mathrm{r}$ は，$\boldsymbol{A}$ の任意の $n-1$ 行で構成される行列である．$\boldsymbol{A}_{12}$ は $(n-1)\times(n-1)$ 正則行列である．また，$\boldsymbol{A}_{11}$ は $(n-1)\times l$ 行列，$\boldsymbol{A}_{21}$ は $1\times l$ 行列，$\boldsymbol{A}_{22}$ は $1\times(n-1)$ 行列である．よって，$\boldsymbol{P}_A$ を適当な係数行列として，接続行列 $\boldsymbol{A}$ と既約接続行列 $\boldsymbol{A}_\mathrm{r}$ との間には，以下の関係が成り立つ．

$$\boldsymbol{A} = \boldsymbol{P}_A \boldsymbol{A}_\mathrm{r} \tag{5.49}$$

閉路行列 $\boldsymbol{B}$ は，次のように，四つのブロック行列で構成される．

$$\boldsymbol{B} = \left[\begin{array}{c:c} \boldsymbol{U}_\mu & \boldsymbol{B}_{12} \\ \hdashline \boldsymbol{B}_{21} & \boldsymbol{B}_{22} \end{array}\right] = \left[\begin{array}{c:c} \overbrace{\boldsymbol{U}_\mu}^{l} & \overbrace{\boldsymbol{B}_\mathrm{fp}}^{n-1} \\ \hdashline \boldsymbol{B}_{21} & \boldsymbol{B}_{22} \end{array}\right] \}l \tag{5.50}$$

これから切り出して得られる 1 次独立な基本閉路行列 $\boldsymbol{B}_\mathrm{f}$ は，以下のようになる．

$$\boldsymbol{B}_\mathrm{f} = \left[\begin{array}{c:c} \overbrace{\boldsymbol{U}_\mu}^{l} & \overbrace{\boldsymbol{B}_\mathrm{fp}}^{n-1} \end{array}\right] \}l \tag{5.51}$$

ここで，$\boldsymbol{U}_\mu$ は l 次の単位行列，また，$\boldsymbol{B}_\mathrm{fp} = \boldsymbol{B}_{12}$ は $l\times(n-1)$ 行列である．よって，$\boldsymbol{P}_B$ を適当な係数行列として，閉路行列 $\boldsymbol{B}$ と基本閉路行列 $\boldsymbol{B}_\mathrm{f}$ との間には，以下の関係が成り立つ．

$$\boldsymbol{B} = \boldsymbol{P}_B \boldsymbol{B}_\mathrm{f} \tag{5.52}$$

1 次独立な基本カットセット行列 $\boldsymbol{C}_\mathrm{f}$ は，次のように表される．

$$\boldsymbol{C}_\mathrm{f} = \Big[\overbrace{\boldsymbol{C}_\mathrm{fp}}^{l} \;\vdots\; \overbrace{\boldsymbol{U}_\phi}^{n-1} \Big] \Big\} n-1 \tag{5.53}$$

ここで，$\boldsymbol{U}_\phi$ は $n-1$ 次の単位行列，また $\boldsymbol{C}_\mathrm{fp}$ は $(n-1)\times l$ 行列である．よって，$\boldsymbol{P}_C$ を適当な係数行列として，カットセット行列 $\boldsymbol{C}$ と基本カットセット行列 $\boldsymbol{C}_\mathrm{f}$ との間には，以下の関係が成り立つ．

$$\boldsymbol{C} = \boldsymbol{P}_C \boldsymbol{C}_\mathrm{f} \tag{5.54}$$

一方，$\boldsymbol{A}$ と $\boldsymbol{B}$ との間には，次の直交関係が成り立つ．

$$\boldsymbol{A}{}^t\boldsymbol{B} = \boldsymbol{O} \tag{5.55}$$

また，基本閉路行列 $\boldsymbol{B}_\mathrm{f}$ は，既約接続行列 $\boldsymbol{A}_\mathrm{r}$ のブロック成分を用いて，次のようになる．

$$\boldsymbol{B}_\mathrm{f} = \Big[\boldsymbol{U}_\mu \;\vdots\; -{}^t\boldsymbol{A}_{11}{}^t\big(\boldsymbol{A}_{12}^{-1}\big) \Big] \tag{5.56}$$

$\boldsymbol{A}$ と $\boldsymbol{B}_\mathrm{f}$ との間にも，次の直交関係が成り立つ．

$$\boldsymbol{A}{}^t\boldsymbol{B}_\mathrm{f} = \boldsymbol{O} \tag{5.57}$$

これより，$\boldsymbol{B}_\mathrm{f}$ の主要部 $\boldsymbol{B}_\mathrm{fp}$ は次のようになる．

$$\boldsymbol{B}_\mathrm{fp} = -{}^t\boldsymbol{A}_{11}{}^t\big(\boldsymbol{A}_{12}^{-1}\big) \tag{5.58}$$

$\boldsymbol{A}$ と $\boldsymbol{C}$，および $\boldsymbol{A}_\mathrm{r}$ と $\boldsymbol{C}$ との間には，それぞれ $\boldsymbol{Q}_0$ および $\boldsymbol{Q}_\mathrm{r}$ を適当な係数行列として，次の関係が成り立つ．

$$\boldsymbol{C} = \boldsymbol{Q}_0\boldsymbol{A}, \quad \boldsymbol{C} = \boldsymbol{Q}_\mathrm{r}\boldsymbol{A}_\mathrm{r} \tag{5.59}$$

さらに，$\boldsymbol{B}$ と $\boldsymbol{C}$ との間には，次の直交関係が成り立つ．

$$\boldsymbol{B}{}^t\boldsymbol{C} = \boldsymbol{O} \tag{5.60}$$

また，基本カットセット行列 $\boldsymbol{C}_\mathrm{f}$ は，$\boldsymbol{B}_\mathrm{f}$ の主要部 $\boldsymbol{B}_\mathrm{fp}$ を用いて次のように表される．

$$\boldsymbol{C}_\mathrm{f} = \Big[-{}^t\boldsymbol{B}_\mathrm{fp} \;\vdots\; \boldsymbol{U}_\phi \Big] \tag{5.61}$$

図 5.13 は，ここで説明した行列の関係をまとめたものである．$\boldsymbol{A}, \boldsymbol{B}, \boldsymbol{C}$ は，すべての要素を含んだ行列であり，この内側に描かれている $\boldsymbol{A}_\mathrm{r}, \boldsymbol{B}_\mathrm{f}, \boldsymbol{C}_\mathrm{f}$ は，1 次独立な行列を表す．両者は，それぞれ係数行列 $\boldsymbol{P}_A, \boldsymbol{P}_B, \boldsymbol{P}_C$ によって関係づけられている．

$\boldsymbol{A}, \boldsymbol{B}, \boldsymbol{C}$ のうちの一つが与えられたならば，これを用いて，ほかの行列を導くことができる．以上の行列間の関係性は，両側矢印で表現され，必要な関係式が付されている．お互いの関係を改めて確認してほしい．

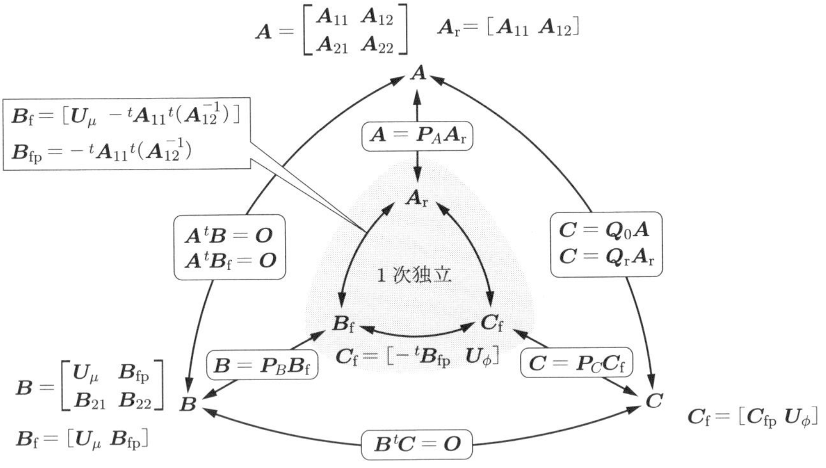

図 5.13　三つの行列の関係

演習問題

5.1【接続行列】 問図 5.1 で示される連結有向グラフがある．太線で示した枝を木の枝とする．このグラフに対して，接続行列 $\boldsymbol{A}$ を求めよ．また，節点 (1) を基準節点とした，既約接続行列 $\boldsymbol{A}_{\mathrm{r}}$ を求めよ．

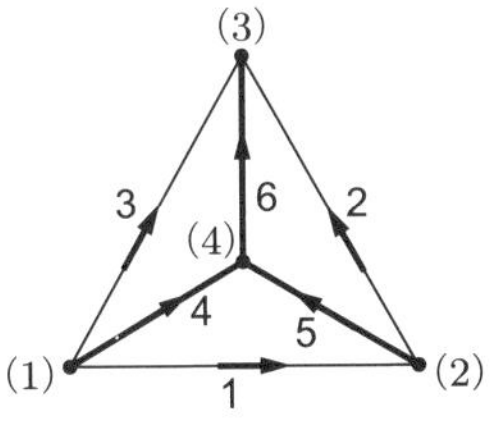

問図 5.1

5.2【閉路行列】 問図 5.1 に示したグラフに対して，基本閉路およびそれ以外のすべての閉路を，グラフ中に別々に分けて描け．ただし，基本閉路はリンクと対応するように番号をつけよ．すべての閉路および基本閉路に対する，閉路行列 $\boldsymbol{B}$ および基本閉路行列 $\boldsymbol{B}_{\mathrm{f}}$ を求めよ．

5.3【基本カットセット行列】 問図 5.1 に示したグラフに対して，基本カットセットをグラフ中に示せ．また，基本カットセット行列 $\boldsymbol{C}_{\mathrm{f}}$ を求めよ．

5.4【接続行列と閉路行列の直交関係】 問図 5.1 に示したグラフにおいて，問題 5.1 で求めた

接続行列 $\boldsymbol{A}$ と，問題 5.2 で求めた閉路行列 $\boldsymbol{B}$ との間に，式 (5.21a) で与えられる直交関係が成り立つことを確認せよ．

5.5【基本閉路行列と基本カットセット行列の直交関係】 問図 5.1 に示したグラフにおいて，問題 5.2 で求めた基本閉路行列 $\boldsymbol{B}_\mathrm{f}$ と，問題 5.3 で求めた基本カットセット行列 $\boldsymbol{C}_\mathrm{f}$ との間に，式 (5.41a) で与えられる直交関係が成り立つことを確認せよ．

5.6【既約接続行列からのグラフ作成】 節点 (5) を基準節点とする連結有向グラフの既約接続行列 $\boldsymbol{A}_\mathrm{r}$ が，次式で与えられる．この接続行列 $\boldsymbol{A}$ を求めよ．また，該当する連結有向グラフを描け．

$$\boldsymbol{A}_\mathrm{r} = \begin{bmatrix} 1 & 0 & 0 & -1 & 1 & 0 & 0 & 0 \\ -1 & 1 & 0 & 0 & 0 & 1 & 0 & 0 \\ 0 & -1 & 1 & 0 & 0 & 0 & 1 & 0 \\ 0 & 0 & -1 & 1 & 0 & 0 & 0 & 1 \end{bmatrix} \begin{matrix} \text{節点} \\ (1) \\ (2) \\ (3) \\ (4) \end{matrix}$$

枝　1　2　3　4　5　6　7　8

5.7【接続行列と基本閉路行列の関係】 問図 5.2 で示される連結有向グラフがある．ここで，太線で示した枝 1，2，4，5 を木の枝とする．リンク 3 および 6 に対応して，基本閉路 ③ および ⑥ を図のように定める．基本閉路行列 $\boldsymbol{B}_\mathrm{f}$ を定義に従って求めよ．ただし，リンクとなる枝を左側に，また，木の枝を右側にまとめて，それぞれ左から枝番号の昇順に並べよ．次に，接続行列 $\boldsymbol{A}$ を求めよ．さらに，式 (5.27) を用いて，接続行列 $\boldsymbol{A}$ から基本閉路行列 $\boldsymbol{B}_\mathrm{f}$ を求めよ．これら二つの方法で求めた基本閉路行列 $\boldsymbol{B}_\mathrm{f}$ が一致することを確認せよ．

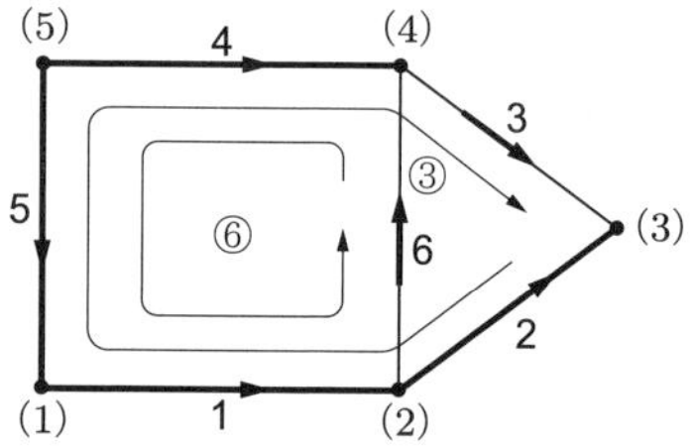

問図 5.2

5.8【閉路行列を用いたカットセット行列の表現】 問図 5.2 に示したグラフにおいて，このグラフ中に基本カットセットを示せ．また，基本カットセット行列 $\boldsymbol{C}_\mathrm{f}$ を定義に従って求めよ．ただし，リンクとなる枝を左側に，また，木の枝を右側にまとめて，それぞれ左から枝番号の昇順に並べよ．問題 5.7 で求めた基本閉路行列 $\boldsymbol{B}_\mathrm{f}$ と，基本カットセット行列 $\boldsymbol{C}_\mathrm{f}$ との間に，式 (5.44) が成り立つことを確認せよ．

第6章 キルヒホッフの法則の行列表現

抵抗，コイル，コンデンサ，電圧源，あるいは電流源などの回路素子で構成された電気回路網に対して，これらの素子を流れる電流や，素子の接続点の電位を求めるための手法を，グラフ理論に基づいて学んでいこう．この回路解析を実行するために，キルヒホッフの電流則と電圧則を出発点とする．まず，電流則に対し，枝電流を未知変数として，既約接続行列を用いた行列方程式として定式化する．また，カットセットと広義の電流則について理解し，さらに基本閉路電流と枝電流の関係を明らかにする．次に，電圧則に対し，枝電圧を未知変数として，閉路行列を用いた行列方程式として定式化する．合わせて，カットセットと広義の電圧則について理解し，さらに基本カットセット電圧と枝電圧の関係を明らかにする．議論を進めていくうえでの着目点は，方程式系の1次独立性である．回路をグラフで表現し，回路の特性をいくつかの行列で整理することにより，キルヒホッフの法則を簡潔に表現することができる．

6.1 キルヒホッフの法則

第4章および第5章で説明したグラフ理論に基づいて，キルヒホッフの法則を改めて考えてみよう．第2章で説明したように，キルヒホッフの法則は，電流の保存則を表す第1法則と，電圧の保存則を表す第2法則で構成される．

これから，電気回路網を，有向グラフを用いて表現する．**図6.1**に示すように，両側に二つの節点 (i) と (j) をもつ枝に対して，向きを与えて表す．枝には番号をつける．この場合は，k 番目の枝であることを示している．この枝に対して，枝電流 I_k と枝電圧 V_k を定義する．枝電流や枝電圧の向きは，枝の向きと同じであるとする．ここで，I_k や V_k は，これらを作り出す原因が何であるかは考えずに，形式的に与えたものである．この一つの枝には，電圧源 E_k やインピーダンス素子 Z_k が配置されているだろう．よって，図6.1は，より具体的には，**図6.2**のように表される．ここで，

$$V_k^* = Z_k I_k \tag{6.1}$$

は，この枝 k のインピーダンス Z_k と，この枝を流れる枝電流 I_k によって作り出される電圧降下である．ただし，この電圧降下の向きは，電圧源 E_k の向きとは逆になる．

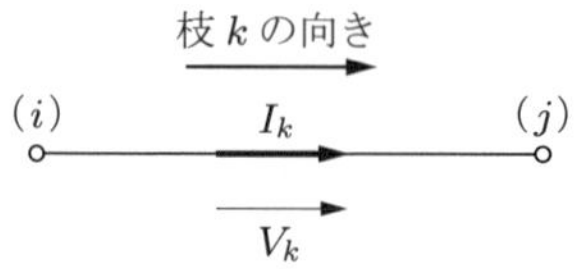

図 6.1　枝電流と枝電圧

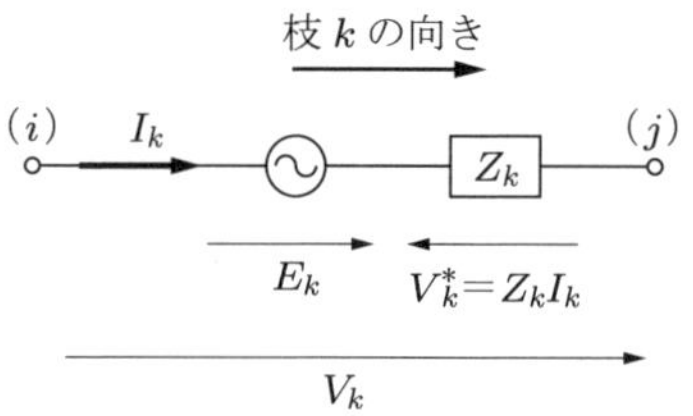

図 6.2　電圧源とインピーダンスを配置した枝

キルヒホッフの第1法則（電流則）は，式 (2.68) で与えられるように,「回路網の任意の節点に流入する電流の総和と，流出する電流の総和を足し合わせたものはつねに0となる」というものである．

$$\sum_{k=1}^{n} I_k = 0 \tag{6.2}$$

一方，キルヒホッフの第2法則（電圧則）は，式 (2.69) で与えられるように,「回路網中の任意の閉回路に沿って1周したとき，起電力の総和と，電圧降下の総和は等しい」というものである．

$$\sum_{k=1}^{n} Z_k I_k = \sum_{i=1}^{m} E_i \tag{6.3}$$

ここで，$Z_k I_k$ は，前述の説明と重複するが，k 番目の枝のインピーダンス Z_k に流れる電流 I_k による電圧降下を表している．

回路網中の電圧や電流を仮定し，ここで述べたキルヒホッフの二つの法則を組み合わせることにより，これらの電圧や電流を求めるための回路方程式を導くことができる．キルヒホッフの法則は，交流解析を行うための大切な道具である．以下では，このキルヒホッフの二つの法則を，グラフ理論に基づいた行列方程式で表現していくことにする．とくに，方程式系の1次独立性に注意を払っていく．

6.2 電流則の行列方程式

図 6.3 は，図 4.8(a) や図 5.2 で示した回路網のグラフを，改めて描いたものである．ここで，太線で示した枝 **1**，**3**，**5**，**7** は木の枝を，また，枝 **2**，**4**，**6** はリンクを表す．この回路網に対して，キルヒホッフの第1法則（電流則）を適用してみよう．なお，ここでは，以下の説明の便宜上，節点から流出する電流の向きを正，節点に流入する電流の向きを負としている．定義だけの問題で，一般性を失うものではない．各節点において，電流保存の式を書くと，次のようになる．

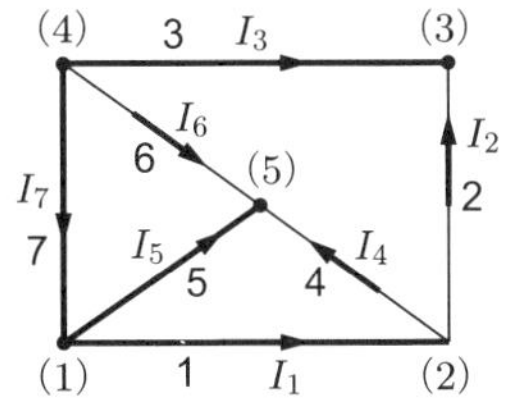

図 6.3 解析用回路網のグラフ

$$\text{節点 (1) :} \quad I_1 \qquad\qquad\qquad +I_5 \qquad -I_7 = 0 \tag{6.4a}$$

$$\text{節点 (2) :} \quad -I_1 \quad +I_2 \qquad +I_4 \qquad\qquad\qquad = 0 \tag{6.4b}$$

$$\text{節点 (3) :} \qquad -I_2 \quad -I_3 \qquad\qquad\qquad\qquad = 0 \tag{6.4c}$$

$$\text{節点 (4) :} \qquad\qquad I_3 \qquad\qquad +I_6 \quad +I_7 = 0 \tag{6.4d}$$

$$\text{節点 (5) :} \qquad\qquad\qquad -I_4 \quad -I_5 \quad -I_6 \qquad = 0 \tag{6.4e}$$

枝電流 $I_1 \sim I_7$ に対する，この電流則の式をよく見てほしい．この 5 本の式の左辺には，各枝電流に対して，その符号が正のものと負のものとが，それぞれペアになって 1 回ずつ現れている．したがって，5 本の式の左辺を足し合わせると 0 になる．もちろん，右辺を足し合わせたものは 0 である．すなわち，これら 5 本の式は，1 次独立な式ではない．たとえば，式 (6.4b) を削除しても，ほかの 4 本の式を用いて，この式を再現できる．具体的には，式 (6.4b) を除いた 4 本の式を辺々足し合わせると，

$$I_1 - I_2 - I_4 = 0 \tag{6.5}$$

となるので，削除した式は，この式の各項の符号を逆転させた次式であることがわかる．

$$-I_1 + I_2 + I_4 = 0 \tag{6.6}$$

以上のことから，キルヒホッフの電流則は，図 6.3 の全節点数である 5 節点のうち，4 節点で満たされていれば，ほかの 1 節点でも自動的に満たされることがわかる．

【要点 6.1】1 次独立な電流則の個数

1 次独立な電流則が満たされるための必要十分な節点の個数 λ は，次式で与えられる．

$$\lambda = n - 1 \tag{6.7}$$

さて，式 (6.4) を，行列を用いて表現すると，次のようになる．

$$
\begin{array}{c}
\text{節点}\ (p) \\
(1) \\ (2) \\ (3) \\ (4) \\ (5) \\ \text{枝}\ k
\end{array}
\begin{array}{c}
\left[\begin{array}{ccccccc}
1 & 0 & 0 & 0 & 1 & 0 & -1 \\
-1 & 1 & 0 & 1 & 0 & 0 & 0 \\
0 & -1 & -1 & 0 & 0 & 0 & 0 \\
0 & 0 & 1 & 0 & 0 & 1 & 1 \\
0 & 0 & 0 & -1 & -1 & -1 & 0
\end{array}\right] \\
\begin{array}{ccccccc} 1 & 2 & 3 & 4 & 5 & 6 & 7 \end{array}
\end{array}
\begin{bmatrix} I_1 \\ I_2 \\ I_3 \\ I_4 \\ I_5 \\ I_6 \\ I_7 \end{bmatrix}
=
\begin{bmatrix} 0 \\ 0 \\ 0 \\ 0 \\ 0 \end{bmatrix}
\tag{6.8}
$$

このとき，各枝電流 $I_1 \sim I_7$ は，

$$
\boldsymbol{I} = \begin{bmatrix} I_1 \\ I_2 \\ \vdots \\ I_7 \end{bmatrix}
\tag{6.9}
$$

というベクトル形式で表されることに注意してほしい．これを**枝電流ベクトル** (branch current vector) とよぶ．この式の係数行列に現れる成分は，第5章の式 (5.2) で説明した接続行列 $\boldsymbol{A}$ の成分と一致していることに注意してもらいたい．すなわち，図 6.3 で示される回路網の電流則は，接続行列 $\boldsymbol{A}$ を用いて表現でき，次のようになる．

【要点 6.2】接続行列を用いた電流則方程式

電流則は，接続行列 $\boldsymbol{A}$ と枝電流ベクトル $\boldsymbol{I}$ を用いて，次の行列方程式で表される．

$$
\boldsymbol{A}\boldsymbol{I} = \boldsymbol{0}
\tag{6.10}
$$

ここで，$\boldsymbol{A}$ は次式で与えられる．

$$
\boldsymbol{A} =
\begin{array}{c}
\left[\begin{array}{ccccccc}
1 & 0 & 0 & 0 & 1 & 0 & -1 \\
-1 & 1 & 0 & 1 & 0 & 0 & 0 \\
0 & -1 & -1 & 0 & 0 & 0 & 0 \\
0 & 0 & 1 & 0 & 0 & 1 & 1 \\
0 & 0 & 0 & -1 & -1 & -1 & 0
\end{array}\right] \\
\text{枝}\ k\ \underbrace{\begin{array}{ccccccc} 1 & 2 & 3 & 4 & 5 & 6 & 7 \end{array}}_{b}
\end{array}
\begin{array}{c}
\text{節点}\ (p) \\
\left.\begin{array}{c} (1) \\ (2) \\ (3) \\ (4) \\ (5) \end{array}\right\} n
\end{array}
\tag{6.11}
$$

もちろん，この $\boldsymbol{A}$ は式 (5.2) と一致している．

改めて，接続行列 $\boldsymbol{A}$ の意味を確認してみよう．接続行列 $\boldsymbol{A}$ の α 行目は，節点 (α) に，どの枝が，どの方向に接続されているかの情報を与えている．すなわち，節点 (α) に相当する α 行目は，節点 (α) に接続されている枝が，電流の流出する方向になっていれば $+1$，電流の流入する方向になっていれば -1 になるので，キルヒホッフの第1法則（電流則）そのものを表している．

式 (5.3) において，n 個の節点をもつ連結有向グラフに対する接続行列 $\boldsymbol{A}$ の階数 ϕ は，次式で与えられることを述べた．

$$\phi = n - 1 \tag{6.12}$$

式 (6.7) は，式 (6.12) と等価であることを確認してほしい．

式 (6.4) で説明した内容とまったく同じことであるが，式 (6.11) の接続行列 $\boldsymbol{A}$ において，各列には，1 と -1 が必ず 1 個ずつあるので，$\boldsymbol{A}$ の各列の和はつねに 0 になる．すなわち，$\boldsymbol{A}$ の n 行の行ベクトルから，任意の 1 行を削除しても，削除した行を再現することができる．

式 (5.4) で説明した場合と同様に，節点 (5) を基準節点とすると，式 (6.11) に対する既約接続行列は，次のようになる．

$$\boldsymbol{A}_\mathrm{r} = \underbrace{\begin{bmatrix} 1 & 0 & 0 & 0 & 1 & 0 & -1 \\ -1 & 1 & 0 & 1 & 0 & 0 & 0 \\ 0 & -1 & -1 & 0 & 0 & 0 & 0 \\ 0 & 0 & 1 & 0 & 0 & 1 & 1 \end{bmatrix}}_{b} \begin{matrix} \text{節点}\ (p) \\ (1) \\ (2) \\ (3) \\ (4) \end{matrix} \left.\vphantom{\begin{matrix}1\\1\\1\\1\end{matrix}}\right\} n-1 \tag{6.13}$$

枝 k 1 2 3 4 5 6 7

以上の内容を踏まえて，以下のことが確認できる．

【要点 6.3】$\boldsymbol{A}_\mathrm{r}$ を用いた 1 次独立な電流則方程式

1 次独立な電流則方程式は，接続行列 $\boldsymbol{A}$ の行ベクトルから，任意の 1 行を削除して得られる部分行列，すなわち既約接続行列 $\boldsymbol{A}_\mathrm{r}$ を用いて，次のように表される．

$$\boldsymbol{A}_\mathrm{r}\boldsymbol{I} = \boldsymbol{0} \tag{6.14}$$

式 (6.14) を，具体的に成分を明示して書き表すと，次のようになる．

$$
\begin{array}{c} \text{節点 } (p) \\ (1) \\ (2) \\ (3) \\ (4) \\ \text{枝 } k \end{array}
\begin{array}{c} \\ \left[\begin{array}{ccccccc} 1 & 0 & 0 & 0 & 1 & 0 & -1 \\ -1 & 1 & 0 & 1 & 0 & 0 & 0 \\ 0 & -1 & -1 & 0 & 0 & 0 & 0 \\ 0 & 0 & 1 & 0 & 0 & 1 & 1 \end{array}\right] \\ \begin{array}{ccccccc} 1 & 2 & 3 & 4 & 5 & 6 & 7 \end{array} \end{array}
\begin{bmatrix} I_1 \\ I_2 \\ I_3 \\ I_4 \\ I_5 \\ I_6 \\ I_7 \end{bmatrix} = \begin{bmatrix} 0 \\ 0 \\ 0 \\ 0 \end{bmatrix} \tag{6.15}
$$

さらに，一般化して，次のようになる．

【要点 6.4】1 次独立な電流則方程式の数

分離度 k，節点数 n の回路網の電流則方程式に対して，1 次独立な方程式の個数 γ は，次式で与えられる．

$$\gamma = n - k \tag{6.16}$$

ここで取り上げている図 6.3 の回路網のグラフに対しては，分離度 $k = 1$ である．このとき，次の関係が成り立つ．

$$\gamma = \lambda = \phi = n - 1 = t \tag{6.17}$$

以下，とくに断らない限り，本書では $k = 1$ の場合を取り扱う．

6.3 リンク電流と木の枝電流の関係

さて，式 (6.4) の電流則の式を，リンク電流と木の枝電流に切り分けて考え直してみよう．リンク電流に対しては，枝番号と同時に C という添え字を，また木の枝電流に対しては，枝番号と同時に T という添え字をつけて，改めて書いてみる．

$$\text{節点 (1)}: \quad I_{T1} \qquad\qquad +I_{T5} \qquad -I_{T7} = 0 \tag{6.18a}$$

$$\text{節点 (2)}: \quad -I_{T1} + I_{C2} \qquad + I_{C4} \qquad = 0 \tag{6.18b}$$

$$\text{節点 (3)}: \quad -I_{C2} - I_{T3} \qquad = 0 \tag{6.18c}$$

$$\text{節点 (4)}: \quad I_{T3} \qquad + I_{C6} + I_{T7} = 0 \tag{6.18d}$$

$$\text{節点 (5)}: \quad -I_{C4} - I_{T5} - I_{C6} = 0 \tag{6.18e}$$

七つの枝電流のうち，三つのリンク枝電流 I_{C2}，I_{C4}，I_{C6} のみが与えられているとする．すると，式 (6.18b) から木の枝電流 I_{T1} が，式 (6.18c) から木の枝電流 I_{T3} が，また，式 (6.18e) から木の枝電流 I_{T5} が決まる．これらの結果を用いて，式 (6.18a) から木の枝電流 I_{T7} が決まる．

【要点 6.5】リンク電流と木の枝電流の関係
リンク電流を与えれば，残りの木の枝電流は決定される．

このことは，図 6.3 のグラフをみながら，図形的にも確認できる．たとえば，節点 (3) における電流保存則から，リンク枝電流 I_{C2} を用いて木の枝電流 I_{T3} が決まる．次に，節点 (4) における電流保存則から，いま決まった木の枝電流 I_{T3} とリンク枝電流 I_{C6} から，木の枝電流 I_{T7} が決まる．このように，次々に木の枝電流が決定される．すなわち，独立な枝電流の数はリンクの総数 l 個である．ここで，l は式 (4.2) で与えられる．

6.4 カットセットと広義の電流則

6.2 節では，接続行列と電流則の関係について説明した．すなわち，電流則に現れる式 (6.4) の係数は，式 (6.11) で与えられる接続行列の成分と一致することを確認した．この節では，広義の意味での電流則を，カットセットとの関係で説明する．なお，カットセットとは，ある 1 組の枝を取り除くとグラフが連結でなくなり，その組の任意の枝を戻すとグラフが連結となるとき，この 1 組の枝を指すものであった．

5.5 節で説明したように，接続行列の各節点に対応する各行の成分のうち，カットセットを構成する枝に接続している節点の行の成分を集めて足し合わせることにより，カットセット行列を作ることができる．すなわち，式 (5.35) で説明したように，カットセット行列 $\boldsymbol{C}$ の任意の行は，接続行列 $\boldsymbol{A}$，あるいは既約接続行列 $\boldsymbol{A}_{\rm r}$ のいくつかの行の線形結合として，次のように表される．

$$\boldsymbol{C} = \boldsymbol{Q}_0 \boldsymbol{A} \tag{6.19a}$$

$$\boldsymbol{C} = \boldsymbol{Q}_{\rm r} \boldsymbol{A}_{\rm r} \tag{6.19b}$$

ここで，第 5 章の例題 5.4 で確認したように，$\boldsymbol{Q}_0$ は n 列の係数行列となる．同様にして，$\boldsymbol{Q}_{\rm r}$ は $n-1$ 列の係数行列となる．

さて，式 (6.19) に辺々右側から，電流ベクトル $\boldsymbol{I}$ を乗じて，さらに，式 (6.10) あるいは式 (6.14) を代入すると，次式を得る．

$$\boldsymbol{C}\boldsymbol{I} = \boldsymbol{Q}_0 \boldsymbol{A}\boldsymbol{I} = \boldsymbol{0} \tag{6.20a}$$

$$\boldsymbol{C}\boldsymbol{I} = \boldsymbol{Q}_{\rm r} \boldsymbol{A}_{\rm r}\boldsymbol{I} = \boldsymbol{0} \tag{6.20b}$$

結局，式 (6.10) あるいは式 (6.14) で与えられるキルヒホッフの電流則は，カットセット行列 $\boldsymbol{C}$ を用いて，次のように表される．

$$\boldsymbol{C}\boldsymbol{I} = \boldsymbol{0} \tag{6.21}$$

接続行列 $\boldsymbol{A}$ や既約接続行列 $\boldsymbol{A}_{\mathrm{r}}$ を用いて成り立っていた電流則の関係は，式 (6.20) に基づいて，$\boldsymbol{A}$ や $\boldsymbol{A}_{\mathrm{r}}$ の重ね合わせで表現されるカットセット行列 $\boldsymbol{C}$ に対しても成り立つ．すなわち，カットセットで切断され，連結でなくなった二つのそれぞれの領域に対して，流れ込む電流の総和と，流れ出す電流の総和とは，厳密に等しくなければならない．よって，次の大切な関係が導かれる．

【要点 6.6】広義の電流則

カットセット上の枝電流の総和は，0 でなければならない．

カットセット行列 $\boldsymbol{C}$ の中から，連結有向グラフの木に対する基本カットセットのみを取り出した基本カットセット行列 $\boldsymbol{C}_{\mathrm{f}}$ は，$\boldsymbol{C}$ と同じ階数 $n-1$ をもつ．よって，キルヒホッフの電流則としては，$n-1$ 行の独立なカットセットから作られている基本カットセット行列 $\boldsymbol{C}_{\mathrm{f}}$ を使った次式で必要十分である．

【要点 6.7】$\boldsymbol{C}_{\mathrm{f}}$ を用いた 1 次独立な電流則方程式

1 次独立な電流則方程式は，基本カットセット行列 $\boldsymbol{C}_{\mathrm{f}}$ を用いて，次のように表される．

$$\boldsymbol{C}_{\mathrm{f}}\boldsymbol{I} = \boldsymbol{0} \tag{6.22}$$

【要点 6.1】で説明したように，独立な基本カットセットの数は，木の枝の数と等しく $n-1$ 個である．よって，次の関係が成り立つ．

【要点 6.8】1 次独立な電流則方程式の数

すべての節点で電流則が成り立つためには，$n-1$ 個の独立なカットセットで電流則が成り立つことが必要十分条件となる．

6.5 閉路電流の定義

図 6.4 は，図 6.3 で示した回路網のグラフに対して，すべての閉路を描いたものである．これは，図 5.4 と同じ内容のグラフである．さて，ある閉路に沿って周回して流れる電流を，この閉路の**閉路電流** (loop current) という．閉路電流は，それ自身で閉

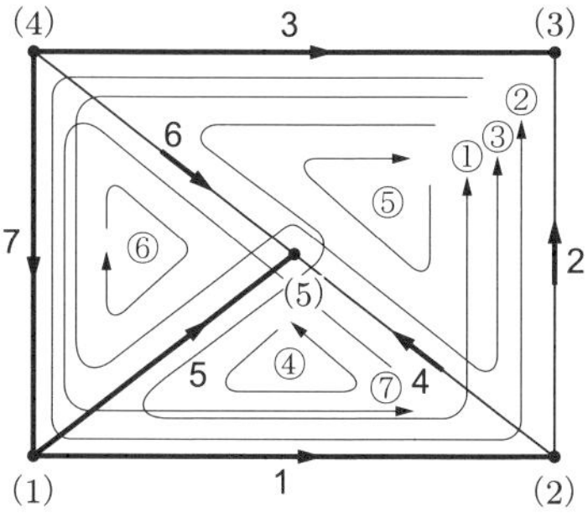

図 6.4　閉路

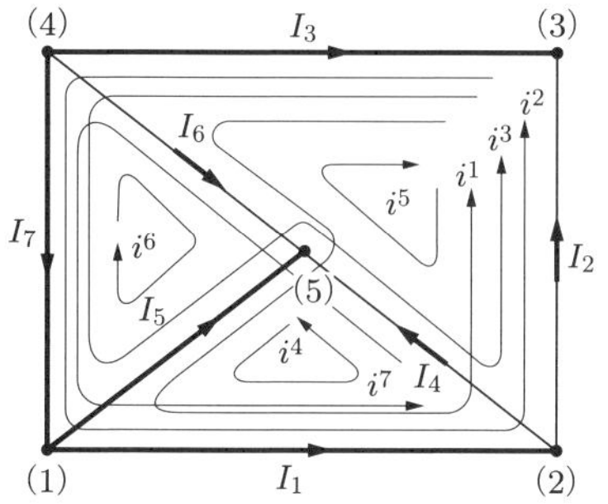

図 6.5　閉路電流と枝電流

じており，この閉路以外では 0 であるので，この閉路が経由する各節点において，電流則を必ず満たしている．おのおのの閉路には便宜的に番号をつける．**図 6.5** に示すように，この番号に対応した上つきの添え字をつけて，各閉路電流を $i^1 \sim i^7$ と表す．ここでは，枝電流 $I_1 \sim I_7$ も併せて示している．

さて，4.3 節で，閉路の中で，ただ一つのリンクと，ほかは木の枝で構成される閉路を基本閉路と定義することを説明した．よって，図 6.4 において，閉路 ②，④，⑥ は基本閉路である．たとえば，枝 1，2，3，7 で作られる基本閉路 ② は，ただ一つのリンク 2 を含み，ほかは木の枝で構成される．この基本閉路の向きは，この閉路にただ一つ含むリンク 2 の向きと一致させる．基本閉路に沿って，この基本閉路の向きに周回する電流を，**基本閉路電流** (fundamental loop current) という．図 6.5 の例では，i^2，i^4，i^6 の三つが基本閉路電流となる．

第 4 章の **【要点 4.4】** で説明したように，任意の閉路は，係数を 0，+1，−1 のいずれかとした，基本閉路の線形結合で表すことができる．このことを踏まえて，「閉路」を「閉路電流」という概念に拡張して，説明していこう．

図 6.6 は，基本閉路電流のみを取り出して，各枝電流とともに示したものである．リンクを流れる電流，すなわちリンク電流は，これに対応する基本閉路電流に等しい．

$$I_2 = i^2 \tag{6.23a}$$

$$I_4 = i^4 \tag{6.23b}$$

$$I_6 = i^6 \tag{6.23c}$$

一方，木の枝電流は，この木の枝上を流れるすべての基本閉路電流，すなわちリンク電流を，その符号を考慮して足し合わせたもので表される．

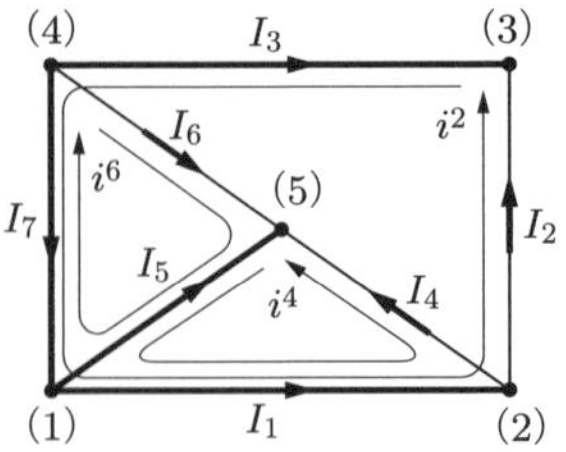

図 6.6　基本閉路電流と枝電流の関係

$$I_1 = i^2 + i^4 \tag{6.24a}$$

$$I_3 = -i^2 \tag{6.24b}$$

$$I_5 = -i^4 - i^6 \tag{6.24c}$$

$$I_7 = i^2 - i^6 \tag{6.24d}$$

たとえば，式 (6.24d) の枝 7 の枝電流 I_7 を見てみよう．この枝には，基本閉路電流 i^2 と i^6 が流れ，i^2 は I_7 と同じ方向に，また i^6 は I_7 と逆の方向になっている．I_7 は，これらの基本閉路電流を，その向きが I_7 と同じであれば正，逆であれば負の符号をつけて，足し合わせたものになっている．

ある基本閉路電流系を考える．この系で構成される基本閉路電流は，それぞれ，お互いに異なるただ一つのリンク電流と一致している．よって，l 個の基本閉路電流は，お互いに 1 次独立である．

【要点 6.9】基本閉路電流と閉路電流の関係

任意の閉路電流は，l 個の独立な基本閉路電流の線形結合で表される．その結合係数は，0，+1，−1 のいずれかである．

6.6 電圧則の行列方程式

図 6.4 で示される各閉路に対して，キルヒホッフの第 2 法則（電圧則）を適用してみよう．**図 6.7** は，図 6.3 あるいは図 6.4 で示した回路網のグラフに対して，枝電圧を，すべての閉路と併せて描いたものである．枝の向きに枝電圧を考えて，各閉路に沿った電圧保存の式を書くと，次のようになる．

$$\text{閉路 1:}\quad V_1 + V_2 - V_3 - V_5 + V_6 = 0 \tag{6.25a}$$

$$\text{閉路 2:}\quad V_1 + V_2 - V_3 + V_7 = 0 \tag{6.25b}$$

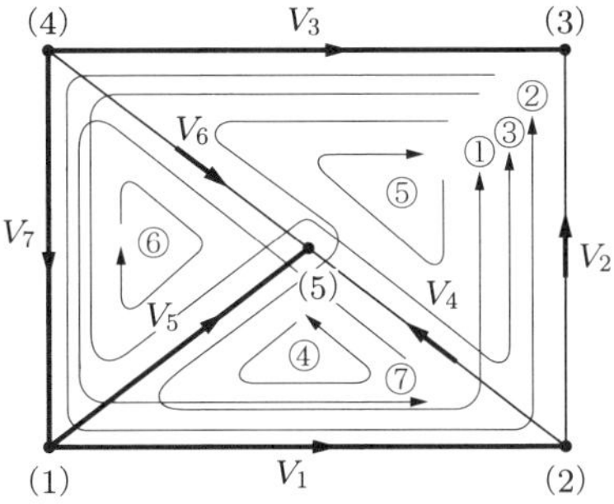

図 6.7 閉路と枝電圧

$$\begin{array}{llllllllll}
\text{閉路 3:} & & V_2 & -V_3 & -V_4 & +V_5 & & +V_7 & = 0 & (6.25\text{c}) \\
\text{閉路 4:} & V_1 & & & +V_4 & -V_5 & & & = 0 & (6.25\text{d}) \\
\text{閉路 5:} & & -V_2 & +V_3 & +V_4 & & -V_6 & & = 0 & (6.25\text{e}) \\
\text{閉路 6:} & & & & & -V_5 & +V_6 & -V_7 & = 0 & (6.25\text{f}) \\
\text{閉路 7:} & V_1 & & & +V_4 & & -V_6 & +V_7 & = 0 & (6.25\text{g})
\end{array}$$

式 (6.25) を，行列を用いて表現すると，次のようになる．

$$\begin{array}{c}
\text{閉路} \\
① \\ ② \\ ③ \\ ④ \\ ⑤ \\ ⑥ \\ ⑦ \\ \text{枝 } k
\end{array}
\begin{array}{c}
\\
\left[\begin{array}{ccccccc}
1 & 1 & -1 & 0 & -1 & 1 & 0 \\
1 & 1 & -1 & 0 & 0 & 0 & 1 \\
0 & 1 & -1 & -1 & 1 & 0 & 1 \\
1 & 0 & 0 & 1 & -1 & 0 & 0 \\
0 & -1 & 1 & 1 & 0 & -1 & 0 \\
0 & 0 & 0 & 0 & -1 & 1 & -1 \\
1 & 0 & 0 & 1 & 0 & -1 & 1
\end{array}\right] \\
\begin{array}{ccccccc} 1 & 2 & 3 & 4 & 5 & 6 & 7 \end{array}
\end{array}
\begin{bmatrix} V_1 \\ V_2 \\ V_3 \\ V_4 \\ V_5 \\ V_6 \\ V_7 \end{bmatrix}
=
\begin{bmatrix} 0 \\ 0 \\ 0 \\ 0 \\ 0 \\ 0 \\ 0 \end{bmatrix}
\tag{6.26}$$

ここで，各枝の電圧 $V_1 \sim V_7$ を表す

$$\boldsymbol{V} = \begin{bmatrix} V_1 \\ V_2 \\ \vdots \\ V_7 \end{bmatrix} \tag{6.27}$$

を，**枝電圧ベクトル**（branch voltage vector）という．

式 (6.26) の係数行列に現れる成分は，第 5 章の式 (5.7) で説明した閉路行列 $\boldsymbol{B}$ の成分と一致していることに注意してもらいたい．すなわち，図 6.3 で示される回路網の電圧則は，次のように閉路行列 $\boldsymbol{B}$ を用いて表現できる．

【要点 6.10】閉路行列を用いた電圧則方程式

電圧則は，閉路行列 $\boldsymbol{B}$ と枝電圧ベクトル $\boldsymbol{V}$ を用いて，次の行列方程式で表される．

$$\boldsymbol{BV} = \boldsymbol{0} \tag{6.28}$$

この回路網に対して，$\boldsymbol{B}$ は次式で与えられる．

$$\boldsymbol{B} = \begin{bmatrix} 1 & 1 & -1 & 0 & -1 & 1 & 0 \\ 1 & 1 & -1 & 0 & 0 & 0 & 1 \\ 0 & 1 & -1 & -1 & 1 & 0 & 1 \\ 1 & 0 & 0 & 1 & -1 & 0 & 0 \\ 0 & -1 & 1 & 1 & 0 & -1 & 0 \\ 0 & 0 & 0 & 0 & -1 & 1 & -1 \\ 1 & 0 & 0 & 1 & 0 & -1 & 1 \end{bmatrix} \begin{matrix} \text{閉路} \\ ① \\ ② \\ ③ \\ ④ \\ ⑤ \\ ⑥ \\ ⑦ \end{matrix} \tag{6.29}$$

枝 k　1　2　3　4　5　6　7

改めて，閉路行列 $\boldsymbol{B}$ の意味を確認してみよう．縦方向，すなわち行方向は閉路番号に対応する．横方向，すなわち列方向は枝番号 k に対応する．閉路行列 $\boldsymbol{B}$ の α 行目は，閉路 α に，どの枝が，どちらの向きに配置されているかの情報を与えている．

たとえば，閉路 ② に着目してみる．閉路行列 $\boldsymbol{B}$ の 2 行目を考える，この閉路は，節点 (3)，(4)，(1)，(2) を経由して (3) に戻る周回路となっている．(3)→(4) の経路にある枝電圧 V_3 の向きと閉路の向きは逆であるので，$\boldsymbol{B}$ の (2,3) 成分は -1 とする．閉路の向きは枝電圧 V_7，V_1，V_2 の向きと同じであるので，(2,7)，(2,1)，(2,2) 成分は 1 とする．その他の第 2 行目の成分は 0 とする．すなわち，閉路行列 $\boldsymbol{B}$ はキルヒホッフの第 2 法則（電圧則）そのものを表している．

【要点 4.4】において，「任意の閉路は，l 個の基本閉路に対して，係数を 0，+1，−1 のいずれかとした，線形結合で表すことができる」ことを説明した．すなわち，l 個の基本閉路は，お互いに 1 次独立である．よって，次のことがいえる．

【要点 6.11】基本閉路および閉路に沿った電圧則の関係

l 個の基本閉路で電圧則が成り立てば，すべての閉路で電圧則が成り立つ．

このことをいい換えれば,「すべての閉路において電圧則が成り立つためには，l 個の独立な基本閉路で電圧則が成り立つことが必要十分である」となる．

式 (6.29) の閉路行列 $\boldsymbol{B}$ において，基本閉路系に対する行のみを取り出してできる基本閉路行列 $\boldsymbol{B}_\mathrm{f}$ を考えよう．基本閉路行列 $\boldsymbol{B}_\mathrm{f}$ は，閉路行列 $\boldsymbol{B}$ と同じ階数をもつ．すなわち，1 次独立な電圧則方程式は，$\boldsymbol{B}$ の部分行列である $\boldsymbol{B}_\mathrm{f}$ を用いて，次のようになる．

【要点 6.12】$\boldsymbol{B}_\mathrm{f}$ を用いた 1 次独立な電圧則方程式

1 次独立な電圧則方程式は，閉路行列 $\boldsymbol{B}$ から，基本閉路系に対する行のみを取り出してできる基本閉路行列 $\boldsymbol{B}_\mathrm{f}$ を用いて，次のように表される．

$$\boldsymbol{B}_\mathrm{f}\boldsymbol{V} = \boldsymbol{0} \tag{6.30}$$

図 6.7 の例に対して，式 (6.30) を具体的に成分を明示して書き表すと，次のようになる．

$$\begin{array}{c} \text{閉路} \\ ② \\ ④ \\ ⑥ \\ \\ \text{枝 } k \end{array} \begin{array}{c} \\ \left[\begin{array}{ccccccc} 1 & 1 & -1 & 0 & 0 & 0 & 1 \\ 1 & 0 & 0 & 1 & -1 & 0 & 0 \\ 0 & 0 & 0 & 0 & -1 & 1 & -1 \end{array}\right] \\ \\ \begin{array}{ccccccc} 1 & 2 & 3 & 4 & 5 & 6 & 7 \end{array} \end{array} \begin{bmatrix} V_1 \\ V_2 \\ V_3 \\ V_4 \\ V_5 \\ V_6 \\ V_7 \end{bmatrix} = \begin{bmatrix} 0 \\ 0 \\ 0 \end{bmatrix} \tag{6.31}$$

すなわち，次の関係が成り立つ．

【要点 6.13】1 次独立な電圧則方程式の数

枝の数 b，節点数 n の回路網の電圧則方程式に対して，1 次独立な方程式の個数 q は，次式で与えられる．この個数は，リンクの個数 l に等しい．

$$q = b - n + 1 = l \tag{6.32}$$

基本閉路とは，ただ一つのリンクと，その他は木の枝で構成された閉路である．よって，閉路に沿った電圧則を考えて，以下の点が成り立つことも確認してほしい．

【要点 6.14】木の枝電圧とリンク電圧の関係

基本閉路において，木の枝電圧をすべて与えれば，ほかの枝電圧，すなわちリンク電圧が決まる．

例題 6.1　図 6.8 で示される回路網がある．枝 1，3，4 を木の枝とする．1 次独立なキルヒホッフの電流則および電圧則の行列方程式を求めよ．

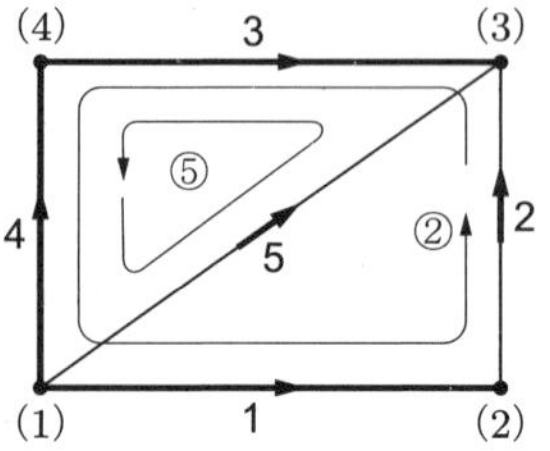

図 6.8　例題 6.1

解答　このグラフは，第 5 章の例題 5.1 および例題 5.3 で与えられるグラフと同じである．節点 (4) を基準節点とすると，例題 5.1 で与えられた既約接続行列 $\boldsymbol{A}_{\mathrm{r}}$ を用いて，次の 1 次独立なキルヒホッフの電流則の行列方程式が得られる．

$$
\begin{array}{c}
\text{節点 }(p)\\
(1)\\
(2)\\
(3)\\
\text{枝 }k
\end{array}
\begin{array}{c}
\\
\left[\begin{array}{ccccc}
1 & 0 & 0 & 1 & 1\\
-1 & 1 & 0 & 0 & 0\\
0 & -1 & -1 & 0 & -1
\end{array}\right]\\
\begin{array}{ccccc}
1 & 2 & 3 & 4 & 5
\end{array}
\end{array}
\begin{bmatrix} I_1 \\ I_2 \\ I_3 \\ I_4 \\ I_5 \end{bmatrix}
=
\begin{bmatrix} 0 \\ 0 \\ 0 \end{bmatrix}
$$

図 6.8 において，閉路 ②，⑤ が基本閉路となる．第 5 章の例題 5.3 の式 (1) で与えられた基本閉路行列 $\boldsymbol{B}_{\mathrm{f}}$ を用いて，次の 1 次独立なキルヒホッフの電圧則の行列方程式が得られる．

$$
\begin{array}{c}
\text{基本閉路}\\
②\\
⑤\\
\text{枝 }k
\end{array}
\begin{array}{c}
\\
\left[\begin{array}{cc|ccc}
1 & 0 & 1 & -1 & -1\\
0 & 1 & 0 & -1 & -1
\end{array}\right]\\
\underbrace{\begin{array}{cc} 2 & 5 \end{array}}_{\text{リンク}}
\underbrace{\begin{array}{ccc} 1 & 3 & 4 \end{array}}_{\text{木の枝}}
\end{array}
\begin{bmatrix} V_2 \\ V_5 \\ V_1 \\ V_3 \\ V_4 \end{bmatrix}
=
\begin{bmatrix} 0 \\ 0 \end{bmatrix}
$$

6.7 カットセットと広義の電圧則

前節では，閉路行列と電圧則の関係について説明した．すなわち，電圧則に現れる式の係数は，閉路行列の成分と一致していることを確認した．この節では，広義の意味での電圧則を，カットセットとの関係で説明する．

図 6.9 で示されるグラフにおいて，あるカットセット S に属する枝の枝電圧が同じ向きで，同じ大きさ v であるとき，この電圧 v を**カットセット電圧** (cut-set voltage) と定義する．**図 6.10** は，図 6.3 で示した回路網のグラフである．4.4 節において，木の枝をただ一つ含むカットセットを，基本カットセットと定義することを説明した．よって，図 5.6 で説明したように，いま考えているグラフに対して，カットセット S_1，S_3，S_5，S_7 は，基本カットセットである．この図において，ある基本カットセットに属する 1 組の枝電圧の大きさと方向を，この基本カットセットにただ一つ属する木の枝電圧の大きさと方向に一致するようにして各枝に与えた枝電圧を，**基本カットセット電圧** (fundamental cut-set voltage) という．

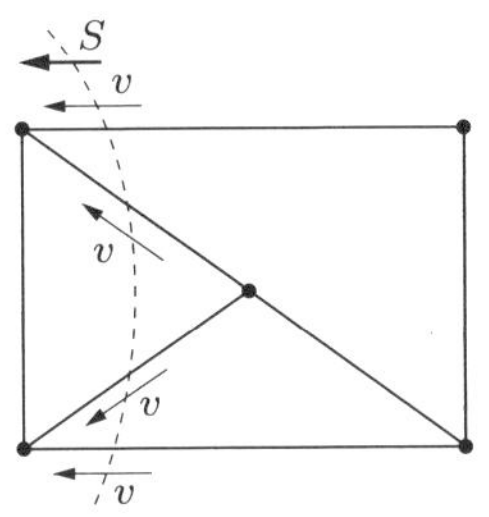

図 6.9　カットセット電圧

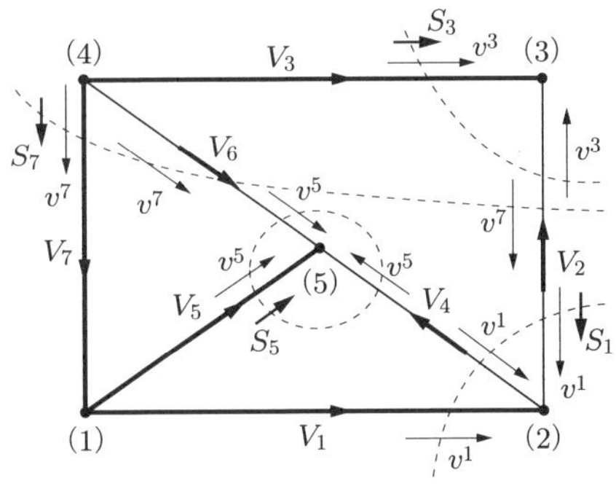

図 6.10　基本カットセット電圧と枝電圧

カットセット電圧は，それ自身で閉じており，このカットセット以外の枝では 0 であるので，このカットセットに属する枝で構成される閉路において，電圧則を自動的に満たしている．おのおのの基本カットセット電圧には，このカットセットにただ一つ属する木の枝電圧と同じ番号の上つきの添え字をつけ，v^1，v^3，v^5，v^7 と表す．ここでは，枝電圧 $V_1 \sim V_7$ も併せて示している．

木の枝電圧は，これに対応する基本カットセット電圧に等しい．

$$V_1 = v^1, \quad V_3 = v^3, \quad V_5 = v^5, \quad V_7 = v^7 \tag{6.33}$$

一方，リンク電圧は，以下に示すように，このリンクにかかっているすべての基本カットセット電圧を，その符号を考慮に入れて，足し合わせたもので表される．

$$V_2 = -v^1 + v^3 - v^7 \tag{6.34a}$$

$$V_4 = -v^1 + v^5 \tag{6.34b}$$

$$V_6 = v^5 + v^7 \tag{6.34c}$$

たとえば，式 (6.34a) の枝電圧 V_2 をみてみよう．この枝には，v^3 が V_2 と同じ方向に，また v^1 と v^7 が V_2 と逆の方向にかかっている．V_2 は，これらの基本カットセット電圧を，向きが同じであれば正，逆であれば負の符号をつけて，総和をとったものになっている．

【要点 6.14】で説明したように，基本閉路において，木の枝電圧をすべて与えれば，ほかの枝電圧，すなわちリンク電圧が決まる．よって，基本閉路にただ一つ存在するリンクのリンク電圧は，式 (6.34) で確認したように，その他の木の枝電圧，すなわち基本カットセット電圧で表される．

【要点 6.15】基本カットセット電圧と枝電圧の関係

任意の枝電圧は，$n-1$ 個の独立な基本カットセット電圧の線形結合で表される．その結合係数は，0，+1，−1 のいずれかである．

さて，式 (6.34) を次のように書き換えてみる．

$$v^1 + V_2 - v^3 + v^7 = 0 \tag{6.35a}$$

$$v^1 + V_4 - v^5 = 0 \tag{6.35b}$$

$$-v^5 + V_6 - v^7 = 0 \tag{6.35c}$$

図 6.11 を見ながら，式 (6.35) の各式を確認してみよう．式 (6.35a) は，基本閉路 ② に沿った電圧則そのものである．基本閉路の方向と一致する電圧の符号は正，逆方向の符号は負となっている．基本カットセット電圧 v^1，v^3，v^7 を指定している木の枝に，リンク電圧 V_2 を指定している一つのリンクを加えると，一つの基本閉路を形

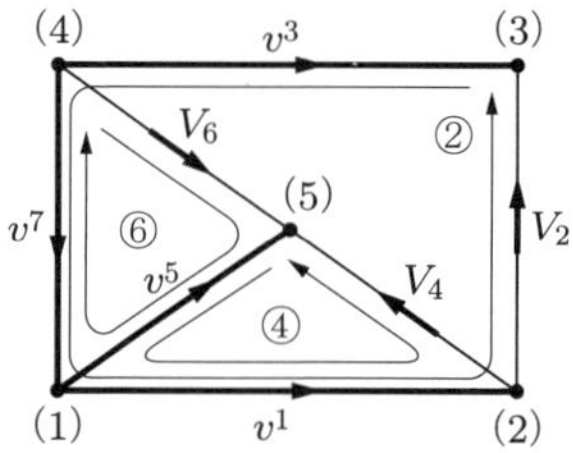

図 6.11　基本閉路に沿った木の枝電圧とリンク電圧

成するから，これは当然である．同様にして，式 (6.35b)，(6.35c) は，基本閉路④，⑥に沿った電圧則そのものになっている．

演習問題

6.1【キルヒホッフの法則】 問図 6.1 で示される回路網がある．枝 **4，5，6** を木の枝とする．また，節点 (1) を基準節点とする．1 次独立なキルヒホッフの電流則および電圧則の行列方程式を，それぞれ既約接続行列および基本閉路行列を用いて求めよ．

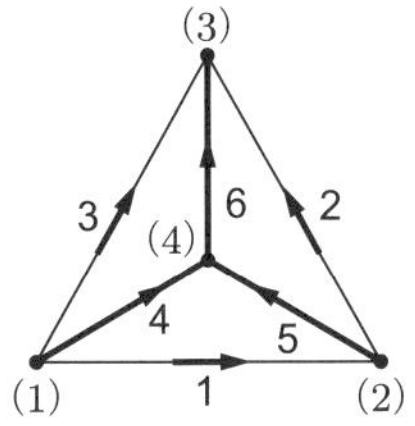

問図 6.1

6.2【キルヒホッフの法則】 問図 6.1 の回路網について，1 次独立なキルヒホッフの電流則の行列方程式を，基本カットセット行列を用いて求めよ．

6.3【基本閉路電流と閉路電流】 問図 6.1 の回路網について，すべての枝電流を，基本閉路電流の線形結合で表せ．

6.4【基本カットセット電圧と枝電圧】 問図 6.1 の回路網について，すべての枝電圧を，基本カットセット電圧の線形結合で表せ．

6.5【キルヒホッフの法則】 問図 6.2 で示される回路網がある．枝 **1，2，4，5** を木の枝とする．また，節点 (1) を基準節点とする．1 次独立なキルヒホッフの電流則および電圧則の行列方程式を，それぞれ既約接続行列および基本閉路行列を用いて求めよ．ただし，各行列において，リンクとなる枝を左側にまとめ，木の枝を右側にまとめて，それぞれ左から枝番号の昇順に並べよ．

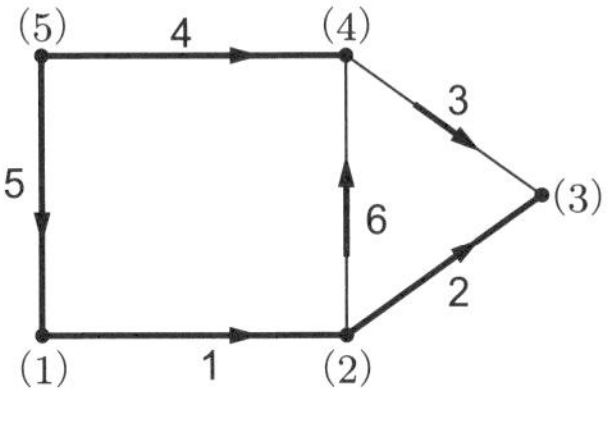

問図 6.2

6.6【キルヒホッフの法則】 問図 6.2 の回路網について，1 次独立なキルヒホッフの電流則の行列方程式を，基本カットセット行列を用いて求めよ．ただし，各行列において，リンクとなる枝を左側にまとめ，木の枝を右側にまとめて，それぞれ左から枝番号の昇順に並べよ．

第7章 回路方程式の解法

この章では，いよいよ，グラフ理論に基づいて，キルヒホッフの法則を表す回路方程式を解いていく．前章において，電流ベクトル，あるいは電圧ベクトルを未知変数として，三つの行列，すなわち，既約接続行列，基本閉路行列，基本カットセット行列を用いて，キルヒホッフの法則を行列方程式として表した．グラフ理論を用いた電気回路解析の最終目標は，1次独立で完全な解を，自動的に導き出すことである．このための具体的な方法が，ここでていねいに説明される．

7.1 変数変換

これまで，キルヒホッフの電流則あるいは電圧則の方程式を立てる際に，未知変数として，枝電流ベクトル $\boldsymbol{I}$ あるいは枝電圧ベクトル $\boldsymbol{V}$ を考えてきた．このままでは，枝の総数分の未知変数があり，この解をすべて定める必要がある．しかし，グラフ理論で学んだ1次独立性を注意深く利用することにより，これらの未知変数の個数を減らすことができる．このための方法が，この節で述べる**変数変換** (variable transformation) である．

7.1.1 電圧ベクトルと電流ベクトル

木の枝の電圧，電流を表すベクトルをそれぞれ $\boldsymbol{V}_\mathrm{T}$，$\boldsymbol{I}_\mathrm{T}$ とおく．同様にして，リンクの電圧，電流を表すベクトルを $\boldsymbol{V}_\mathrm{C}$，$\boldsymbol{I}_\mathrm{C}$ とおく．また，すべての枝の電圧，電流を表すベクトルを，$\boldsymbol{V}$，$\boldsymbol{I}$ とおく．

$$\boldsymbol{V}_\mathrm{T} = \begin{bmatrix} V_1 \\ V_2 \\ \vdots \\ V_{n-1} \end{bmatrix}, \quad \boldsymbol{I}_\mathrm{T} = \begin{bmatrix} I_1 \\ I_2 \\ \vdots \\ I_{n-1} \end{bmatrix} \tag{7.1}$$

$$\boldsymbol{V}_{\mathrm{C}} = \begin{bmatrix} V_n \\ V_{n+1} \\ \vdots \\ V_b \end{bmatrix}, \quad \boldsymbol{I}_{\mathrm{C}} = \begin{bmatrix} I_n \\ I_{n+1} \\ \vdots \\ I_b \end{bmatrix} \tag{7.2}$$

$$\boldsymbol{V} = \begin{bmatrix} \boldsymbol{V}_{\mathrm{C}} \\ \boldsymbol{V}_{\mathrm{T}} \end{bmatrix}, \quad \boldsymbol{I} = \begin{bmatrix} \boldsymbol{I}_{\mathrm{C}} \\ \boldsymbol{I}_{\mathrm{T}} \end{bmatrix} \tag{7.3}$$

次に，節点の電位ベクトルを導入する．節点電位を，節点番号を右肩につけて，$V^{(1)}, V^{(2)}, \cdots, V^{(n)}$ と表す．節点 n の電位を基準にとり，$V^{(n)} = 0$ とする．このとき，基準節点を除いた残りの節点の電位ベクトルを，次のように表す．

$$\boldsymbol{V}_{\mathrm{N}} = \begin{bmatrix} V^{(1)} \\ V^{(2)} \\ \vdots \\ V^{(n-1)} \end{bmatrix} \tag{7.4}$$

7.1.2 閉路変換

1 次独立な電流則方程式は，式 (6.22) で説明したように，基本カットセット行列 $\boldsymbol{C}_{\mathrm{f}}$ を用いて，次の行列方程式で与えられる．

$$\boldsymbol{C}_{\mathrm{f}} \boldsymbol{I} = \boldsymbol{0} \tag{7.5}$$

この式は，式 (5.18) および式 (7.3) の第 2 式を用いると，次のようになる．

$$n-1 \left\{ \begin{bmatrix} \underbrace{\boldsymbol{C}_{\mathrm{fp}}}_{l} & \vdots & \underbrace{\boldsymbol{U}_{\phi}}_{n-1} \end{bmatrix} \begin{bmatrix} \boldsymbol{I}_{\mathrm{C}} \\ \boldsymbol{I}_{\mathrm{T}} \end{bmatrix} \begin{matrix} \}\, l \\ \}\, n-1 \end{matrix} \right. = \boldsymbol{0} \tag{7.6}$$

この式を展開して，次式が得られる．

$$\boldsymbol{C}_{\mathrm{fp}} \boldsymbol{I}_{\mathrm{C}} + \boldsymbol{I}_{\mathrm{T}} = \boldsymbol{0} \quad \therefore \boldsymbol{I}_{\mathrm{T}} = -\boldsymbol{C}_{\mathrm{fp}} \boldsymbol{I}_{\mathrm{C}} \tag{7.7}$$

さらに，閉路行列とカットセット行列の直交性を表す式 (5.46) を用いると，式 (7.7) は次のようになる．

$$\boldsymbol{I}_{\mathrm{T}} = {}^{t}\boldsymbol{B}_{\mathrm{fp}} \boldsymbol{I}_{\mathrm{C}} \tag{7.8}$$

この式は，リンク電流 $\boldsymbol{I}_{\mathrm{C}}$ を与えれば，残りの木の枝電流 $\boldsymbol{I}_{\mathrm{T}}$ が決定されることを示す．つまり，**【要点 6.5】**の内容を，数式で表現したものである．この式の両辺に $\boldsymbol{I}_{\mathrm{C}}$ を加え，式 (5.10) を用いると，次式が得られる．

$$\begin{bmatrix} \boldsymbol{I}_{\mathrm{C}} \\ \boldsymbol{I}_{\mathrm{T}} \end{bmatrix} = \begin{bmatrix} \boldsymbol{U}_{\mu} \\ {}^{t}\boldsymbol{B}_{\mathrm{fp}} \end{bmatrix} \boldsymbol{I}_{\mathrm{C}} = {}^{t}\boldsymbol{B}_{\mathrm{f}} \boldsymbol{I}_{\mathrm{C}} \tag{7.9}$$

リンクを流れる基本閉路電流を $\boldsymbol{I}_{\mathrm{loop}}$ とおくと，$\boldsymbol{I}_{\mathrm{loop}} = \boldsymbol{I}_{\mathrm{C}}$ であるから，式 (7.9) は，次のようにまとめられる．

$$\boldsymbol{I} = {}^{t}\boldsymbol{B}_{\mathrm{f}} \boldsymbol{I}_{\mathrm{C}} = {}^{t}\boldsymbol{B}_{\mathrm{f}} \boldsymbol{I}_{\mathrm{loop}} \tag{7.10}$$

この式は，リンクを流れる電流 $\boldsymbol{I}_{\mathrm{loop}}$ が与えられると，回路のすべての枝電流 $\boldsymbol{I}$ の分布が決定されることを示す．式 (7.10) で与えられる変換を，**閉路変換** (loop transformation) という．この変換により，未知数の個数が，枝の総数 b 個から，リンクの総数 l 個に減ったことに注意しよう．

7.1.3　カットセット変換

1 次独立なキルヒホッフの電圧則方程式は，式 (6.30) で説明したように，基本閉路行列 $\boldsymbol{B}_{\mathrm{f}}$ を用いて，次の行列方程式で与えられる．

$$\boldsymbol{B}_{\mathrm{f}} \boldsymbol{V} = \boldsymbol{0} \tag{7.11}$$

式 (7.11) は，式 (5.10) と式 (7.3) の第 1 式を用いると，次のようになる．

$$l\left\{ \begin{bmatrix} \underbrace{\boldsymbol{U}_{\mu}}_{l} & \vdots & \underbrace{\boldsymbol{B}_{\mathrm{fp}}}_{n-1} \end{bmatrix} \right. \begin{bmatrix} \boldsymbol{V}_{\mathrm{C}} \\ \boldsymbol{V}_{\mathrm{T}} \end{bmatrix} \begin{matrix} \}\, l \\ \}\, n-1 \end{matrix} = \boldsymbol{0} \tag{7.12}$$

これより次式が得られる．

$$\boldsymbol{V}_{\mathrm{C}} + \boldsymbol{B}_{\mathrm{fp}} \boldsymbol{V}_{\mathrm{T}} = \boldsymbol{0} \qquad \therefore \boldsymbol{V}_{\mathrm{C}} = -\boldsymbol{B}_{\mathrm{fp}} \boldsymbol{V}_{\mathrm{T}} \tag{7.13}$$

さらに，閉路行列とカットセット行列の直交性を表す式 (5.46) を用いると，次のようになる．

$$\boldsymbol{V}_{\mathrm{C}} = {}^{t}\boldsymbol{C}_{\mathrm{fp}} \boldsymbol{V}_{\mathrm{T}} \tag{7.14}$$

この式は，木の枝電圧 $\boldsymbol{V}_{\mathrm{T}}$ を与えればリンク電圧 $\boldsymbol{V}_{\mathrm{C}}$ が決定されることを示す**【要点 6.14】**の内容を，数式で表現したものである．この式の両辺に $\boldsymbol{V}_{\mathrm{T}}$ を加え，式 (5.18) を用いると，次式が得られる．

$$\begin{bmatrix} \boldsymbol{V}_{\mathrm{C}} \\ \boldsymbol{V}_{\mathrm{T}} \end{bmatrix} = \begin{bmatrix} {}^t\boldsymbol{C}_{\mathrm{fp}} \\ \boldsymbol{U}_{\phi} \end{bmatrix} \boldsymbol{V}_{\mathrm{T}} = {}^t\boldsymbol{C}_{\mathrm{f}} \boldsymbol{V}_{\mathrm{T}} \tag{7.15}$$

基本カットセットに対するカットセット電圧を $\boldsymbol{V}_{\mathrm{cutset}}$ とおくと，$\boldsymbol{V}_{\mathrm{cutset}} = \boldsymbol{V}_{\mathrm{T}}$ であるから，式 (7.15) は，次のようにまとめられる．

$$\boldsymbol{V} = {}^t\boldsymbol{C}_{\mathrm{f}} \boldsymbol{V}_{\mathrm{T}} = {}^t\boldsymbol{C}_{\mathrm{f}} \boldsymbol{V}_{\mathrm{cutset}} \tag{7.16}$$

この式は，木の枝にかかっている電圧 $\boldsymbol{V}_{\mathrm{cutset}}$ が与えられると，回路のすべての枝電圧 $\boldsymbol{V}$ の分布が決定されることを示す．式 (7.16) で与えられる変換を，**カットセット変換** (cut-set transformation) という．この変換により，未知数の個数が，枝の総数 b 個から，木の枝の総数 $\phi = n - 1$ 個に減ったことに注意しよう．

7.1.4 節点変換

節点 (n) を基準節点としたとき，節点電位ベクトル $\boldsymbol{V}_{\mathrm{N}}$ は，式 (7.4) で示したように，

$$\boldsymbol{V}_{\mathrm{N}} = \begin{bmatrix} V^{(1)} \\ V^{(2)} \\ \vdots \\ V^{(n-1)} \end{bmatrix} \tag{7.17}$$

である．この $\boldsymbol{V}_{\mathrm{N}}$ を用いると，枝電圧ベクトル $\boldsymbol{V}$ は，既約接続行列 $\boldsymbol{A}_{\mathrm{r}}$ を用いて，次のように表される（例題 7.1 参照）．

$$\boldsymbol{V} = -{}^t\boldsymbol{A}_{\mathrm{r}} \boldsymbol{V}_{\mathrm{N}} \tag{7.18}$$

式（7.18）で与えられる変換を，**節点変換** (node transformation) という．カットセット変換の場合と同様に，この節点変換により，未知数の個数が，枝の総数 b 個から，木の枝の総数 $\phi = n - 1$ 個に減ったことに注意しよう．

例題 7.1 図 7.1 で与えられる回路網がある．節点 (4) を基準節点として，式 (7.18) が成り立つことを，具体的に確認せよ．

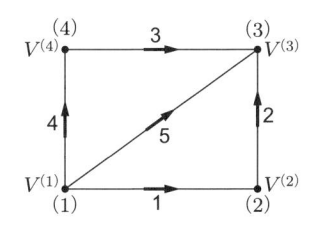

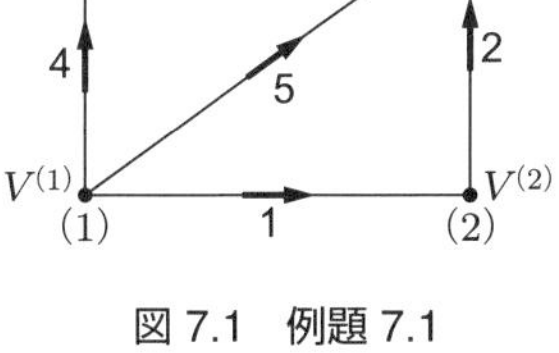

図 7.1 例題 7.1

解答　このグラフは，第5章の例題5.1で与えられるグラフと同じである．節点(4)を基準節点とすると，例題5.1より，

$$\boldsymbol{A}_{\mathrm{r}} = \begin{bmatrix} 1 & 0 & 0 & 1 & 1 \\ -1 & 1 & 0 & 0 & 0 \\ 0 & -1 & -1 & 0 & -1 \end{bmatrix} \begin{matrix} (1) \\ (2) \\ (3) \end{matrix}$$

（行：節点 (p)，列：枝 k 1 2 3 4 5）

であるので，

$$-{}^t\boldsymbol{A}_{\mathrm{r}}\boldsymbol{V}_{\mathrm{N}} = -\begin{bmatrix} 1 & -1 & 0 \\ 0 & 1 & -1 \\ 0 & 0 & -1 \\ 1 & 0 & 0 \\ 1 & 0 & -1 \end{bmatrix} \begin{bmatrix} V^{(1)} \\ V^{(2)} \\ V^{(3)} \end{bmatrix} = -\begin{bmatrix} V^{(1)} - V^{(2)} \\ V^{(2)} - V^{(3)} \\ -V^{(3)} \\ V^{(1)} \\ V^{(1)} - V^{(3)} \end{bmatrix} = \begin{bmatrix} V_1 \\ V_2 \\ V_3 \\ V_4 \\ V_5 \end{bmatrix}$$

となる．すなわち，式(7.18)が成り立つことが確認できる．

7.2 閉路方程式

閉路行列を用いて，電流源を含まない回路の閉路方程式を導こう．**図7.2**に示すように，回路中の枝 k に対して，枝電圧 V_k，枝電圧源 E_k，枝電流 I_k，枝インピーダンス Z_k を定義する．$V_k^* = Z_k I_k$ は，Z_k による電圧降下を表す．ただし，b を回路の枝の総数として，$k = 1, 2, 3, \cdots, b$ である．このとき，枝電圧 V_k は，次のように表される．

$$V_k = E_k - Z_k I_k \tag{7.19}$$

これを，ベクトルと行列で表現すると，次のようになる．

$$\boldsymbol{V} = \boldsymbol{E} - \boldsymbol{Z}\boldsymbol{I} \tag{7.20}$$

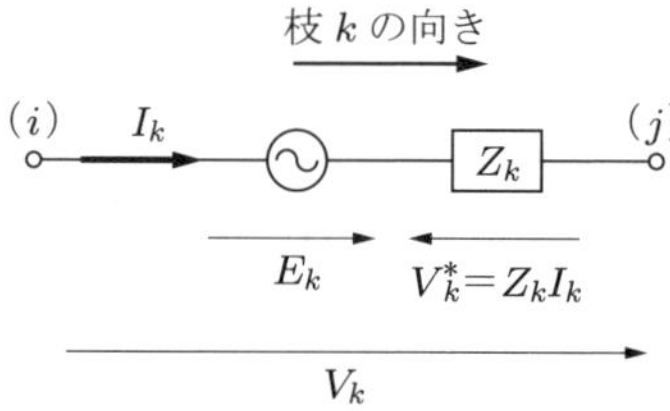

図7.2　閉路方程式を解析するための電圧源とインピーダンスを配置した枝

ここで，$\boldsymbol{V}$，$\boldsymbol{I}$，$\boldsymbol{E}$，$\boldsymbol{Z}$ は，それぞれ，枝電圧ベクトル，枝電流ベクトル，枝電圧源ベクトル，**枝インピーダンス行列** (branch impedance matrix) である．これらは，以下のように定義される．

$$\boldsymbol{V}=\begin{bmatrix}\boldsymbol{V}_{\mathrm{C}}\\ \boldsymbol{V}_{\mathrm{T}}\end{bmatrix}=\begin{bmatrix}V_1\\ V_2\\ \vdots\\ V_b\end{bmatrix},\quad \boldsymbol{I}=\begin{bmatrix}\boldsymbol{I}_{\mathrm{C}}\\ \boldsymbol{I}_{\mathrm{T}}\end{bmatrix}=\begin{bmatrix}I_1\\ I_2\\ \vdots\\ I_b\end{bmatrix},\quad \boldsymbol{E}=\begin{bmatrix}\boldsymbol{E}_{\mathrm{C}}\\ \boldsymbol{E}_{\mathrm{T}}\end{bmatrix}=\begin{bmatrix}E_1\\ E_2\\ \vdots\\ E_b\end{bmatrix} \tag{7.21}$$

$$\boldsymbol{Z}=\begin{bmatrix}Z_1 & & & \boldsymbol{O}\\ & Z_2 & & \\ & & \ddots & \\ \boldsymbol{O} & & & Z_b\end{bmatrix} \tag{7.22}$$

ここで，$\boldsymbol{V}$，$\boldsymbol{I}$，$\boldsymbol{E}$ の各ベクトルの成分は，上からリンクに関する成分，次に木の枝に関する成分の順に配置され，さらに，それぞれについて，上から下へ，枝番号の昇順に並べられている．枝インピーダンス行列 $\boldsymbol{Z}$ は，$b \times b$ 正方行列である．$\boldsymbol{Z}$ の成分の配置も，$\boldsymbol{V}$，$\boldsymbol{I}$，$\boldsymbol{E}$ の成分の配置に従う．なお，$\boldsymbol{E}_{\mathrm{C}}$ および $\boldsymbol{E}_{\mathrm{T}}$ は，それぞれ，リンクおよび木の枝の枝電圧源ベクトルである．

基本閉路行列 $\boldsymbol{B}_{\mathrm{f}}$ を用いて表現した 1 次独立な電圧則方程式 (7.11) の $\boldsymbol{V}$ に，式 (7.20) を代入すると，次のようになる．

$$\boldsymbol{B}_{\mathrm{f}}\boldsymbol{V}=\boldsymbol{B}_{\mathrm{f}}\left(\boldsymbol{E}-\boldsymbol{Z}\boldsymbol{I}\right)=\boldsymbol{0}\quad \therefore \boldsymbol{B}_{\mathrm{f}}\boldsymbol{Z}\boldsymbol{I}=\boldsymbol{B}_{\mathrm{f}}\boldsymbol{E} \tag{7.23}$$

ここで，$\boldsymbol{B}_{\mathrm{f}}$ は，$l \times b$ 行列である．式 (7.23) の $\boldsymbol{I}$ に，式 (7.10) で与えられる閉路変換を適用すると，次の**閉路方程式** (loop equation) が得られる．

【要点 7.1】閉路方程式

キルヒホッフの電圧則を表す閉路方程式は，次式で与えられる．

$$\boldsymbol{Z}_{\mathrm{L}}\boldsymbol{I}_{\mathrm{loop}}=\left(\boldsymbol{B}_{\mathrm{f}}\boldsymbol{Z}{}^{t}\boldsymbol{B}_{\mathrm{f}}\right)\boldsymbol{I}_{\mathrm{loop}}=\boldsymbol{B}_{\mathrm{f}}\boldsymbol{E} \tag{7.24}$$

ここで，$\boldsymbol{B}_{\mathrm{f}}$ は基本閉路行列，$\boldsymbol{Z}$ は枝インピーダンス行列，$\boldsymbol{E}$ は枝電圧源ベクトル，$\boldsymbol{I}_{\mathrm{loop}}$ は求めるべき基本閉路電流ベクトルである．未知変数である $\boldsymbol{I}_{\mathrm{loop}}$ に対する係数行列 $\boldsymbol{Z}_{\mathrm{L}}$ を**閉路インピーダンス行列** (loop impedance matrix) という．

この閉路方程式の内容を検討してみよう．

$$\boldsymbol{Z}_\mathrm{L} = [Z_{pq}] = \boldsymbol{B}_\mathrm{f}\boldsymbol{Z}^t\boldsymbol{B}_\mathrm{f} \tag{7.25}$$

である．ここで，

$$\boldsymbol{B}_\mathrm{f} = [B_{pq}] \tag{7.26}$$

とおくと，式 (7.25) は次のようになる．

$$\begin{aligned}
&\boldsymbol{B}_\mathrm{f}\boldsymbol{Z}^t\boldsymbol{B}_\mathrm{f}\\
&= \begin{bmatrix} B_{11} & B_{12} & \cdots & B_{1b} \\ B_{21} & B_{22} & \cdots & B_{2b} \\ \vdots & \vdots & \ddots & \vdots \\ B_{l1} & B_{l2} & \cdots & B_{lb} \end{bmatrix}
\begin{bmatrix} Z_1 & & & \boldsymbol{O} \\ & Z_2 & & \\ & & \ddots & \\ \boldsymbol{O} & & & Z_b \end{bmatrix}
\begin{bmatrix} B_{11} & B_{21} & \cdots & B_{l1} \\ B_{12} & B_{22} & \cdots & B_{l2} \\ \vdots & \vdots & \ddots & \vdots \\ B_{1b} & B_{2b} & \cdots & B_{lb} \end{bmatrix}\\
&= \begin{bmatrix} B_{11} & B_{12} & \cdots & B_{1b} \\ B_{21} & B_{22} & \cdots & B_{2b} \\ \vdots & \vdots & \ddots & \vdots \\ B_{l1} & B_{l2} & \cdots & B_{lb} \end{bmatrix}
\begin{bmatrix} Z_1B_{11} & Z_1B_{21} & & Z_1B_{l1} \\ Z_2B_{12} & Z_2B_{22} & & Z_2B_{l2} \\ \vdots & \vdots & \ddots & \vdots \\ Z_bB_{1b} & Z_2B_{2b} & & Z_bB_{lb} \end{bmatrix}
\end{aligned} \tag{7.27}$$

よって，$\boldsymbol{Z}_\mathrm{L}$ の対角成分は，次のように展開できる．

$$Z_{pp} = {B_{p1}}^2 Z_1 + {B_{p2}}^2 Z_2 + \cdots + {B_{pb}}^2 Z_b \tag{7.28}$$

さて，閉路行列の定義を与える式 (5.6) より，その成分の値は，枝 k が，閉路 p に，閉路 p と同じ向きに含まれていれば $+1$，逆向きに含まれていれば -1，また，含まれていなければ 0 であった．よって，次式が成り立つ．

$${B_{pk}}^2 = \begin{cases} 1 & : Z_k \text{が閉路} \ p \ \text{に含まれる場合} \\ 0 & : Z_k \text{が閉路} \ p \ \text{に含まれない場合} \end{cases} \tag{7.29}$$

すなわち，Z_{pp} は，閉路 p に沿ったインピーダンスの総和を与える．

一方，$\boldsymbol{Z}_\mathrm{L}$ の非対角成分は，次のように展開できる．

$$Z_{pq} = B_{p1}B_{q1}Z_1 + B_{p2}B_{q2}Z_2 + \cdots + B_{pb}B_{qb}Z_b \tag{7.30}$$

ここで，上述の成分の定義を踏まえると，次の関係が成り立つ．

$$B_{pk}B_{qk} = \begin{cases} 1 & : Z_k \text{が閉路} \ p, q \ \text{に沿って同方向に含まれる場合} \\ -1 & : Z_k \text{が閉路} \ p, q \ \text{に沿って逆方向に含まれる場合} \\ 0 & : \text{それ以外の場合} \end{cases} \tag{7.31}$$

すなわち，Z_{pq} は，閉路 p と閉路 q に同方向に含まれるインピーダンスの総和から，閉路 p と閉路 q に逆方向に含まれるインピーダンスの総和を差し引いたものである．

一方，式（7.24）において，ベクトル $\boldsymbol{B}_{\mathrm{f}}\boldsymbol{E}$ の第 p 番目の成分 $(\boldsymbol{B}_{\mathrm{f}}\boldsymbol{E})_p$ は，

$$(\boldsymbol{B}_{\mathrm{f}}\boldsymbol{E})_p = B_{p1}E_1 + B_{p2}E_2 + \cdots + B_{pb}E_b \tag{7.32}$$

であるので，これは閉路 p に沿った電圧源の総和である．なお，式 (7.22) からわかるように，$\boldsymbol{Z}$ は対称行列であるので，式 (7.25) の閉路インピーダンス行列 $\boldsymbol{Z}_{\mathrm{L}} = \boldsymbol{B}_{\mathrm{f}}\boldsymbol{Z}^t\boldsymbol{B}_{\mathrm{f}}$ も対称行列となる．

以上の内容を，具体的な例題を使って確認していこう．

例題 7.2　図 7.3 で与えられる交流回路がある．図のように，各枝に番号をつける．枝 1，3，4 を木の枝とする．以下の指示に従って，閉路方程式を解き，閉路電流および枝電流を求めよ．

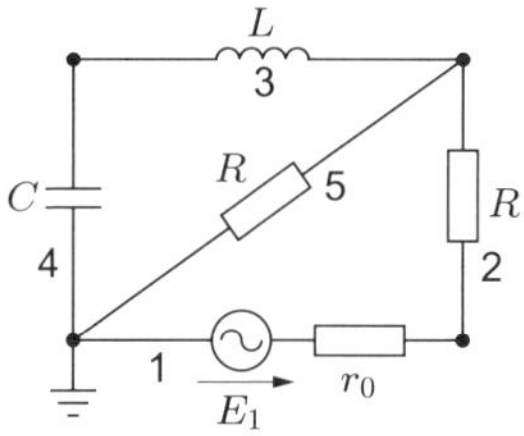

図 7.3　電圧源を含む交流回路（例題 7.2）

1）交流電圧源の角周波数を ω とする．枝 1〜5 の枝インピーダンス Z_1〜Z_5 を，r_0，R，L，C と ω を用いて表せ．

2）この交流回路を有向グラフで表現し，基本閉路を定めよ．また，このグラフの中に，基本閉路電流および枝電流を記載せよ．

3）その後，基本閉路行列 $\boldsymbol{B}_{\mathrm{f}}$ および閉路インピーダンス行列を用い，基本閉路電流を未知変数として，閉路方程式を導出せよ．

4）この閉路方程式を，クラメールの公式を用いて解き，基本閉路電流を求めよ．ただし，解は，Z_1〜Z_5 および E_1 を使って表せ．

5）すべての枝電流を Z_1〜Z_5 および E_1 を使って求めよ．

6）1）の結果を用いて，基本閉路電流を r_0，R，L，C，E_1 と ω で表せ．

解答　1）図 7.4 は，各枝の枝インピーダンスを Z_1〜Z_5 で表したものである．これらのインピーダンスは次式で与えられる．

$$Z_1 = r_0, \quad Z_2 = R, \quad Z_3 = j\omega L, \quad Z_4 = -j\frac{1}{\omega C}, \quad Z_5 = R \tag{1}$$

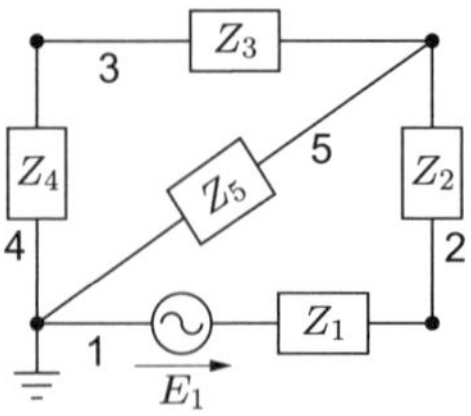

図 7.4　枝インピーダンスで表した図 7.3 の交流回路

2) この交流回路を有向グラフで表現すると，図 7.5 になる．ここで，太線は木の枝を，また，細線はリンクを示す．リンク 2 および 5 に対応して，基本閉路 ② および ⑤ を図のように定める．なお，図 7.5 の有向グラフは，第 5 章の例題 5.3 の図 5.9 と同じものである．

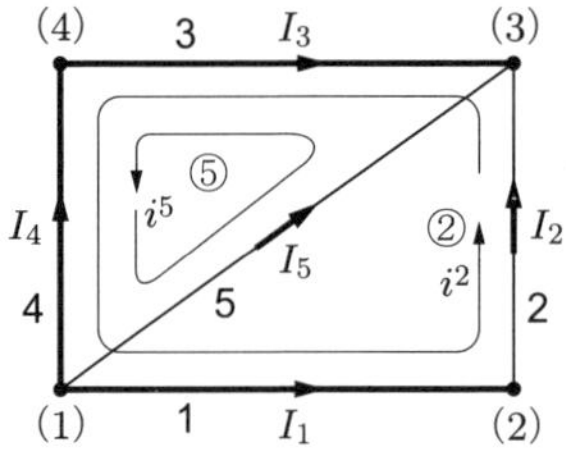

図 7.5　有向グラフで表現した図 7.3 の交流回路

3) 例題 5.3 の結果より，基本閉路行列 $\boldsymbol{B}_{\mathrm{f}}$ は，基本閉路 ② および ⑤ に対応して，次のように求められる．

$$\boldsymbol{B}_{\mathrm{f}} = \left[\begin{array}{cc:ccc} 1 & 0 & 1 & -1 & -1 \\ 0 & 1 & 0 & -1 & -1 \end{array}\right] \begin{array}{l} ② \\ ⑤ \end{array} \quad \text{(基本閉路)} \tag{2}$$

枝 k　2　5（リンク）　1　3　4（木の枝）

枝インピーダンス行列 $\boldsymbol{Z}$ は，次のようになる．ただし，列の順序は，基本閉路行列 $\boldsymbol{B}_{\mathrm{f}}$ のそれと一致するように並べ替える．

$$\boldsymbol{Z} = \begin{bmatrix} Z_2 & 0 & 0 & 0 & 0 \\ 0 & Z_5 & 0 & 0 & 0 \\ 0 & 0 & Z_1 & 0 & 0 \\ 0 & 0 & 0 & Z_3 & 0 \\ 0 & 0 & 0 & 0 & Z_4 \end{bmatrix} \begin{array}{l} 2 \\ 5 \\ 1 \\ 3 \\ 4 \end{array} \quad \text{(枝 } k\text{)} \tag{3}$$

枝 k　2　5（リンク l）　1　3　4（木の枝 $n-1$）

以上より，式 (2)，(3) を式 (7.25) に代入して，閉路インピーダンス行列 $\boldsymbol{Z}_\mathrm{L}$ を求めると，次のようになる．

$$\boldsymbol{Z}_\mathrm{L} = \boldsymbol{B}_\mathrm{f}\boldsymbol{Z}{}^t\boldsymbol{B}_\mathrm{f} = \begin{bmatrix} Z_{11} & Z_{12} \\ Z_{21} & Z_{22} \end{bmatrix} \begin{matrix} ② \\ ⑤ \end{matrix}$$

（行：基本閉路 ②，⑤；列：基本閉路 ②，⑤）

$$= \begin{bmatrix} 1 & 0 & 1 & -1 & -1 \\ 0 & 1 & 0 & -1 & -1 \end{bmatrix} \begin{bmatrix} Z_2 & 0 & 0 & 0 & 0 \\ 0 & Z_5 & 0 & 0 & 0 \\ 0 & 0 & Z_1 & 0 & 0 \\ 0 & 0 & 0 & Z_3 & 0 \\ 0 & 0 & 0 & 0 & Z_4 \end{bmatrix} \begin{bmatrix} 1 & 0 \\ 0 & 1 \\ 1 & 0 \\ -1 & -1 \\ -1 & -1 \end{bmatrix}$$

$$= \begin{bmatrix} 1 & 0 & 1 & -1 & -1 \\ 0 & 1 & 0 & -1 & -1 \end{bmatrix} \begin{bmatrix} Z_2 & 0 \\ 0 & Z_5 \\ Z_1 & 0 \\ -Z_3 & -Z_3 \\ -Z_4 & -Z_4 \end{bmatrix}$$

$$= \begin{bmatrix} Z_1 + Z_2 + Z_3 + Z_4 & Z_3 + Z_4 \\ Z_3 + Z_4 & Z_3 + Z_4 + Z_5 \end{bmatrix} \tag{4}$$

式 (4) より，$\boldsymbol{Z}_\mathrm{L}$ の対角成分である $Z_{11} = Z_1 + Z_2 + Z_3 + Z_4$ は，図 7.5 に示す基本閉路 ② に沿ったインピーダンスの総和となり，$Z_{22} = Z_3 + Z_4 + Z_5$ は，基本閉路 ⑤ に沿ったインピーダンスの総和となる．また，非対角成分である $Z_{21} = Z_{12} = Z_3 + Z_4$ は，基本閉路 ②と基本閉路 ⑤ の共通の経路部分，すなわち，枝 3 と枝 4 におけるインピーダンスの総和となる．

一方，枝電圧源ベクトル $\boldsymbol{E}$ は，次式で与えられる．

$$\boldsymbol{E} = \begin{bmatrix} 0 \\ 0 \\ E_1 \\ 0 \\ 0 \end{bmatrix} \begin{matrix} 2 \\ 5 \\ 1 \\ 3 \\ 4 \end{matrix} \tag{5}$$

（右の列：枝 k）

よって，式 (2)，(5) より，式 (7.24) の右辺は次のようになる．

$$\boldsymbol{B}_{\mathrm{f}}\boldsymbol{E} = \begin{bmatrix} 1 & 0 & 1 & -1 & -1 \\ 0 & 1 & 0 & -1 & -1 \end{bmatrix} \begin{bmatrix} 0 \\ 0 \\ E_1 \\ 0 \\ 0 \end{bmatrix} = \begin{bmatrix} E_1 \\ 0 \end{bmatrix} \tag{6}$$

また，基本閉路 ② および ⑤ の基本閉路電流を i^2 および i^5 とすると，次のようになる．

$$\boldsymbol{I}_{\mathrm{loop}} = \begin{bmatrix} i^2 \\ i^5 \end{bmatrix} \tag{7}$$

以上より，式 (4)，(6)，(7) を式 (7.24) に代入して，次の閉路方程式が得られる．

$$\begin{bmatrix} Z_1 + Z_2 + Z_3 + Z_4 & Z_3 + Z_4 \\ Z_3 + Z_4 & Z_3 + Z_4 + Z_5 \end{bmatrix} \begin{bmatrix} i^2 \\ i^5 \end{bmatrix} = \begin{bmatrix} E_1 \\ 0 \end{bmatrix}$$

これを展開すると，次のようになる．

$$(Z_1 + Z_2 + Z_3 + Z_4)\,i^2 + (Z_3 + Z_4)\,i^5 = E_1$$
$$(Z_3 + Z_4)\,i^2 + (Z_3 + Z_4 + Z_5)\,i^5 = 0$$

4) クラメールの公式 (A.75) を用いる．

$$|\boldsymbol{Z}_{\mathrm{L}}| = \begin{vmatrix} Z_1 + Z_2 + Z_3 + Z_4 & Z_3 + Z_4 \\ Z_3 + Z_4 & Z_3 + Z_4 + Z_5 \end{vmatrix}$$
$$= (Z_1 + Z_2)(Z_3 + Z_4 + Z_5) + (Z_3 + Z_4)\,Z_5 \tag{8}$$

$$i^2 = \frac{1}{|\boldsymbol{Z}_{\mathrm{L}}|} \begin{vmatrix} E_1 & Z_3 + Z_4 \\ 0 & Z_3 + Z_4 + Z_5 \end{vmatrix} = \frac{1}{|\boldsymbol{Z}_{\mathrm{L}}|}(Z_3 + Z_4 + Z_5)\,E_1 \tag{9a}$$

$$i^5 = \frac{1}{|\boldsymbol{Z}_{\mathrm{L}}|} \begin{vmatrix} Z_1 + Z_2 + Z_3 + Z_4 & E_1 \\ Z_3 + Z_4 & 0 \end{vmatrix} = -\frac{1}{|\boldsymbol{Z}_{\mathrm{L}}|}(Z_3 + Z_4)\,E_1 \tag{9b}$$

5) 求める枝電流を $I_1 \sim I_5$ とすると，i^2，i^5 を用いて，次のように求められる．

$$I_1 = i^2 = \frac{1}{|\boldsymbol{Z}_{\mathrm{L}}|}(Z_3 + Z_4 + Z_5)\,E_1 \tag{10a}$$

$$I_2 = i^2 = \frac{1}{|\boldsymbol{Z}_{\mathrm{L}}|}(Z_3 + Z_4 + Z_5)\,E_1 \tag{10b}$$

$$I_3 = I_4 = -i^2 - i^5 = -\frac{1}{|\boldsymbol{Z}_{\mathrm{L}}|} Z_5 E_1 \tag{10c}$$

$$I_5 = i^5 = -\frac{1}{|\boldsymbol{Z}_{\mathrm{L}}|}(Z_3 + Z_4)\,E_1 \tag{10d}$$

6) 式 (1) の結果を，式 (8)，(9)，(10) に代入して，以下の結果が得られる．

$$i^2 = \frac{E_1}{\omega^2 C^2 R^2 (R + r_0)^2 + (2R + r_0)^2 (1 - \omega^2 LC)^2}$$
$$\times \left\{ \omega^2 C^2 R^2 (R + r_0) + (2R + r_0)\left(1 - \omega^2 LC\right)^2 + j\omega CR^2 \left(1 - \omega^2 LC\right) \right\}$$

$$i^5 = \frac{E_1 \left(1 - \omega^2 LC\right)}{\omega^2 C^2 R^2 (R + r_0)^2 + (2R + r_0)^2 (1 - \omega^2 LC)^2}$$
$$\times \left\{ -(2R + r_0)\left(1 - \omega^2 LC\right) + j\omega CR(R + r_0) \right\}$$

7.3 カットセット方程式

カットセット行列を用いて，電圧源を含まない回路のカットセット方程式を導こう．閉路方程式とカットセット方程式は，お互いに双対の関係にあるので，この観点に注意して，以下の説明を読んでほしい．

回路中に電圧源を含む場合には，これを電流源に変換する必要がある．**図 7.6** に示すように，ある枝において，電圧源とインピーダンスが直列接続された回路は，2.9 節で説明したように，これを電流源とアドミタンスが並列接続された回路に等価変換できる．

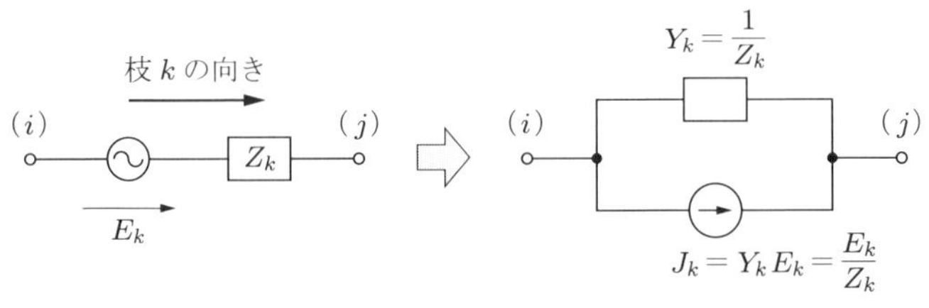

図 7.6　電圧源から電流源への等価変換

図 7.7 に示すように，回路中の枝 k に対して，枝電流 I_k，枝電圧 V_k，枝電流源 J_k，枝アドミタンス Y_k を定義する．$I_k^* = Y_k V_k$ は，Y_k を流れる分岐電流である．ただし，b を回路の枝の総数として，$k = 1, 2, 3, \cdots, b$ である．枝電流 I_k は，次のように表される．

$$I_k = J_k - Y_k V_k \tag{7.33}$$

これを，ベクトルと行列で表現すると，次のようになる．

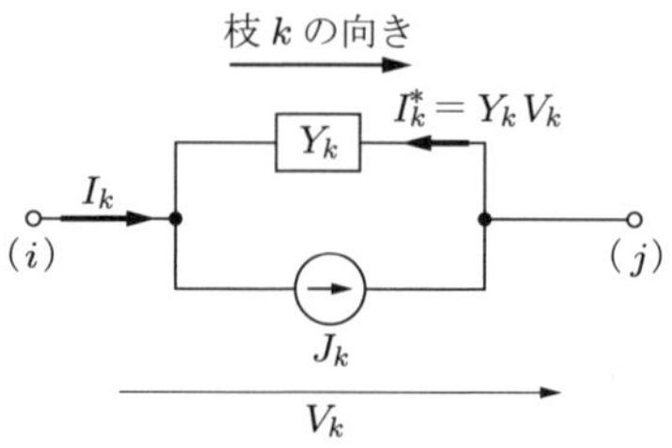

図 7.7　カットセット方程式を解析するための電流源とアドミタンスを配置した枝

$$\boldsymbol{I} = \boldsymbol{J} - \boldsymbol{Y}\boldsymbol{V} \tag{7.34}$$

ここで，$\boldsymbol{I}$，$\boldsymbol{V}$，$\boldsymbol{J}$，$\boldsymbol{Y}$ は，それぞれ，枝電流ベクトル，枝電圧ベクトル，枝電流源ベクトル，**枝アドミタンス行列** (branch admittance matrix) である．これらは，以下のように定義される．

$$\boldsymbol{I} = \begin{bmatrix} \boldsymbol{I}_{\mathrm{C}} \\ \boldsymbol{I}_{\mathrm{T}} \end{bmatrix} = \begin{bmatrix} I_1 \\ I_2 \\ \vdots \\ I_b \end{bmatrix}, \quad \boldsymbol{V} = \begin{bmatrix} \boldsymbol{V}_{\mathrm{C}} \\ \boldsymbol{V}_{\mathrm{T}} \end{bmatrix} = \begin{bmatrix} V_1 \\ V_2 \\ \vdots \\ V_b \end{bmatrix}, \quad \boldsymbol{J} = \begin{bmatrix} \boldsymbol{J}_{\mathrm{C}} \\ \boldsymbol{J}_{\mathrm{T}} \end{bmatrix} = \begin{bmatrix} J_1 \\ J_2 \\ \vdots \\ J_b \end{bmatrix} \tag{7.35}$$

$$\boldsymbol{Y} = \begin{bmatrix} Y_1 & & & \boldsymbol{O} \\ & Y_2 & & \\ & & \ddots & \\ \boldsymbol{O} & & & Y_b \end{bmatrix} \tag{7.36}$$

ここで，$\boldsymbol{I}$，$\boldsymbol{V}$，$\boldsymbol{J}$ の各ベクトルの成分は，上からリンクに関する成分，次に木の枝に関する成分の順に配置され，さらに，それぞれについて，上から下へ，枝番号の昇順に並べられている．枝アドミタンス行列 $\boldsymbol{Y}$ は，$b \times b$ 正方行列である．$\boldsymbol{Y}$ の成分の配置も，$\boldsymbol{I}$，$\boldsymbol{V}$，$\boldsymbol{J}$ の成分の配置に従う．なお，$\boldsymbol{J}_{\mathrm{C}}$ および $\boldsymbol{J}_{\mathrm{T}}$ は，それぞれ，リンクおよび木の枝の枝電流源ベクトルである．

基本カットセット行列 $\boldsymbol{C}_{\mathrm{f}}$ を用いて表現した，1 次独立な電流則方程式 (7.5) の $\boldsymbol{I}$ に，式 (7.34) を代入すると，次のようになる．

$$\boldsymbol{C}_{\mathrm{f}}\boldsymbol{I} = \boldsymbol{C}_{\mathrm{f}}\left(\boldsymbol{J} - \boldsymbol{Y}\boldsymbol{V}\right) = \boldsymbol{0} \quad \therefore \boldsymbol{C}_{\mathrm{f}}\boldsymbol{Y}\boldsymbol{V} = \boldsymbol{C}_{\mathrm{f}}\boldsymbol{J} \tag{7.37}$$

ここで，$\boldsymbol{C}_{\mathrm{f}}$ は $(n-1) \times b$ 行列である．式 (7.37) に，式 (7.16) で与えられるカット

セット変換を適用すると，次の**カットセット方程式** (cut-set equation) が得られる．

【要点 7.2】カットセット方程式

キルヒホッフの電流則を表すカットセット方程式は，次式で与えられる．

$$\boldsymbol{Y}_{\mathrm{C}}\boldsymbol{V}_{\mathrm{cutset}} = \left(\boldsymbol{C}_{\mathrm{f}}\boldsymbol{Y}{}^{t}\boldsymbol{C}_{f}\right)\boldsymbol{V}_{\mathrm{cutset}} = \boldsymbol{C}_{\mathrm{f}}\boldsymbol{J} \tag{7.38}$$

ここで，$\boldsymbol{C}_{\mathrm{f}}$ は基本カットセット行列，$\boldsymbol{Y}$ は枝アドミタンス行列，$\boldsymbol{J}$ は枝電流源ベクトル，$\boldsymbol{V}_{\mathrm{cutset}}$ は求めるべき基本カットセット電圧ベクトルである．未知変数である $\boldsymbol{V}_{\mathrm{cutset}}$ に対する係数行列 $\boldsymbol{Y}_{\mathrm{C}}$ を，**カットセットアドミタンス行列** (cut-set admittance matrix) という．

このカットセット方程式の内容を検討してみよう．

$$\boldsymbol{Y}_{\mathrm{C}} = [Y_{pq}] = \boldsymbol{C}_{\mathrm{f}}\boldsymbol{Y}{}^{t}\boldsymbol{C}_{\mathrm{f}} \tag{7.39}$$

である．ここで，

$$\boldsymbol{C}_{\mathrm{f}} = [C_{pq}] \tag{7.40}$$

とおくと，式 (7.39) は次のようになる．

$$\begin{aligned}
&\boldsymbol{C}_{\mathrm{f}}\boldsymbol{Y}{}^{t}\boldsymbol{C}_{\mathrm{f}} \\
&= \begin{bmatrix} C_{11} & C_{12} & \cdots & C_{1b} \\ C_{21} & C_{22} & \cdots & C_{2b} \\ \vdots & \vdots & \ddots & \vdots \\ C_{\phi 1} & C_{\phi 2} & \cdots & C_{\phi b} \end{bmatrix}
\begin{bmatrix} Y_1 & & & \boldsymbol{O} \\ & Y_2 & & \\ & & \ddots & \\ \boldsymbol{O} & & & Y_b \end{bmatrix}
\begin{bmatrix} C_{11} & C_{21} & \cdots & C_{\phi 1} \\ C_{12} & C_{22} & \cdots & C_{\phi 2} \\ \vdots & \vdots & \ddots & \vdots \\ C_{1b} & C_{2b} & \cdots & C_{\phi b} \end{bmatrix} \\
&= \begin{bmatrix} C_{11} & C_{12} & \cdots & C_{1b} \\ C_{21} & C_{22} & \cdots & C_{2b} \\ \vdots & \vdots & \ddots & \vdots \\ C_{\phi 1} & C_{\phi 2} & \cdots & C_{\phi b} \end{bmatrix}
\begin{bmatrix} Y_1C_{11} & Y_1C_{21} & \cdots & Y_1C_{\phi 1} \\ Y_2C_{12} & Y_2C_{22} & \cdots & Y_2C_{\phi 2} \\ \vdots & \vdots & \ddots & \vdots \\ Y_bC_{1b} & Y_2C_{2b} & \cdots & Y_bC_{\phi b} \end{bmatrix}
\end{aligned} \tag{7.41}$$

ここで，$\phi = n - 1$ である．よって，$\boldsymbol{Y}_{\mathrm{C}}$ の対角成分は，次のように展開できる．

$$Y_{pp} = {C_{p1}}^2 Y_1 + {C_{p2}}^2 Y_2 + \cdots + {C_{pb}}^2 Y_b \tag{7.42}$$

さて，カットセット行列の定義を与える式 (5.15) より，枝 k が，カットセット p に，カットセット p と同じ向きに含まれていれば $+1$，逆向きに含まれていれば -1，また，含まれていなければ0であった．よって，次式が成り立つ．

$$C_{pk}{}^2 = \begin{cases} 1 & : Y_k \text{がカットセット}\, p\, \text{に含まれる場合} \\ 0 & : Y_k \text{がカットセット}\, p\, \text{に含まれない場合} \end{cases} \tag{7.43}$$

すなわち，Y_{pp} は，カットセット p に含まれるアドミタンスの総和を与える．一方，$\boldsymbol{Y}_{\mathrm{C}}$ の非対角成分は，次のように展開できる．

$$Y_{pq} = C_{p1}C_{q1}Y_1 + C_{p2}C_{q2}Y_2 + \cdots + C_{pb}C_{qb}Y_b \tag{7.44}$$

ここで，上述の成分の定義を踏まえると，次の関係が成り立つ．

$$C_{pk}C_{qk} = \begin{cases} 1 & : Y_k \text{がカットセット}\, p, q\, \text{に同方向に含まれる場合} \\ -1 & : Y_k \text{がカットセット}\, p, q\, \text{に逆方向に含まれる場合} \\ 0 & : \text{それ以外の場合} \end{cases} \tag{7.45}$$

すなわち，Y_{pq} は，カットセット p とカットセット q に同方向に含まれるアドミタンスの総和から，カットセット p とカットセット q に逆方向に含まれるアドミタンスの総和を差し引いたものである．

一方，式 (7.38) において，ベクトル $\boldsymbol{C}_{\mathrm{f}}\boldsymbol{J}$ の第 p 番目の成分 $(\boldsymbol{C}_{\mathrm{f}}\boldsymbol{J})_p$ は，

$$(\boldsymbol{C}_{\mathrm{f}}\boldsymbol{J})_p = C_{p1}J_1 + C_{p2}J_2 + \cdots + C_{pb}J_b \tag{7.46}$$

であるので，これはカットセット p に含まれる電流源の総和である．なお，式 (7.36) からわかるように，$\boldsymbol{Y}$ は対称行列であるので，式 (7.39) のカットセットアドミタンス行列 $\boldsymbol{Y}_{\mathrm{C}} = \boldsymbol{C}_{\mathrm{f}}Y{}^t\boldsymbol{C}_{\mathrm{f}}$ も対称行列となる．

以上の内容を，具体的な例題を使って確認していこう．

例題 7.3　図 7.8 は，例題 7.2 の図 7.4 の交流回路を改めて描いたものである．ただし，枝 1 の電圧源とインピーダンス Z_1 の直列接続は，これと等価な，電流源とアドミタンスの並列接続に置き換えている．また，各枝のインピーダンスは，アドミタンスで置き換えている．図のように，各枝に番号をつける．枝 1，3，4 を木の枝とする．以下の指示に従って，カットセット方程式を作り，これを解いて，基本カットセット電圧および各枝の枝電流を求めよ．

1）この交流回路を有向グラフで表現し，基本カットセットを定めよ．また，このグラフの中に，基本カットセット電圧と枝電流を記載せよ．

2）その後，基本カットセット行列 $\boldsymbol{C}_{\mathrm{f}}$ および枝アドミタンス行列 $\boldsymbol{Y}$ を用い，節点 (1) の電位を基準とし，基本カットセット電圧を未知変数として，カットセット方程式を導出せよ．

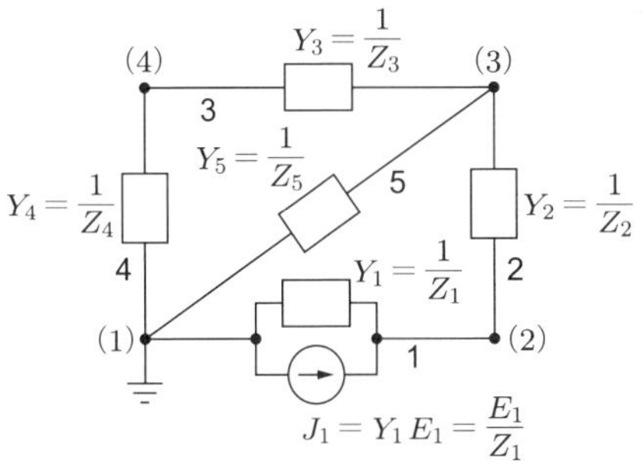

図 7.8 カットセット方程式を解くための交流回路（例題 7.3）

3）このカットセット方程式を，クラメールの公式を用いて解き，基本カットセット電圧を求めよ．

4）求めた基本カットセット電圧から，枝 1～5 を流れる枝電流を計算せよ．ただし，解は，アドミタンス $Y_1 \sim Y_5$ および J_1 を使って表せ．

5）枝 1～5 の各枝電流をインピーダンス $Z_1 \sim Z_5$ および E_1 を使って表せ．得られた結果が，例題 7.2 の結果と一致することを確認せよ．

解答 1）図 7.9 は，与えられた交流回路を有向グラフで表現したものである．ここで，太線は木の枝を，また，細線はリンクを示す．基本カットセット電圧は v^1，v^3，v^4 で示されている．なお，この有向グラフは，第 5 章の例題 5.2 の図 5.7 と同じものである．

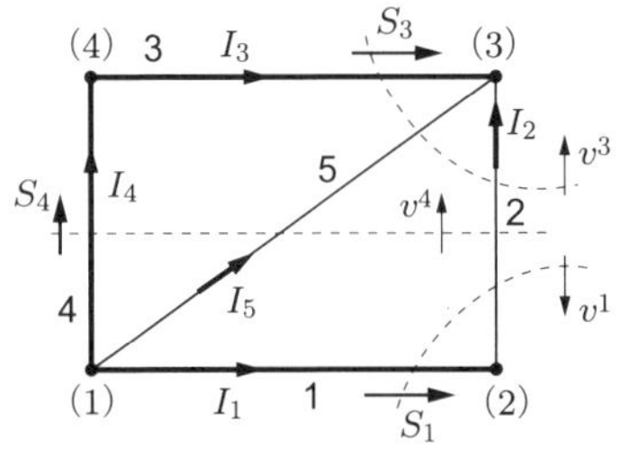

図 7.9 有向グラフで表現した交流回路

2）例題 5.2 の結果より，このグラフに対する基本カットセット行列 $\boldsymbol{C}_{\mathrm{f}}$ は，次のようになる．

$$\begin{array}{rl} & \begin{array}{c}\text{基本}\\ \text{カットセット}\end{array} \\ \boldsymbol{C}_{\mathrm{f}} = \left[\begin{array}{cc:ccc} -1 & 0 & 1 & 0 & 0 \\ 1 & 1 & 0 & 1 & 0 \\ 1 & 1 & 0 & 0 & 1 \end{array}\right] & \begin{array}{l} S_1 \\ S_3 \\ S_4 \end{array} \\ \text{枝 } k \quad \underbrace{2 \quad 5}_{\text{リンク}} \quad \underbrace{1 \quad 3 \quad 4}_{\text{木の枝}} & \end{array}$$

枝アドミタンス行列 $\boldsymbol{Y}$ は，次のようになる．

$$\boldsymbol{Y} = \begin{bmatrix} Y_2 & 0 & 0 & 0 & 0 \\ 0 & Y_5 & 0 & 0 & 0 \\ 0 & 0 & Y_1 & 0 & 0 \\ 0 & 0 & 0 & Y_3 & 0 \\ 0 & 0 & 0 & 0 & Y_4 \end{bmatrix} \begin{matrix} 2 \\ 5 \\ 1 \\ 3 \\ 4 \end{matrix}$$

（右欄：枝 k，下欄：枝 k　2　5　1　3　4）

ここで，

$$Y_1 = \frac{1}{Z_1}, \quad Y_2 = \frac{1}{Z_2}, \quad Y_3 = \frac{1}{Z_3}, \quad Y_4 = \frac{1}{Z_4}, \quad Y_5 = \frac{1}{Z_5} \tag{1}$$

である．以上より，カットセットアドミタンス行列 $\boldsymbol{Y}_\mathrm{C}$ を計算すると，次のようになる．

$$\boldsymbol{Y}_\mathrm{C} = \boldsymbol{C}_\mathrm{f}\boldsymbol{Y}{}^t\boldsymbol{C}_\mathrm{f} = \begin{bmatrix} Y_{11} & Y_{12} & Y_{13} \\ Y_{21} & Y_{22} & Y_{23} \\ Y_{31} & Y_{32} & Y_{33} \end{bmatrix} \begin{matrix} S_1 \\ S_3 \\ S_4 \end{matrix}$$

（右欄：基本カットセット，下欄：基本カットセット　S_1　S_3　S_4）

$$= \begin{bmatrix} -1 & 0 & 1 & 0 & 0 \\ 1 & 1 & 0 & 1 & 0 \\ 1 & 1 & 0 & 0 & 1 \end{bmatrix} \begin{bmatrix} Y_2 & 0 & 0 & 0 & 0 \\ 0 & Y_5 & 0 & 0 & 0 \\ 0 & 0 & Y_1 & 0 & 0 \\ 0 & 0 & 0 & Y_3 & 0 \\ 0 & 0 & 0 & 0 & Y_4 \end{bmatrix} \begin{bmatrix} -1 & 1 & 1 \\ 0 & 1 & 1 \\ 1 & 0 & 0 \\ 0 & 1 & 0 \\ 0 & 0 & 1 \end{bmatrix}$$

$$= \begin{bmatrix} -1 & 0 & 1 & 0 & 0 \\ 1 & 1 & 0 & 1 & 0 \\ 1 & 1 & 0 & 0 & 1 \end{bmatrix} \begin{bmatrix} -Y_2 & Y_2 & Y_2 \\ 0 & Y_5 & Y_5 \\ Y_1 & 0 & 0 \\ 0 & Y_3 & 0 \\ 0 & 0 & Y_4 \end{bmatrix}$$

$$= \begin{bmatrix} Y_1 + Y_2 & -Y_2 & -Y_2 \\ -Y_2 & Y_2 + Y_3 + Y_5 & Y_2 + Y_5 \\ -Y_2 & Y_2 + Y_5 & Y_2 + Y_4 + Y_5 \end{bmatrix} \begin{matrix} S_1 \\ S_3 \\ S_4 \end{matrix} \tag{2}$$

（右欄：基本カットセット，下欄：基本カットセット　S_1　S_3　S_4）

式 (2) より，$\boldsymbol{Y}_{\mathrm{C}}$ の対角成分である $Y_{11} = Y_1 + Y_2$ は，カットセット 1 に含まれるアドミタンスの総和であり，$Y_{22} = Y_2 + Y_3 + Y_5$ は，カットセット 3 に含まれるアドミタンスの総和であり，さらに，$Y_{33} = Y_2 + Y_4 + Y_5$ は，カットセット 4 に含まれるアドミタンスの総和になっている．一方，$\boldsymbol{Y}_{\mathrm{C}}$ の非対角成分である $Y_{21} = Y_{12} = -Y_2$ は，カットセット 1 とカットセット 3 に逆方向に含まれるアドミタンスの和に負の符号をつけたもの，$Y_{31} = Y_{13} = -Y_2$ は，カットセット 1 とカットセット 4 に逆方向に含まれるアドミタンスの和に負の符号をつけたもの，また，$Y_{32} = Y_{23} = Y_2 + Y_5$ は，カットセット 3 とカットセット 4 に同方向に含まれるアドミタンスの総和になっている．

枝電流源ベクトル $\boldsymbol{J}$ は，次のようになる．

$$\boldsymbol{J} = \begin{bmatrix} 0 \\ 0 \\ J_1 \\ 0 \\ 0 \end{bmatrix} \begin{matrix} \text{枝 } k \\ 2 \\ 5 \\ 1 \\ 3 \\ 4 \end{matrix}$$

ここで，式 (2.67) より，

$$J_1 = Y_1 E_1 = \frac{E_1}{Z_1} \tag{3}$$

である．よって，

$$\boldsymbol{C}_{\mathrm{f}}\boldsymbol{J} = \begin{bmatrix} -1 & 0 & 1 & 0 & 0 \\ 1 & 1 & 0 & 1 & 0 \\ 1 & 1 & 0 & 0 & 1 \end{bmatrix} \begin{bmatrix} 0 \\ 0 \\ J_1 \\ 0 \\ 0 \end{bmatrix} = \begin{bmatrix} J_1 \\ 0 \\ 0 \end{bmatrix} \tag{4}$$

となる．また，基本カットセット電圧は，次のように表せる．

$$\boldsymbol{V}_{\mathrm{cutset}} = \begin{bmatrix} v^1 \\ v^3 \\ v^4 \end{bmatrix} \tag{5}$$

以上より，式 (2)，(4)，(5) を式 (7.38) に代入して，以下のカットセット方程式が導かれる．

$$\begin{bmatrix} Y_1 + Y_2 & -Y_2 & -Y_2 \\ -Y_2 & Y_2 + Y_3 + Y_5 & Y_2 + Y_5 \\ -Y_2 & Y_2 + Y_5 & Y_2 + Y_4 + Y_5 \end{bmatrix} \begin{bmatrix} v^1 \\ v^3 \\ v^4 \end{bmatrix} = \begin{bmatrix} J_1 \\ 0 \\ 0 \end{bmatrix} \tag{6}$$

これを展開すると，次のようになる．

$$(Y_1+Y_2)\,v^1 - Y_2v^3 - Y_2v^4 = J_1$$
$$-\,Y_2v^1 + (Y_2+Y_3+Y_5)\,v^3 + (Y_2+Y_5)\,v^4 = 0$$
$$-\,Y_2v^1 + (Y_2+Y_5)\,v^3 + (Y_2+Y_4+Y_5)\,v^4 = 0$$

3）クラメールの公式 (A.75) を用いて，式 (6) を解き，基本カットセット電圧を求める．

$$|\boldsymbol{Y}_{\mathrm{C}}| = \begin{vmatrix} Y_1+Y_2 & -Y_2 & -Y_2 \\ -Y_2 & Y_2+Y_3+Y_5 & Y_2+Y_5 \\ -Y_2 & Y_2+Y_5 & Y_2+Y_4+Y_5 \end{vmatrix}$$
$$= Y_1Y_2Y_3 + Y_1Y_2Y_4 + Y_1Y_3Y_4 + Y_1Y_3Y_5 + Y_1Y_4Y_5 + Y_2Y_3Y_4 + Y_2Y_3Y_5 + Y_2Y_4Y_5 \tag{7}$$

$$v^1 = \frac{1}{|\boldsymbol{Y}_{\mathrm{C}}|}\begin{vmatrix} J_1 & -Y_2 & -Y_2 \\ 0 & Y_2+Y_3+Y_5 & Y_2+Y_5 \\ 0 & Y_2+Y_5 & Y_2+Y_4+Y_5 \end{vmatrix}$$
$$= \frac{J_1}{|\boldsymbol{Y}_{\mathrm{C}}|}\,(Y_2Y_3 + Y_2Y_4 + Y_3Y_4 + Y_3Y_5 + Y_4Y_5) \tag{8}$$

$$v^3 = \frac{1}{|\boldsymbol{Y}_{\mathrm{C}}|}\begin{vmatrix} Y_1+Y_2 & J_1 & -Y_2 \\ -Y_2 & 0 & Y_2+Y_5 \\ -Y_2 & 0 & Y_2+Y_4+Y_5 \end{vmatrix} = \frac{J_1}{|\boldsymbol{Y}_{\mathrm{C}}|}Y_2Y_4 \tag{9}$$

$$v^4 = \frac{1}{|\boldsymbol{Y}_{\mathrm{C}}|}\begin{vmatrix} Y_1+Y_2 & -Y_2 & J_1 \\ -Y_2 & Y_2+Y_3+Y_5 & 0 \\ -Y_2 & Y_2+Y_5 & 0 \end{vmatrix} = \frac{J_1}{|\boldsymbol{Y}_{\mathrm{C}}|}Y_2Y_3 \tag{10}$$

4）求めた基本カットセット電圧から，枝 1～5 の枝電流を計算する．まず，各枝電圧を，基本カットセット電圧を用いて表す．

$$V_1 = v^1,\quad V_2 = -v^1 + v^3 + v^4,\quad V_3 = v^3,\quad V_4 = v^4,\quad V_5 = v^3 + v^4 \tag{11}$$

式 (7)～(11) の結果を用い，また，$J_2 = J_3 = J_4 = J_5 = 0$ であることに注意して，これらを式 (7.33) に代入することにより，枝電流が以下のように求められる．

$$I_1 = J_1 - Y_1V_1 = J_1 - Y_1v^1 = \frac{J_1}{|\boldsymbol{Y}_{\mathrm{C}}|}Y_2\,(Y_3Y_4 + Y_3Y_5 + Y_4Y_5) \tag{12a}$$

$$I_2 = J_2 - Y_2V_2 = -Y_2\left(-v^1 + v^3 + v^4\right) = \frac{J_1}{|\boldsymbol{Y}_{\mathrm{C}}|}Y_2\,(Y_3Y_4 + Y_3Y_5 + Y_4Y_5) \tag{12b}$$

$$I_3 = J_3 - Y_3 V_3 = -Y_3 v^3 = -\frac{J_1}{|\boldsymbol{Y}_\mathrm{C}|} Y_2 Y_3 Y_4 \tag{12c}$$

$$I_4 = J_4 - Y_4 V_4 = -Y_4 v^4 = -\frac{J_1}{|\boldsymbol{Y}_\mathrm{C}|} Y_2 Y_3 Y_4 \tag{12d}$$

$$I_5 = J_5 - Y_5 V_5 = -Y_5 \left(v^3 + v^4\right) = -\frac{J_1}{|\boldsymbol{Y}_\mathrm{C}|} Y_2 Y_5 \left(Y_3 + Y_4\right) \tag{12e}$$

5）式 (1)，(3) を，式 (7) および (12) に代入することにより，枝 **1**～**5** の枝電流は，電圧源 E_1 およびインピーダンス Z_1～Z_5 を用いて，次のように表すことができる．

まず，式 (7) の $|\boldsymbol{Y}_\mathrm{C}|$ は，次のようになる．

$$\begin{aligned}
|\boldsymbol{Y}_\mathrm{C}| &= \frac{1}{Z_1 Z_2 Z_3} + \frac{1}{Z_1 Z_2 Z_4} + \frac{1}{Z_1 Z_3 Z_4} + \frac{1}{Z_1 Z_3 Z_5} + \frac{1}{Z_1 Z_4 Z_5} + \frac{1}{Z_2 Z_3 Z_4} \\
&\quad + \frac{1}{Z_2 Z_3 Z_5} + \frac{1}{Z_2 Z_4 Z_5} \\
&= \frac{1}{Z_1 Z_2 Z_3 Z_4 Z_5} \left\{ \left(Z_1 + Z_2\right)\left(Z_3 + Z_4 + Z_5\right) + \left(Z_3 + Z_4\right) Z_5 \right\} \\
&= \frac{|\boldsymbol{Z}_\mathrm{L}|}{Z_1 Z_2 Z_3 Z_4 Z_5}
\end{aligned}$$

ここで，例題 7.2 の式 (8) を用いた．よって，

$$\begin{aligned}
I_1 &= J_1 \frac{Z_1 Z_2 Z_3 Z_4 Z_5}{|\boldsymbol{Z}_\mathrm{L}|} \left(\frac{1}{Z_2 Z_3 Z_4} + \frac{1}{Z_2 Z_3 Z_5} + \frac{1}{Z_2 Z_4 Z_5} \right) \\
&= \frac{J_1}{|\boldsymbol{Z}_\mathrm{L}|} Z_1 \left(Z_3 + Z_4 + Z_5\right) = \frac{E_1}{|\boldsymbol{Z}_\mathrm{L}|} \left(Z_3 + Z_4 + Z_5\right)
\end{aligned}$$

$$I_2 = I_1 = \frac{E_1}{|\boldsymbol{Z}_\mathrm{L}|} \left(Z_3 + Z_4 + Z_5\right)$$

$$I_3 = -J_1 \frac{Z_1 Z_2 Z_3 Z_4 Z_5}{|\boldsymbol{Z}_\mathrm{L}|} \times \frac{1}{Z_2 Z_3 Z_4} = -\frac{J_1}{|\boldsymbol{Z}_\mathrm{L}|} Z_1 Z_5 = -\frac{E_1}{|\boldsymbol{Z}_\mathrm{L}|} Z_5$$

$$I_4 = I_3 = -\frac{E_1}{|\boldsymbol{Z}_\mathrm{L}|} Z_5$$

$$\begin{aligned}
I_5 &= -J_1 \frac{Z_1 Z_2 Z_3 Z_4 Z_5}{|\boldsymbol{Z}_\mathrm{L}|} \times \frac{1}{Z_2 Z_5} \left(\frac{1}{Z_3} + \frac{1}{Z_4} \right) = -\frac{J_1}{|\boldsymbol{Z}_\mathrm{L}|} Z_1 \left(Z_3 + Z_4\right) \\
&= -\frac{E_1}{|\boldsymbol{Z}_\mathrm{L}|} \left(Z_3 + Z_4\right)
\end{aligned}$$

となる．これらの計算結果は，例題 7.2 の式 (10) と一致することが確認できる．

7.4 節点方程式

接続行列を用いて，電圧源を含まない回路の節点方程式を導こう．前節で取り上げたカットセット方程式の場合と同様にして，回路中に電圧源を含む場合には，これを電流源に変換する．回路中の枝 k に対して，**図 7.10** に示すように，枝電流 I_k，枝電圧 V_k，枝電流源 J_k，枝アドミタンス Y_k，節点電位 $V^{(i)}$，$V^{(j)}$ を定義する．$I_k^* = Y_k V_k$ は，Y_k を流れる分岐電流である．ただし，b を回路の枝の総数として，$k = 1, 2, 3, \cdots, b$ である．枝電流 I_k は，次のように表される．

$$I_k = J_k - Y_k V_k \tag{7.47}$$

これを，ベクトルと行列で表現すると，次のようになる．

$$\boldsymbol{I} = \boldsymbol{J} - \boldsymbol{Y}\boldsymbol{V} \tag{7.48}$$

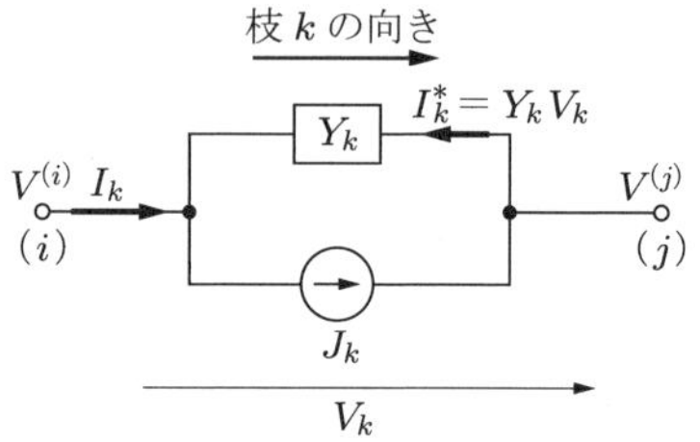

図 7.10　節点方程式を解析するための電流源とアドミタンスを配置した枝

ここで，$\boldsymbol{I}$，$\boldsymbol{V}$，$\boldsymbol{J}$，$\boldsymbol{Y}$ は，それぞれ，枝電流ベクトル，枝電圧ベクトル，枝電流源ベクトル，**枝アドミタンス行列** (branch admittance matrix) である．これらは，式 (7.35)，(7.36) と同様に，以下のように定義される．

$$\boldsymbol{I} = \begin{bmatrix} I_1 \\ I_2 \\ \vdots \\ I_b \end{bmatrix}, \quad \boldsymbol{V} = \begin{bmatrix} V_1 \\ V_2 \\ \vdots \\ V_b \end{bmatrix}, \quad \boldsymbol{J} = \begin{bmatrix} J_1 \\ J_2 \\ \vdots \\ J_b \end{bmatrix} \tag{7.49}$$

$$\boldsymbol{Y} = \begin{bmatrix} Y_1 & & & \boldsymbol{O} \\ & Y_2 & & \\ & & \ddots & \\ \boldsymbol{O} & & & Y_b \end{bmatrix} \tag{7.50}$$

ここで，枝アドミタンス行列 $\boldsymbol{Y}$ は，$b \times b$ 正方行列である．

式 (7.17) で与えられる節点電位ベクトル $\boldsymbol{V}_{\mathrm{N}}$ を定義する．このとき，枝電圧ベクトルは，式 (7.18) で示したように，既約接続行列 $\boldsymbol{A}_{\mathrm{r}}$ を用いて，

$$\boldsymbol{V} = -{}^t\!\boldsymbol{A}_{\mathrm{r}}\boldsymbol{V}_{\mathrm{N}} \tag{7.51}$$

のように表される．

既約接続行列 $\boldsymbol{A}_{\mathrm{r}}$ で表現した 1 次独立な電流則 (6.14) の $\boldsymbol{I}$ に，式 (7.48) を代入すると，次のようになる．

$$\boldsymbol{A}_{\mathrm{r}}\boldsymbol{I} = \boldsymbol{A}_{\mathrm{r}}(\boldsymbol{J} - \boldsymbol{Y}\boldsymbol{V}) = \boldsymbol{0} \quad \therefore \boldsymbol{A}_{\mathrm{r}}\boldsymbol{Y}\boldsymbol{V} = \boldsymbol{A}_{\mathrm{r}}\boldsymbol{J} \tag{7.52}$$

$\boldsymbol{A}_{\mathrm{r}}$ は，$(n-1) \times b$ 行列である．ここで，式 (7.52) の右辺は，電流源から節点に流入する電流を表す．

式 (7.52) に，式 (7.51) で与えられる節点変換を適用すると，次の**節点方程式** (node equation) が得られる．

【要点 7.3】節点方程式

キルヒホッフの電流則を表す節点方程式は，次式で与えられる．

$$\boldsymbol{Y}_{\mathrm{N}}\boldsymbol{V}_{\mathrm{N}} = (\boldsymbol{A}_{\mathrm{r}}\boldsymbol{Y}\,{}^t\!\boldsymbol{A}_{\mathrm{r}})\boldsymbol{V}_{\mathrm{N}} = -\boldsymbol{A}_{\mathrm{r}}\boldsymbol{J} \tag{7.53}$$

ここで，$\boldsymbol{A}_{\mathrm{r}}$ は既約接続行列，$\boldsymbol{Y}$ は枝アドミタンス行列，$\boldsymbol{J}$ は枝電流源ベクトル，$\boldsymbol{V}_{\mathrm{N}}$ は求めるべき節点電位ベクトルである．未知変数である $\boldsymbol{V}_{\mathrm{N}}$ に対する係数行列 $\boldsymbol{Y}_{\mathrm{N}}$ を，**節点アドミタンス行列** (node admittance matrix) という．

この節点方程式の内容を検討してみよう．

$$\boldsymbol{Y}_{\mathrm{N}} = [Y_{pq}] = \boldsymbol{A}_{\mathrm{r}}\boldsymbol{Y}\,{}^t\!\boldsymbol{A}_{\mathrm{r}} \tag{7.54}$$

である．ここで，

$$\boldsymbol{A}_{\mathrm{r}} = [A_{\mathrm{pq}}] \tag{7.55}$$

とおくと，次のようになる．

$$
\begin{aligned}
&\boldsymbol{A}_{\mathrm{r}}\boldsymbol{Y}{}^{t}\!\boldsymbol{A}_{\mathrm{r}}\\
&=\begin{bmatrix} A_{11} & A_{12} & \cdots & A_{1b}\\ A_{21} & A_{22} & \cdots & A_{2b}\\ \vdots & \vdots & \ddots & \vdots\\ A_{\phi 1} & A_{\phi 2} & \cdots & A_{\phi b}\end{bmatrix}
\begin{bmatrix} Y_1 & & & \boldsymbol{O}\\ & Y_2 & & \\ & & \ddots & \\ \boldsymbol{O} & & & Y_b\end{bmatrix}
\begin{bmatrix} A_{11} & A_{21} & \cdots & A_{\phi 1}\\ A_{12} & A_{22} & \cdots & A_{\phi 2}\\ \vdots & \vdots & \ddots & \vdots\\ A_{1b} & A_{2b} & \cdots & A_{\phi b}\end{bmatrix}\\
&=\begin{bmatrix} A_{11} & A_{12} & \cdots & A_{1b}\\ A_{21} & A_{22} & \cdots & A_{2b}\\ \vdots & \vdots & \ddots & \vdots\\ A_{\phi 1} & A_{\phi 2} & \cdots & A_{\phi b}\end{bmatrix}
\begin{bmatrix} Y_1A_{11} & Y_1A_{21} & \cdots & Y_1A_{\phi 1}\\ Y_2A_{12} & Y_2A_{22} & \cdots & Y_2A_{\phi 2}\\ \vdots & \vdots & \ddots & \vdots\\ Y_bA_{1b} & Y_2A_{2b} & \cdots & Y_bA_{\phi b}\end{bmatrix}
\end{aligned}
\tag{7.56}
$$

ここで，$\phi = n - 1$ である．よって，$\boldsymbol{Y}_{\mathrm{N}}$ の対角成分は，次のように展開できる．

$$
Y_{pp} = {A_{p1}}^2 Y_1 + {A_{p2}}^2 Y_2 + \cdots + {A_{pb}}^2 Y_b \tag{7.57}
$$

さて，接続行列の定義を与える式 (5.1) より，節点 p が枝 k の始点であれば $+1$，終点であれば -1，また，枝 k の始点でも終点でもないときは 0 であった．よって，次式が成り立つ．

$$
{A_{pk}}^2 = \begin{cases} 1 & : Y_k \text{が節点} p \text{に含まれる場合} \\ 0 & : Y_k \text{が節点} p \text{に含まれない場合} \end{cases} \tag{7.58}
$$

すなわち，Y_{pp} は，節点 p に接続された枝のアドミタンスの総和を与える．一方，$\boldsymbol{Y}_{\mathrm{N}}$ の非対角成分は，次のように展開できる．

$$
Y_{pq} = A_{p1}A_{q1}Y_1 + A_{p2}A_{q2}Y_2 + \cdots + A_{pb}A_{qb}Y_b \tag{7.59}
$$

ここで，上述の成分の定義を踏まえると，次の関係が成り立つ．

$$
A_{pk}A_{qk} = \begin{cases} -1 & : \text{節点} p, q \text{が枝} k \text{の両端になる場合} \\ 0 & : \text{その他の場合} \end{cases} \tag{7.60}
$$

すなわち，Y_{pq} は，節点 p と節点 q を枝の両端とするアドミタンスの総和に，負の符号をつけたものである．

一方，式 (7.53) において，ベクトル $\boldsymbol{A}_{\mathrm{r}}\boldsymbol{J}$ の第 p 番目の成分 $(\boldsymbol{A}_{\mathrm{r}}\boldsymbol{J})_p$ は，

$$
(\boldsymbol{A}_{\mathrm{r}}\boldsymbol{J})_p = A_{p1}J_1 + A_{p2}J_2 + \cdots + A_{pb}J_b \tag{7.61}
$$

であるので，これは節点 p から流出する電流源の総和である．よって，これに負の符号

をつけた $-\boldsymbol{A}_{\mathrm{r}}\boldsymbol{J}$ は，節点 p に流入する電流源の総和となる．なお，式 (7.50) からわかるように，$\boldsymbol{Y}$ は対称行列であるので，式 (7.54) の節点アドミタンス行列 $\boldsymbol{Y}_{\mathrm{N}} = \boldsymbol{A}_{\mathrm{r}}\boldsymbol{Y}{}^t\!\boldsymbol{A}_{\mathrm{r}}$ も対称行列となる．

以上の内容を，具体的な例題を使って確認していこう．

例題 7.4 図 7.11 は，例題 7.3 の図 7.8 に示した交流回路を改めて描いたものである．図のように，各枝に番号をつける．ここで，枝 1，3，4 を木の枝とする．また，枝 1～5 のアドミタンスを Y_1～Y_5 とする．さらに，各節点 (1)～(4) の節点電位を $V^{(1)}$～$V^{(4)}$ とする．以下の指示に従って，節点方程式を作り，これを解いて，各節点の節点電位および枝電流を求めよ．

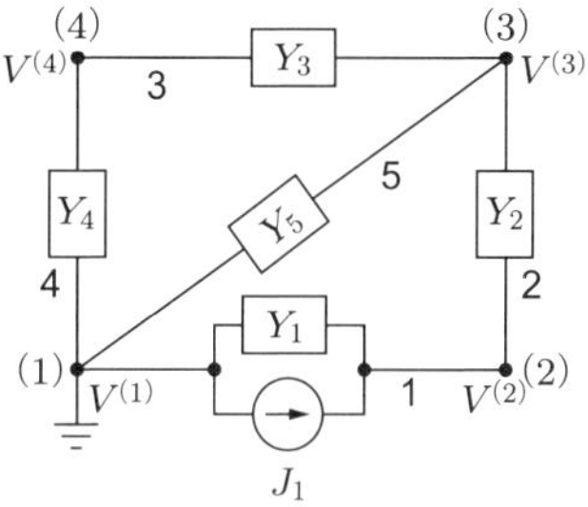

図 7.11 節点方程式を解くための交流回路（例題 7.4）

1) この交流回路を有向グラフで表現せよ．
2) その後，既約接続行列 $\boldsymbol{A}_{\mathrm{r}}$ および枝アドミタンス行列 $\boldsymbol{Y}$ を用い，節点 (1) の電位を基準とし，節点電位を未知変数として，節点方程式を導出せよ．
3) この節点方程式を，クラメールの公式を用いて解き，節点電位を求めよ．
4) 求めた節点電位から，枝 1～5 を流れる枝電流を計算せよ．ただし，解は，Y_1～Y_5 および J_1 を使って表せ．

解答 1) 与えられた交流回路を有向グラフで表現すると，図 7.12 のようになる．これは，例題 5.1 で求めたグラフと同じである．

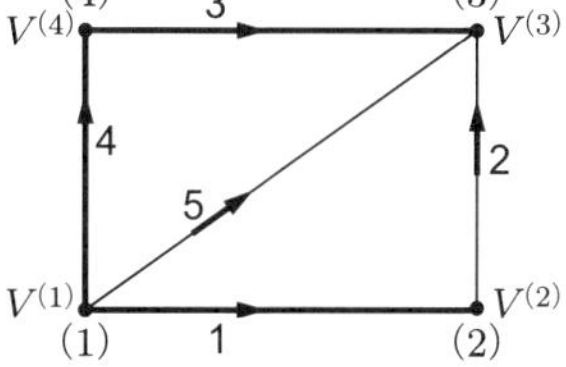

図 7.12 有向グラフで表現した交流回路

2）例題 5.1 の結果より，接続行列 $\boldsymbol{A}$ は，次のようになる．

$$
\boldsymbol{A} = \begin{bmatrix} 1 & 0 & 0 & 1 & 1 \\ -1 & 1 & 0 & 0 & 0 \\ 0 & -1 & -1 & 0 & -1 \\ 0 & 0 & 1 & -1 & 0 \end{bmatrix}
\begin{matrix} \text{節点 }(p) \\ (1) \\ (2) \\ (3) \\ (4) \end{matrix}
$$

枝 k　1　2　3　4　5

節点 (1) を基準節点にとり，$\boldsymbol{A}$ の第 1 行を削除すると，既約接続行列 $\boldsymbol{A}_{\mathrm{r}}$ は次のようになる．

$$
\boldsymbol{A}_{\mathrm{r}} = \begin{bmatrix} -1 & 1 & 0 & 0 & 0 \\ 0 & -1 & -1 & 0 & -1 \\ 0 & 0 & 1 & -1 & 0 \end{bmatrix}
\begin{matrix} \text{節点 }(p) \\ (2) \\ (3) \\ (4) \end{matrix}
$$

枝 k　1　2　3　4　5

枝アドミタンス行列 $\boldsymbol{Y}$ は，次のようになる．

$$
\boldsymbol{Y} = \begin{bmatrix} Y_1 & 0 & 0 & 0 & 0 \\ 0 & Y_2 & 0 & 0 & 0 \\ 0 & 0 & Y_3 & 0 & 0 \\ 0 & 0 & 0 & Y_4 & 0 \\ 0 & 0 & 0 & 0 & Y_5 \end{bmatrix}
\begin{matrix} \text{枝 }k \\ 1 \\ 2 \\ 3 \\ 4 \\ 5 \end{matrix}
$$

枝 k　1　2　3　4　5

以上より節点アドミタンス行列 $\boldsymbol{Y}_{\mathrm{N}}$ を計算すると，次のようになる．

$$
\boldsymbol{Y}_{\mathrm{N}} = \boldsymbol{A}_{\mathrm{r}} \boldsymbol{Y}\,{}^t\!\boldsymbol{A}_{\mathrm{r}} = \begin{bmatrix} Y_{11} & Y_{12} & Y_{13} \\ Y_{21} & Y_{22} & Y_{23} \\ Y_{31} & Y_{32} & Y_{33} \end{bmatrix}
\begin{matrix} \text{節点 }(p) \\ (2) \\ (3) \\ (4) \end{matrix}
$$

節点 (p)　(2)　(3)　(4)

$$
= \begin{bmatrix} -1 & 1 & 0 & 0 & 0 \\ 0 & -1 & -1 & 0 & -1 \\ 0 & 0 & 1 & -1 & 0 \end{bmatrix}
\begin{bmatrix} Y_1 & 0 & 0 & 0 & 0 \\ 0 & Y_2 & 0 & 0 & 0 \\ 0 & 0 & Y_3 & 0 & 0 \\ 0 & 0 & 0 & Y_4 & 0 \\ 0 & 0 & 0 & 0 & Y_5 \end{bmatrix}
\begin{bmatrix} -1 & 0 & 0 \\ 1 & -1 & 0 \\ 0 & -1 & 1 \\ 0 & 0 & -1 \\ 0 & -1 & 0 \end{bmatrix}
$$

$$
= \begin{bmatrix} -1 & 1 & 0 & 0 & 0 \\ 0 & -1 & -1 & 0 & -1 \\ 0 & 0 & 1 & -1 & 0 \end{bmatrix} \begin{bmatrix} -Y_1 & 0 & 0 \\ Y_2 & -Y_2 & 0 \\ 0 & -Y_3 & Y_3 \\ 0 & 0 & -Y_4 \\ 0 & -Y_5 & 0 \end{bmatrix}
$$

$$
= \begin{bmatrix} Y_1 + Y_2 & -Y_2 & 0 \\ -Y_2 & Y_2 + Y_3 + Y_5 & -Y_3 \\ 0 & -Y_3 & Y_3 + Y_4 \end{bmatrix} \begin{matrix} \text{節点 } (p) \\ (2) \\ (3) \\ (4) \end{matrix} \qquad (1)
$$

節点 (p) (2) (3) (4)

式 (1) において，$\boldsymbol{Y}_{\mathrm{N}}$ の対角成分である $Y_{11} = Y_1 + Y_2$ は，節点 (2) に接続された枝のアドミタンスの総和であり，$Y_{22} = Y_2 + Y_3 + Y_5$ は，節点 (3) に接続された枝のアドミタンスの総和であり，さらに，$Y_{33} = Y_3 + Y_4$ は，節点 (4) に接続された枝のアドミタンスの総和になっている．また，$\boldsymbol{Y}_{\mathrm{N}}$ の非対角成分である $Y_{21} = Y_{12} = -Y_2$ は，節点 (2) と節点 (3) の間の枝のアドミタンスの符号を反転させたもの，また，$Y_{32} = Y_{23} = -Y_3$ は，節点 (3) と節点 (4) の間の枝のアドミタンスの符号を反転させたものになっている．

枝電流源ベクトル $\boldsymbol{J}$ は，次のようになる．

$$
\boldsymbol{J} = \begin{bmatrix} J_1 \\ 0 \\ 0 \\ 0 \\ 0 \end{bmatrix} \begin{matrix} \text{枝 } k \\ 1 \\ 2 \\ 3 \\ 4 \\ 5 \end{matrix}
$$

よって，

$$
-\boldsymbol{A}_{\mathrm{r}}\boldsymbol{J} = -\begin{bmatrix} -1 & 1 & 0 & 0 & 0 \\ 0 & -1 & -1 & 0 & -1 \\ 0 & 0 & 1 & -1 & 0 \end{bmatrix} \begin{bmatrix} J_1 \\ 0 \\ 0 \\ 0 \\ 0 \end{bmatrix} = \begin{bmatrix} J_1 \\ 0 \\ 0 \end{bmatrix} \qquad (2)
$$

となる．また，節点電位ベクトルは次のように表せる．

$$
\boldsymbol{V}_{\mathrm{N}} = \begin{bmatrix} V^{(2)} \\ V^{(3)} \\ V^{(4)} \end{bmatrix} \qquad (3)
$$

以上より，式 (1)～(3) を式 (7.53) に代入して，次の節点方程式が導かれる．

$$\begin{bmatrix} Y_1+Y_2 & -Y_2 & 0 \\ -Y_2 & Y_2+Y_3+Y_5 & -Y_3 \\ 0 & -Y_3 & Y_3+Y_4 \end{bmatrix}\begin{bmatrix} V^{(2)} \\ V^{(3)} \\ V^{(4)} \end{bmatrix}=\begin{bmatrix} J_1 \\ 0 \\ 0 \end{bmatrix}$$

これを展開すると，次のようになる．

$$\begin{aligned} &(Y_1+Y_2)V^{(2)}-Y_2V^{(3)}=J_1 \\ &-Y_2V^{(2)}+(Y_2+Y_3+Y_5)V^{(3)}-Y_3V^{(4)}=0 \\ &-Y_3V^{(3)}+(Y_3+Y_4)V^{(4)}=0 \end{aligned}$$

3）クラメールの公式 (A.75) を用いる．

$$\begin{aligned} |\boldsymbol{Y}_\mathrm{N}| &= \begin{vmatrix} Y_1+Y_2 & -Y_2 & 0 \\ -Y_2 & Y_2+Y_3+Y_5 & -Y_3 \\ 0 & -Y_3 & Y_3+Y_4 \end{vmatrix} \\ &= Y_1Y_2Y_3+Y_1Y_2Y_4+Y_1Y_3Y_4+Y_1Y_3Y_5 \\ &\quad +Y_1Y_4Y_5+Y_2Y_3Y_4+Y_2Y_3Y_5+Y_2Y_4Y_5 \end{aligned} \tag{4}$$

ここで求めた $|\boldsymbol{Y}_\mathrm{N}|$ は，例題 7.3 の式 (7) で与えられる $|\boldsymbol{Y}_\mathrm{C}|$ と等しいことが確認できる．各節点電位は，以下のように求められる．

$$\begin{aligned} V^{(2)} &= \frac{1}{|\boldsymbol{Y}_\mathrm{N}|}\begin{vmatrix} J_1 & -Y_2 & 0 \\ 0 & Y_2+Y_3+Y_5 & -Y_3 \\ 0 & -Y_3 & Y_3+Y_4 \end{vmatrix} \\ &= \frac{J_1}{|\boldsymbol{Y}_\mathrm{N}|}(Y_2Y_3+Y_2Y_4+Y_3Y_4+Y_3Y_5+Y_4Y_5) \end{aligned} \tag{5}$$

$$V^{(3)} = \frac{1}{|\boldsymbol{Y}_\mathrm{N}|}\begin{vmatrix} Y_1+Y_2 & J_1 & 0 \\ -Y_2 & 0 & -Y_3 \\ 0 & 0 & Y_3+Y_4 \end{vmatrix} = \frac{J_1}{|\boldsymbol{Y}_\mathrm{N}|}Y_2(Y_3+Y_4) \tag{6}$$

$$V^{(4)} = \frac{1}{|\boldsymbol{Y}_\mathrm{N}|}\begin{vmatrix} Y_1+Y_2 & -Y_2 & J_1 \\ -Y_2 & Y_2+Y_3+Y_5 & 0 \\ 0 & -Y_3 & 0 \end{vmatrix} = \frac{J_1}{|\boldsymbol{Y}_\mathrm{N}|}Y_2Y_3 \tag{7}$$

4）求めたカットセット電圧から，枝 **1**～**5** の枝電流を計算する．まず，各枝電圧を，節点電位を用いて表す．

$$
\begin{aligned}
&V_1 = V^{(2)} - V^{(1)} = V^{(2)}, \quad V_2 = V^{(3)} - V^{(2)}, \quad V_3 = V^{(3)} - V^{(4)}, \\
&V_4 = V^{(4)} - V^{(1)} = V^{(4)}, \quad V_5 = V^{(3)} - V^{(1)} = V^{(3)}
\end{aligned}
\tag{8}
$$

式 (4)~(8) の結果を用い，これらを式 (7.47) に代入することにより，枝電流が以下のように求められる．

$$
I_1 = J_1 - Y_1 V_1 = J_1 - Y_1 V^{(2)} = \frac{J_1}{|\boldsymbol{Y}_{\mathrm{N}}|} Y_2 \left(Y_3 Y_4 + Y_3 Y_5 + Y_4 Y_5\right) \tag{9a}
$$

$$
I_2 = J_2 - Y_2 V_2 = -Y_2 \left(V^{(3)} - V^{(2)}\right) = \frac{J_1}{|\boldsymbol{Y}_{\mathrm{N}}|} Y_2 \left(Y_3 Y_4 + Y_3 Y_5 + Y_4 Y_5\right) \tag{9b}
$$

$$
I_3 = J_3 - Y_3 V_3 = -Y_3 \left(V^{(3)} - V^{(4)}\right) = -\frac{J_1}{|\boldsymbol{Y}_{\mathrm{N}}|} Y_2 Y_3 Y_4 \tag{9c}
$$

$$
I_4 = J_4 - Y_4 V_4 = -Y_4 V^{(4)} = -\frac{J_1}{|\boldsymbol{Y}_{\mathrm{N}}|} Y_2 Y_3 Y_4 \tag{9d}
$$

$$
I_5 = J_5 - Y_5 V_5 = -Y_5 V^{(3)} = -\frac{J_1}{|\boldsymbol{Y}_{\mathrm{N}}|} Y_2 Y_5 \left(Y_3 + Y_4\right) \tag{9e}
$$

式 (9) の結果の表式は，例題 7.3 の式 (12) と一致していることが確認できる．

7.5 回路方程式の解法のまとめ

図 7.13 は，本章で取り上げた三つの回路方程式の解法を，フローチャートでまとめたものである．それぞれの内容を改めて確認してみよう．

左から順に，閉路方程式，カットセット方程式，節点方程式を示している．それぞれについて，上段は基礎方程式を表す．式 (2) を式 (1) に代入することにより，中段の式 (3) を得る．ここで，式 (4) の変数変換を，式 (3) に施すことにより，下段の最終方程式に帰着する．

閉路方程式の解法について整理してみよう．式 (2) で与えられる枝電圧ベクトルを未知変数として，式 (1) は基本閉路に沿った電圧の保存則，すなわち，キルヒホッフの第 2 法則を表している．式 (2) を式 (1) に代入することにより，未知変数が枝電流ベクトルに置き換えられた式 (3) が得られる．式 (4) で与えられる閉路変換により，未知変数が，枝電流ベクトルから基本閉路電流ベクトルに変わっている．これにより，枝の総数分あった変数の数が，基本閉路の総数，すなわちリンクの総数に減っている．

次に，カットセット方程式の解法について整理してみよう．式 (2) で与えられる枝電流ベクトルを未知変数として，式 (1) は基本カットセット上の電流の保存則，すな

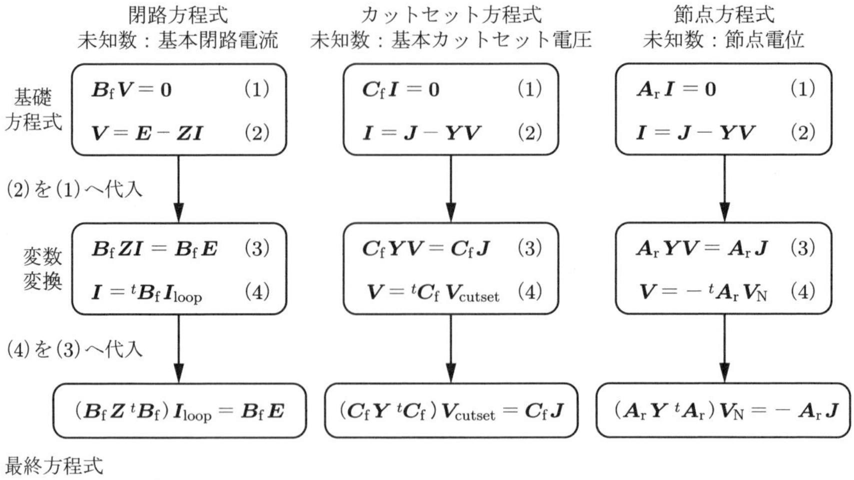

図 7.13　回路方程式の解法の流れ図

わち広義のキルヒホッフの第 1 法則を表している．式 (2) を式 (1) に代入することにより，未知変数が枝電圧ベクトルに置き換えられた式 (3) が得られる．式 (4) で与えられるカットセット変換により，枝の総数分あった変数の数が，基本カットセットの総数，すなわち節点の総数から 1 を引いた数に減っている．

閉路方程式の解法の流れと，カットセット方程式の解法の流れを比較して，あらゆる部分において，お互いが双対の関係になっていることに注意してほしい．すなわち，基本閉路行列 $\boldsymbol{B}_f$ と基本カットセット行列 $\boldsymbol{C}_f$，枝電圧ベクトル $\boldsymbol{V}$ と枝電流ベクトル $\boldsymbol{I}$，電流源 $\boldsymbol{J}$ と電圧源 $\boldsymbol{E}$，インピーダンス $\boldsymbol{Z}$ とアドミタンス $\boldsymbol{Y}$，閉路電流 $\boldsymbol{I}_{loop}$ とカットセット電圧 $\boldsymbol{V}_{cutset}$，というように，閉路方程式に対して，この中に現れるものを，すべて，これと双対の関係にあるものに置き換えることによって，カットセット方程式が自動的に導出される．

最後に，節点方程式の解法について整理してみよう．式 (2) で与えられる枝電流ベクトルを未知変数として，式 (1) は節点における電流の保存則，すなわちキルヒホッフの第 1 法則を表している．式 (2) を式 (1) に代入することにより，未知変数が枝電圧ベクトルに置き換えられた式 (3) が得られる．式 (4) で与えられる節点変換により，枝の総数分あった変数の数が，既約接続行列の階数，すなわち節点の総数から 1 を引いた数に減っている．最後に引く 1 は，基準節点の個数 1 に対応する．

第 3 章において，交流回路方程式の基本解法として，枝電流法，閉路電流法および節点電位法の三つについて説明した．これら三つの方法は，この章で説明した三つの解法と基本的に同じである．ただし，前者は，1 次独立な未知変数と方程式系を経験的に判断して見つけ出したが，後者では，1 次独立な未知変数と方程式系を体系的に，かつ完全な形で見出して解いている．

最後に，カットセット方程式と節点方程式は，本質的に同じものであることに注意してほしい．このことは，これらを用いたそれぞれの例題の解を求める操作手順を比較しても，理解できるであろう．

演習問題

7.1【閉路方程式】 **問図 7.1** は交流ブリッジ回路である．また，**問図 7.2** は，この図を，枝インピーダンス $Z_1 \sim Z_6$ を用いて描きなおしたものである．図のように，各枝に番号をつける．枝 **4**，**5**，**6** を木の枝とする．枝の方向は，図に示すとおりである．以下の指示に従って，閉路方程式を解き，閉路電流および枝電流を求めよ．なお，交流電圧源の角周波数は ω とする．

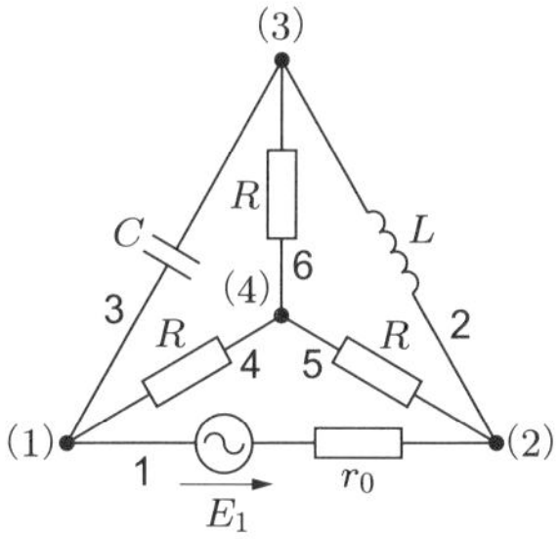

問図 7.1

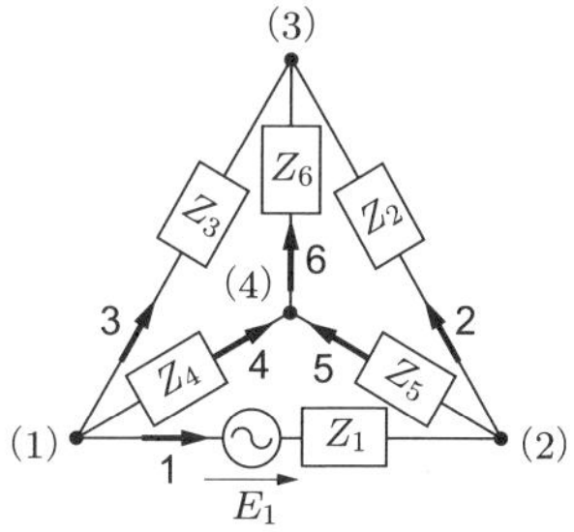

問図 7.2

1）枝 **1**～**6** の枝インピーダンス $Z_1 \sim Z_6$ を，r_0，R，L，C，ω を用いて表せ．

2）この交流回路を有向グラフで表現し，基本閉路を有向グラフ中に定めよ．

3）基本閉路行列 $\boldsymbol{B}_\mathrm{f}$ および枝インピーダンス行列 $\boldsymbol{Z}$ を用い，基本閉路電流を未知変数として，閉路方程式を導出せよ．

4）この閉路方程式を，クラメールの公式を用いて解き，基本閉路電流を求めよ．ただし，解は，$Z_1 \sim Z_6$ および E_1 を使って表せ．

5）すべての枝電流を $Z_1 \sim Z_6$ および E_1 を使って求めよ．

6）基本閉路電流を r_0，R，L，C，E_1，ω で表せ．

7）ブリッジ回路の平衡条件，すなわち $I_6 = 0$ となる条件を，r_0，R，L，C，ω を用いて表せ．

7.2【カットセット方程式】 問図 7.1 の交流ブリッジ回路に対して，枝 **4**，**5**，**6** を木の枝とする．以下の指示に従って，この交流ブリッジ回路に対するカットセット方程式を解き，基本カットセット電圧および枝電流を求めよ．なお，**問図 7.3** は，問図 7.2 において，枝 **1** の電圧源 E_1 とインピーダンス Z_1 の直列接続を，電流源 J_1 とアドミタンス Y_1 の並

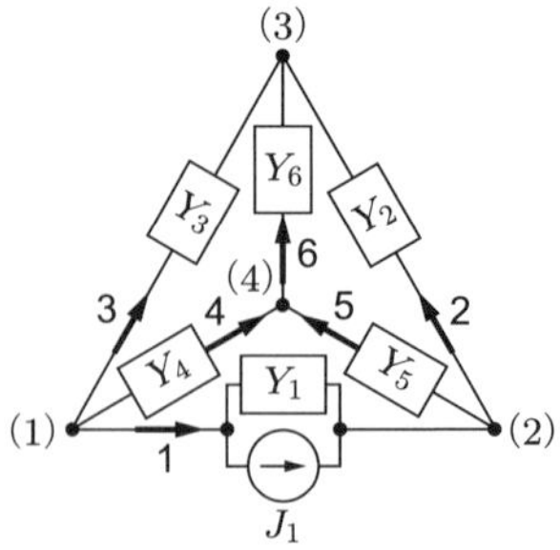

問図 7.3

列接続に等価変換し，さらに，これ以外の各枝のインピーダンス $Z_2 \sim Z_6$ を，アドミタンス $Y_2 \sim Y_6$ で置き換えたものである．

1）この交流回路を有向グラフで表現し，解析に必要なパラメータを有向グラフ中に定めよ．

2）基本カットセット行列 $\boldsymbol{C}_{\mathrm{f}}$ および枝アドミタンス行列 $\boldsymbol{Y}$ を用い，基本カットセット電圧を未知数とするカットセット方程式を導出せよ．

3）このカットセット方程式を，クラメールの公式を用いて解き，基本カットセット電圧を求めよ．

4）求めた基本カットセット電圧から，枝 1〜6 を流れる枝電流を計算せよ．ただし，解は，$Y_1 \sim Y_6$ および J_1 を使って表せ．

7.3【節点方程式】 問図 7.1 の交流ブリッジ回路に対して，枝 4，5，6 を木の枝とする．以下の指示に従って，この交流ブリッジ回路に対する節点方程式を解き，各節点の節点電位および枝電流を求めよ．必要に応じて，問図 7.2，7.3 を用いよ．なお，節点 (1) の電位を基準とせよ．

1）この交流ブリッジ回路を有向グラフで表現し，解析に必要なパラメータを有向グラフ中に定めよ．

2）既約接続行列 $\boldsymbol{A}_{\mathrm{r}}$ および枝アドミタンス行列 $\boldsymbol{Y}$ を用い，節点電位を未知変数として，この節点方程式を導出せよ．

3）この節点方程式を，クラメールの公式を用いて解き，節点電位を求めよ．

4）求めた節点電位から，枝 1〜6 を流れる枝電流を計算せよ．ただし，解は，$Y_1 \sim Y_6$ および J_1 を使って表せ．得られた結果が，問題 7.2 の結果と一致することを確認せよ．

付録　行列と行列式

電気回路の解析を厳密に取り扱うためには，グラフのさまざまな性質や，これに基づいた電気回路の方程式を，数式的に表現することが必要である．このための数学的手法が，行列である．この章では，数学的な証明には深入りせず，グラフ理論を扱うために必要な最小限の行列の知識を，コンパクトに説明する．

A.1　行列の定義

行列 (matrix) とは，次式に示すように，$m \times n$ 個の数を，縦に m 個，横に n 個の長方形に並べて書いたものである．これを，$\boldsymbol{m} \times \boldsymbol{n}$ **行列**（あるいは，m 行 n 列の行列，$m \times n$ 型行列，(m, n) 行列など）という．縦方向には「**行** (row)」，横方向には「**列** (column)」という単位をつけて数える．$m \times n$ 個の要素を，この行列の**成分** (component) という．本書では，行列を $\boldsymbol{A}$，$\boldsymbol{B}$ などのアルファベットの大文字で表す．

$$\boldsymbol{A} = \underbrace{\begin{array}{c} \left[\begin{array}{cccccc} a_{11} & a_{12} & \cdots & a_{1j} & \cdots & a_{1n} \\ a_{21} & a_{22} & \cdots & a_{2j} & \cdots & a_{2n} \\ \vdots & \vdots & & \vdots & & \vdots \\ a_{i1} & a_{i2} & \cdots & a_{ij} & \cdots & a_{in} \\ \vdots & \vdots & & \vdots & & \vdots \\ a_{m1} & a_{m2} & \cdots & a_{mj} & \cdots & a_{mn} \end{array}\right] \\ \begin{array}{cccccc} \text{第 1 列} & \text{第 2 列} & \cdots & \textbf{第 } \boldsymbol{j} \textbf{ 列} & \cdots & \text{第 } n \text{ 列} \end{array} \end{array}}_{n} \left.\begin{array}{c} \text{第 1 行} \\ \text{第 2 行} \\ \vdots \\ \textbf{第 } \boldsymbol{i} \textbf{ 行} \\ \vdots \\ \text{第 } m \text{ 行} \end{array}\right\} m \tag{A.1}$$

これを $\boldsymbol{A} = [a_{ij}]$ と略記することがある．この行列 $\boldsymbol{A}$ の，上から第 i 行目，左から第 j 列目にある a_{ij} を，行列 $\boldsymbol{A}$ の (i, j) 成分という．これは $(\boldsymbol{A})_{ij}$ と表すこともある．とくに，$m = n$ を満たす行列を，**正方行列** (square matrix) という．これに対しては，m 次の正方行列，あるいは n 次の正方行列という表現が使われる．

式 (A.1) で与えられる行列 $\boldsymbol{A}$ の，たとえば任意の i 行目の，n 個並んだ n 次元のベクトルを**行ベクトル** (row vector) という．

$$\boldsymbol{a}_i = [a_{i1}, a_{i2}, \cdots, a_{ij}, \cdots, a_{in}] \tag{A.2}$$

また，この行列 $\boldsymbol{A}$ の，たとえば任意の j 列目の，m 個並んだ m 次元のベクトルを**列ベクト**

ル (column vector) という．

$$\boldsymbol{a}_j = \begin{bmatrix} a_{1j} \\ a_{2j} \\ \vdots \\ a_{ij} \\ \vdots \\ a_{mj} \end{bmatrix} \tag{A.3}$$

ベクトル (vector) とは，大きさと方向をもった量である．式 (A.2) の n 次元行ベクトルは，n 個の成分を指定することにより，n 次元空間の大きさと方向を規定している．

すべての成分が 0 である行列を，**零行列** (zero matrix) と定義し，$\boldsymbol{O}$ で表す．

$$\boldsymbol{O} = \begin{bmatrix} 0 & 0 & \cdots & 0 \\ 0 & 0 & \cdots & 0 \\ \vdots & \vdots & \ddots & \vdots \\ 0 & 0 & \cdots & 0 \end{bmatrix} \tag{A.4}$$

また，対角線上の成分のみが 1 である行列を，**単位行列** (unit matrix) といい，$\boldsymbol{U}$ で表す．

$$\boldsymbol{U} = \begin{bmatrix} 1 & 0 & \cdots & 0 \\ 0 & 1 & \cdots & 0 \\ \vdots & \vdots & \ddots & \vdots \\ 0 & 0 & \cdots & 1 \end{bmatrix} \tag{A.5}$$

単位行列の次数を強調したい場合には，$\boldsymbol{U}_m$ などと，次数 m を表す下つきの添え字をつける．

次の二つの行列を考えよう．

$$\boldsymbol{A} = \begin{bmatrix} a_{11} & a_{12} & \cdots & a_{1n} \\ a_{21} & a_{22} & \cdots & a_{2n} \\ \vdots & \vdots & \ddots & \vdots \\ a_{m1} & a_{m2} & \cdots & a_{mn} \end{bmatrix}, \quad \boldsymbol{B} = \begin{bmatrix} b_{11} & b_{12} & \cdots & b_{1q} \\ b_{21} & b_{22} & \cdots & b_{2q} \\ \vdots & \vdots & \ddots & \vdots \\ b_{p1} & b_{p2} & \cdots & b_{pq} \end{bmatrix} \tag{A.6}$$

この二つの行列は**型が同じ**であると仮定する．型が同じとは，左の $m \times n$ 行列と，右の $p \times q$ 行列において，

$$m = p, \quad n = q \tag{A.7}$$

が成立することをいう．型が同じで，かつ対応する成分が等しいとき，このときに限って，この二つの**行列 $\boldsymbol{A}$ と $\boldsymbol{B}$ は等しい**といい，次のように表す．

$$\boldsymbol{A} = \boldsymbol{B} \tag{A.8}$$

これはまた，次のようにも表す．

$$a_{ij} = b_{ij} \quad (i = 1, 2, \cdots, m, \quad j = 1, 2, \cdots, n) \tag{A.9}$$

A.2 行列の和と差

型が同じ二つの行列 $A = [a_{ij}]$ と $B = [b_{ij}]$ に対して，次の和の演算が定義できる．

$$\boldsymbol{A} + \boldsymbol{B} = \begin{bmatrix} a_{11} + b_{11} & a_{12} + b_{12} & \cdots & a_{1n} + b_{1n} \\ a_{21} + b_{21} & a_{22} + b_{22} & \cdots & a_{2n} + b_{2n} \\ \vdots & \vdots & \ddots & \vdots \\ a_{m1} + b_{m1} & a_{m2} + b_{m2} & \cdots & a_{mn} + b_{mn} \end{bmatrix} \tag{A.10}$$

差 $\boldsymbol{A} - \boldsymbol{B}$ についても，同様に定義される．さらに，行列の和に関して，以下の法則が成り立つ．

【要点 A.1】行列の和に関する法則

結合法則： $(\boldsymbol{A} + \boldsymbol{B}) + \boldsymbol{C} = \boldsymbol{A} + (\boldsymbol{B} + \boldsymbol{C})$ (A.11a)

交換法則： $\boldsymbol{A} + \boldsymbol{B} = \boldsymbol{B} + \boldsymbol{A}$ (A.11b)

零行列との和： $\boldsymbol{A} + \boldsymbol{O} = \boldsymbol{O} + \boldsymbol{A} = \boldsymbol{A}$ (A.11c)

符号の異なる行列の和： $\boldsymbol{A} + (-\boldsymbol{A}) = (-\boldsymbol{A}) + \boldsymbol{A} = \boldsymbol{O}$ (A.11d)

ただし，$\boldsymbol{A}, \boldsymbol{B}, \boldsymbol{C}, \boldsymbol{O}$ の型はすべて等しい．

A.3 行列のスカラー倍

λ を任意の数とするとき，任意の行列 $\boldsymbol{A}$ に対して，以下のスカラー倍の演算が定義できる．

$$\lambda \boldsymbol{A} = \begin{bmatrix} \lambda a_{11} & \lambda a_{12} & \cdots & \lambda a_{1n} \\ \lambda a_{21} & \lambda a_{22} & \cdots & \lambda a_{2n} \\ \vdots & \vdots & \ddots & \vdots \\ \lambda a_{m1} & \lambda a_{m2} & \cdots & \lambda a_{mn} \end{bmatrix} \tag{A.12}$$

行列のスカラー倍に関して，以下の法則が成り立つ．

【要点 A.2】行列のスカラー倍に関する法則

行列に関する分配法則：　$\lambda(\boldsymbol{A}+\boldsymbol{B}) = \lambda\boldsymbol{A}+\lambda\boldsymbol{B}$　(A.13a)

スカラーに関する分配法則：　$(\lambda+\mu)\boldsymbol{A} = \lambda\boldsymbol{A}+\mu\boldsymbol{A}$　(A.13b)

結合法則：　$(\lambda\mu)\boldsymbol{A} = \lambda(\mu\boldsymbol{A})$　(A.13c)

A.4 行列の積

$l \times m$ 行列 $\boldsymbol{A}$ と，$m \times n$ 行列 $\boldsymbol{B}$ との積の演算を次のように定義する．なお，積の演算が可能であるためには，行列 $\boldsymbol{A}$ の列ベクトルの次元と，行列 $\boldsymbol{B}$ の行ベクトルの次元が，お互いに等しいことが必要である．

二つの行列 $\boldsymbol{A}$ と $\boldsymbol{B}$ の積で与えられる行列を $\boldsymbol{C}$ とする．次式は，行列 $\boldsymbol{A}$ と行列 $\boldsymbol{B}$ との積の演算を模式的に示したものである．行列 $\boldsymbol{A}$ の第 i 行と，行列 $\boldsymbol{B}$ の第 j 列に着目しよう．

$$
\begin{aligned}
\boldsymbol{C} &= \boldsymbol{AB} \\
&= \underset{\text{第 } i \text{ 行}}{\begin{bmatrix} a_{11} & a_{12} & \cdots & a_{1m} \\ \vdots & \vdots & & \vdots \\ a_{i1} & a_{i2} & \cdots & a_{im} \\ \vdots & \vdots & & \vdots \\ a_{l1} & a_{l2} & \cdots & a_{lm} \end{bmatrix}}
\underset{\text{第 } j \text{ 列}}{\begin{bmatrix} b_{11} & \cdots & b_{1j} & \cdots & b_{1n} \\ b_{21} & \cdots & b_{2j} & \cdots & b_{2n} \\ \vdots & & \vdots & & \vdots \\ b_{m1} & \cdots & b_{mj} & \cdots & b_{mn} \end{bmatrix}}
= \underset{\text{第 } i \text{ 行第 } j \text{ 列}}{\begin{bmatrix} c_{11} & \cdots & c_{1j} & \cdots & c_{1n} \\ \vdots & & \vdots & & \vdots \\ c_{i1} & \cdots & c_{ij} & \cdots & c_{in} \\ \vdots & & \vdots & & \vdots \\ c_{l1} & \cdots & c_{lj} & \cdots & c_{ln} \end{bmatrix}}
\end{aligned}
\tag{A.14}
$$

このとき，$\boldsymbol{C}$ の (i, j) 成分は次式で与えられる．

$$
c_{ij} = a_{i1}b_{1j} + a_{i2}b_{2j} + a_{i3}b_{3j} + \cdots + a_{im}b_{mj} = \sum_{k=1}^{m} a_{ik}b_{kj} \tag{A.15}
$$

$\boldsymbol{A}$ の第 i 行にある m 個の成分と，$\boldsymbol{B}$ の第 j 列にある m 個の成分を，順番に掛け合わせ，それを合計している，という演算であることを確認しよう．

行列 $\boldsymbol{C}$ は，結局，次のように表される．

$$
\boldsymbol{C} = \boldsymbol{AB} = \begin{bmatrix}
\sum_{k=1}^{m} a_{1k}b_{k1} & \sum_{k=1}^{m} a_{1k}b_{k2} & \cdots & \sum_{k=1}^{m} a_{1k}b_{kn} \\
\sum_{k=1}^{m} a_{2k}b_{k1} & \sum_{k=1}^{m} a_{2k}b_{k2} & \cdots & \sum_{k=1}^{m} a_{2k}b_{kn} \\
\vdots & \vdots & & \vdots \\
\sum_{k=1}^{m} a_{lk}b_{k1} & \sum_{k=1}^{m} a_{lk}b_{k2} & \cdots & \sum_{k=1}^{m} a_{lk}b_{kn}
\end{bmatrix} \tag{A.16}
$$

このように，$l \times m$ 行列 $\boldsymbol{A}$ と，$m \times n$ 行列 $\boldsymbol{B}$ との積の演算の結果得られる行列 $\boldsymbol{C}$ は，$l \times n$ 行列となる．

行列の積に関して，以下の法則が成り立つ．

【要点 A.3】行列の積に関する法則

結合法則：　$(\boldsymbol{AB})\,\boldsymbol{C} = \boldsymbol{A}\,(\boldsymbol{BC})$　(A.17a)

分配法則：　$\boldsymbol{A}\,(\boldsymbol{B} + \boldsymbol{C}) = \boldsymbol{AB} + \boldsymbol{AC}$　(A.17b)

分配法則：　$(\boldsymbol{A} + \boldsymbol{B})\,\boldsymbol{C} = \boldsymbol{AC} + \boldsymbol{BC}$　(A.17c)

正方行列$\boldsymbol{A}$と単位行列との積：　$\boldsymbol{AU} = \boldsymbol{UA} = \boldsymbol{A}$　(A.17d)

零行列との積：　$\boldsymbol{AO} = \boldsymbol{OA} = \boldsymbol{O}$　(A.17e)

いままで説明したように，行列の演算は，通常の数の演算と同様の法則が成り立っている．しかし，いくつかの例外がある．

【要点 A.4】積に関する交換法則

(1) $l \times m$ 行列 $\boldsymbol{A}$ と，$m \times n$ 行列 $\boldsymbol{B}$ に対して，行列の積 $\boldsymbol{AB}$ が定義され，かつ $\boldsymbol{BA}$ が定義できるためには，以下の条件を満たさなければならない．

$$l = n \tag{A.18}$$

(2) 一般に，行列の積の順序を入れ替えたものは等しくない．

$$\boldsymbol{AB} \neq \boldsymbol{BA} \tag{A.19}$$

すなわち，行列の積に関する交換法則は成立しない．

$m \times n$ 行列 $\boldsymbol{A}$ に対して，対角線を対称軸にして，行と列を入れ替えた $n \times m$ 行列を，$\boldsymbol{A}$ の**転置行列** (transposed matrix) という．これを ${}^t\!\boldsymbol{A}$ で表す．

$$\boldsymbol{A} = \begin{bmatrix} a_{11} & a_{12} & \cdots & a_{1n} \\ a_{21} & a_{22} & \cdots & a_{2n} \\ \vdots & \vdots & & \vdots \\ a_{m1} & a_{m2} & \cdots & a_{mn} \end{bmatrix}, \quad {}^t\!\boldsymbol{A} = \begin{bmatrix} a_{11} & a_{21} & \cdots & a_{m1} \\ a_{12} & a_{22} & \cdots & a_{m2} \\ \vdots & \vdots & & \vdots \\ a_{1n} & a_{2n} & \cdots & a_{mn} \end{bmatrix} \tag{A.20}$$

転置行列に関する大切な法則を以下にまとめる．

【要点 A.5】転置行列に関する法則

$$ {}^t({}^t\boldsymbol{A}) = \boldsymbol{A} \tag{A.21a} $$

$$ {}^t(\boldsymbol{A} + \boldsymbol{B}) = {}^t\boldsymbol{A} + {}^t\boldsymbol{B} \tag{A.21b} $$

$$ {}^t(\lambda\boldsymbol{A}) = \lambda{}^t\boldsymbol{A} \tag{A.21c} $$

$$ {}^t(\boldsymbol{A}\boldsymbol{B}) = {}^t\boldsymbol{B}{}^t\boldsymbol{A} \tag{A.21d} $$

とくに，式 (A.21d) は，自明ではないので注意してほしい．この式を証明しよう．$\boldsymbol{A} = [a_{ij}]$ を $l \times m$ 行列，$\boldsymbol{B} = [b_{ij}]$ を $m \times n$ 行列とする．

$$ \begin{aligned} \left\{{}^t(\boldsymbol{A}\boldsymbol{B})\right\}_{ij} &= (\boldsymbol{A}\boldsymbol{B})_{ji} = \sum_{k=1}^{m} a_{jk} b_{ki} = \sum_{k=1}^{m} \left({}^t\boldsymbol{A}\right)_{kj} \left({}^t\boldsymbol{B}\right)_{ik} = \sum_{k=1}^{m} \left({}^t\boldsymbol{B}\right)_{ik} \left({}^t\boldsymbol{A}\right)_{kj} \\ &= \left({}^t\boldsymbol{B}{}^t\boldsymbol{A}\right)_{ij} \end{aligned} \tag{A.22} $$

行列 $\boldsymbol{A}$ に対して，次の条件を満たす行列 $\boldsymbol{A}^{-1}$ を，$\boldsymbol{A}$ の**逆行列** (inverse matrix) という．

$$ \boldsymbol{A}^{-1}\boldsymbol{A} = \boldsymbol{A}\boldsymbol{A}^{-1} = \boldsymbol{U} \tag{A.23} $$

ただし，任意の行列 $\boldsymbol{A}$ に対して，つねにその逆行列が存在するわけではない．逆行列については，A.9 節で説明する．

A.5　行列のブロック化

行列の演算は，小ブロックに分けて行うことができる．以下のように，$l \times m$ 行列 $\boldsymbol{A}$ を，四つの小ブロック行列 $\boldsymbol{A}_{11}$，$\boldsymbol{A}_{12}$，$\boldsymbol{A}_{21}$，$\boldsymbol{A}_{22}$ に分割する．これを，行列の**ブロック化**という．

$$ \boldsymbol{A} = \left[\begin{array}{cc} \overset{\boldsymbol{A}_{11}}{\begin{matrix} a_{11} & \cdots & a_{1s} \\ \vdots & \ddots & \vdots \\ a_{p1} & \cdots & a_{ps} \end{matrix}} & \overset{\boldsymbol{A}_{12}}{\begin{matrix} a_{1,s+1} & \cdots & a_{1m} \\ \vdots & \ddots & \vdots \\ a_{p,s+1} & \cdots & a_{pm} \end{matrix}} \\ \underset{\boldsymbol{A}_{21}}{\begin{matrix} a_{p+1,1} & \cdots & a_{p+1,s} \\ \vdots & \ddots & \vdots \\ a_{l1} & \cdots & a_{ls} \end{matrix}} & \underset{\boldsymbol{A}_{22}}{\begin{matrix} a_{p+1,s+1} & \cdots & a_{p+1,m} \\ \vdots & \ddots & \vdots \\ a_{l,s+1} & \cdots & a_{lm} \end{matrix}} \end{array}\right] = \begin{bmatrix} \boldsymbol{A}_{11} & \boldsymbol{A}_{12} \\ \boldsymbol{A}_{21} & \boldsymbol{A}_{22} \end{bmatrix} \tag{A.24} $$

同様にして，$m \times n$ 行列 $\boldsymbol{B}$ に対して，四つの小ブロック行列 $\boldsymbol{B}_{11}$，$\boldsymbol{B}_{12}$，$\boldsymbol{B}_{21}$，$\boldsymbol{B}_{22}$ に分割する．

$$B = \begin{bmatrix} \overset{B_{11}}{\begin{matrix} b_{11} & \cdots & b_{1u} \\ \vdots & \ddots & \vdots \\ b_{w1} & \cdots & b_{wu} \end{matrix}} & \overset{B_{12}}{\begin{matrix} b_{1,u+1} & \cdots & b_{1n} \\ \vdots & \ddots & \vdots \\ b_{w,u+1} & \cdots & b_{wn} \end{matrix}} \\ \underset{B_{21}}{\begin{matrix} b_{w+1,1} & \cdots & b_{w+1,u} \\ \vdots & \ddots & \vdots \\ b_{m1} & \cdots & b_{mu} \end{matrix}} & \underset{B_{22}}{\begin{matrix} b_{w+1,u+1} & \cdots & b_{w+1,n} \\ \vdots & \ddots & \vdots \\ b_{m,u+1} & \cdots & b_{mn} \end{matrix}} \end{bmatrix} = \begin{bmatrix} B_{11} & B_{12} \\ B_{21} & B_{22} \end{bmatrix} \tag{A.25}$$

以上から，二つの行列 A と B の積で与えられる行列 C は，以下のようになる．

$$C = AB = \begin{bmatrix} A_{11}B_{11} + A_{12}B_{21} & A_{11}B_{12} + A_{12}B_{22} \\ A_{21}B_{11} + A_{22}B_{21} & A_{21}B_{12} + A_{22}B_{22} \end{bmatrix} \tag{A.26}$$

行列のブロック化に基づいて，行列の積の演算が可能であるためには，次の条件を満たす必要がある．

$$s = w \tag{A.27}$$

行列の要素を，内容の同じものを同じ小ブロックにまとめたり，小ブロック化したまま演算を進めていくと，数学的あるいは物理的な見通しがよくなる場合がある．

A.6 行列式

A.6.1 行列式の定義

n 次の正方行列 A を考える．

$$A = \begin{bmatrix} a_{11} & a_{12} & \cdots & a_{1n} \\ a_{21} & a_{22} & \cdots & a_{2n} \\ \vdots & \vdots & \ddots & \vdots \\ a_{n1} & a_{n2} & \cdots & a_{nn} \end{bmatrix} \tag{A.28}$$

この正方行列 A に対して，ある決まりに従って計算を行い，ある数値を決定する．これを，以下のように $|A|$ あるいは $\det A$ で表現する．

$$|A| = \det A = \begin{vmatrix} a_{11} & a_{12} & \cdots & a_{1n} \\ a_{21} & a_{22} & \cdots & a_{2n} \\ \vdots & \vdots & \ddots & \vdots \\ a_{n1} & a_{n2} & \cdots & a_{nn} \end{vmatrix} \tag{A.29}$$

この計算で得られる数値を**行列式** (determinant) という．行列式は，式 (A.23) で説明した逆行列を求める際に必要になる．また，6 章以降で扱う連立 1 次方程式を解く際の重要な鍵となる．

一般に，$|\boldsymbol{A}| \neq 0$ を満たす行列を**正則な行列** (non-singular matrix) という．一方，$|\boldsymbol{A}| = 0$ である行列を**正則ではない行列** (singular matrix) という．

【要点 A.6】行列式の定義

n 次の正方行列 $\boldsymbol{A}$ の行列式 $|\boldsymbol{A}|$ は，次式で与えられる．

$$|\boldsymbol{A}| = \sum \mathrm{sgn} \begin{pmatrix} 1 & 2 & 3 & \cdots & n \\ i_1 & i_2 & i_3 & \cdots & i_n \end{pmatrix} a_{1i_1} a_{2i_2} a_{3i_3} \cdots a_{ni_n} \tag{A.30}$$

ここで，

$$\sigma = \begin{pmatrix} 1 & 2 & 3 & \cdots & n \\ i_1 & i_2 & i_3 & \cdots & i_n \end{pmatrix} \tag{A.31}$$

は，**置換** (permutation) とよばれる．この置換は，1 から n までの自然数を，同じ 1 から n までの自然数に対応させる変換である．ここで，$i_1, i_2, i_3, \cdots, i_n$ は，1 から n までのお互いに異なる自然数である．すなわち，式 (A.31) において，この置換は，1 を i_1 に，2 を i_2 に，3 を i_3 に，また n を i_n に変換している．よって，置換全体の集合，すなわち，式 (A.30) の項数は $n!$ 個ある．

式 (A.31) で与えられる置換において，上段の数値を，そのまま下段の数値に変換する置換を，**恒等置換** (identity)σ_{e} という．

$$\sigma_{\mathrm{e}} = \begin{pmatrix} 1 & 2 & 3 & \cdots & n \\ 1 & 2 & 3 & \cdots & n \end{pmatrix} \tag{A.32}$$

ある与えられた置換に対して，下段の数値の任意の二つの数値を入れ替える交換を，**互換** (transposition) という．どのような置換も，恒等置換を出発点として，互換を何度か繰り返すことによって作り出すことができる．このとき，繰り返す互換の回数が偶数回であるものを，**偶置換** (even permutation) という．一方，繰り返す互換の回数が奇数回であるものを，**奇置換** (odd permutation) という．

置換の符号は，偶置換のときは +1，奇置換のときは −1 とする．式 (A.30) に現れる sgn は，この置換の符号を表す．

$$\text{偶置換：}\quad \mathrm{sgn} \begin{pmatrix} 1 & 2 & 3 & \cdots & n \\ i_1 & i_2 & i_3 & \cdots & i_{\mathrm{n}} \end{pmatrix} = +1 \tag{A.33}$$

$$\text{奇置換：}\quad \mathrm{sgn} \begin{pmatrix} 1 & 2 & 3 & \cdots & n \\ i_1 & i_2 & i_3 & \cdots & i_{\mathrm{n}} \end{pmatrix} = -1 \tag{A.34}$$

A.6.2 2 次の正方行列の行列式

式 (A.30) の定義式に従って，2 次の正方行列の行列式を求めよう．項数は $2! = 2$ 通りである．

$$
\begin{aligned}
|\boldsymbol{A}| = \det \boldsymbol{A} = \begin{vmatrix} a_{11} & a_{12} \\ a_{21} & a_{22} \end{vmatrix} &= \sum \operatorname{sgn} \begin{pmatrix} 1 & 2 \\ i_1 & i_2 \end{pmatrix} a_{1i_1} a_{2i_2} \\
&= \operatorname{sgn} \begin{pmatrix} 1 & 2 \\ 1 & 2 \end{pmatrix} a_{11} a_{22} + \operatorname{sgn} \begin{pmatrix} 1 & 2 \\ 2 & 1 \end{pmatrix} a_{12} a_{21} \\
&= (+1) \times a_{11} a_{22} + (-1) \times a_{12} a_{21} = a_{11} a_{22} - a_{12} a_{21}
\end{aligned}
\tag{A.35}
$$

ここで，第 1 項の sgn は互換 0 回の偶置換であるので $+1$，また，第 2 項の sgn は互換 1 回の奇置換であるので -1 であることを用いた．

A.6.3 3 次の正方行列の行列式

式 (A.30) の定義式に従って，3 次の正方行列の行列式を求めよう．項数は $3! = 6$ 通りである．

$$
\begin{aligned}
|\boldsymbol{A}| = \det \boldsymbol{A} = \begin{vmatrix} a_{11} & a_{12} & a_{13} \\ a_{21} & a_{22} & a_{23} \\ a_{31} & a_{32} & a_{33} \end{vmatrix} &= \sum \operatorname{sgn} \begin{pmatrix} 1 & 2 & 3 \\ i_1 & i_2 & i_3 \end{pmatrix} a_{1i_1} a_{2i_2} a_{3i_3} \\
&= \operatorname{sgn} \begin{pmatrix} 1 & 2 & 3 \\ 1 & 2 & 3 \end{pmatrix} a_{11} a_{22} a_{33} + \operatorname{sgn} \begin{pmatrix} 1 & 2 & 3 \\ 1 & 3 & 2 \end{pmatrix} a_{11} a_{23} a_{32} \\
&\quad + \operatorname{sgn} \begin{pmatrix} 1 & 2 & 3 \\ 2 & 1 & 3 \end{pmatrix} a_{12} a_{21} a_{33} + \operatorname{sgn} \begin{pmatrix} 1 & 2 & 3 \\ 2 & 3 & 1 \end{pmatrix} a_{12} a_{23} a_{31} \\
&\quad + \operatorname{sgn} \begin{pmatrix} 1 & 2 & 3 \\ 3 & 1 & 2 \end{pmatrix} a_{13} a_{21} a_{32} + \operatorname{sgn} \begin{pmatrix} 1 & 2 & 3 \\ 3 & 2 & 1 \end{pmatrix} a_{13} a_{22} a_{31} \\
&= (+1) \times a_{11} a_{22} a_{33} + (-1) \times a_{11} a_{23} a_{32} + (-1) \times a_{12} a_{21} a_{33} \\
&\quad + (+1) \times a_{12} a_{23} a_{31} + (+1) \times a_{13} a_{21} a_{32} + (-1) \times a_{13} a_{22} a_{31} \\
&= a_{11} a_{22} a_{33} - a_{11} a_{23} a_{32} - a_{12} a_{21} a_{33} + a_{12} a_{23} a_{31} + a_{13} a_{21} a_{32} - a_{13} a_{22} a_{31}
\end{aligned}
\tag{A.36}
$$

ここで，第 1〜6 項の sgn の互換の階数は，それぞれ，0 回，1 回，1 回，2 回，2 回，1 回であることを確認してほしい．

なお，2 次および 3 次の正方行列の行列式は，**図 A.1** に示す**サラスの方法** (Sarrus' rule) に従って，形式的に求めることができる．すなわち，2 次の正方行列の行列式は，実線に沿った二つの成分の積に正の符号をつけたものと，破線に沿った二つの成分の積に負の符号をつけたものとを足し合わせる．同様にして，3 次の正方行列の行列式は，実線に沿った三つの成分の積に正の符号をつけたものと，破線に沿った三つの成分の積に負の符号をつけたものとを

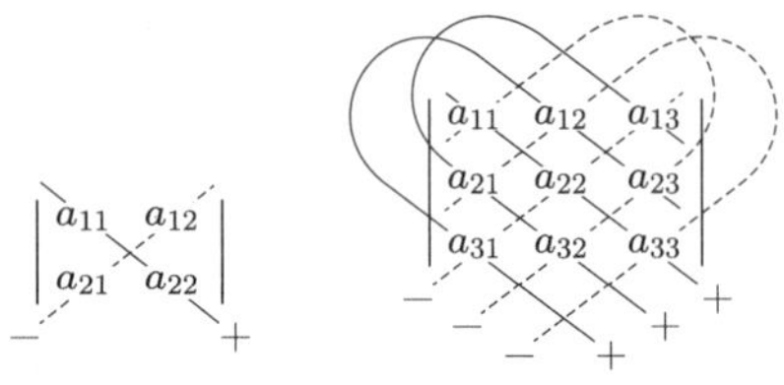

（a）2次の場合　　（b）3次の場合

図 A.1　サラスの方法

足し合わせる．

式 (A.30) の定義式に従えば，さらに高次の正方行列の行列式を求めることもできる．しかし，たとえば，4 次の正方行列の行列式を求めようとすると，項数 $4! = 24$ 通りの計算が必要になり，手計算で実行しようとすると大変である．実際には，後に説明するように，いくつかの工夫を行うことにより，この負担を著しく軽減することができる．

A.7 行列式の展開

高次の正方行列の行列式を求めるには，**余因子による展開法** (Laplace expansion of the determinant) を用いる．まず，余因子を定義する．

n 次の正方行列を考え，この正方行列から，第 i 行と第 j 列を削除した $n-1$ 次の正方行列の行列式を作る．これに $(-1)^{i+j}$ を掛けたものを $\boldsymbol{A}$ の**余因子** (cofactor) といい，次式で与えられる．

$$A_{ij} = (-1)^{i+j} \begin{vmatrix} a_{11} & \cdots & a_{1,j-1} & a_{1,j+1} & \cdots & a_{1n} \\ \vdots & & \vdots & \vdots & & \vdots \\ a_{i-1,1} & \cdots & a_{i-1,j-1} & a_{i-1,j+1} & \cdots & a_{i-1,n} \\ a_{i+1,1} & \cdots & a_{i+1,j-1} & a_{i+1,j+1} & \cdots & a_{i+1,n} \\ \vdots & & \vdots & \vdots & & \vdots \\ a_{m1} & \cdots & a_{m,j-1} & a_{m,j+1} & \cdots & a_{mn} \end{vmatrix} \tag{A.37}$$

このとき，n 次の行列式は，$n-1$ 次の行列式を使って，次のように余因子展開できる．

【要点 A.7】余因子による展開

n 次の正方行列の行列式は，余因子による展開法により，次のように表される．

第 i 行に関する展開

$$|\boldsymbol{A}| = a_{i1}A_{i1} + a_{i2}A_{i2} + \cdots + a_{in}A_{in} \quad (i = 1, 2, \cdots, n) \tag{A.38}$$

第 j 列に関する展開

$$|\boldsymbol{A}| = a_{1j}A_{1j} + a_{2j}A_{2j} + \cdots + a_{nj}A_{nj} \quad (j = 1, 2, \cdots, n) \tag{A.39}$$

3 次の正方行列の行列式を，第 1 行に関する余因子による展開法を用いて求めてみよう．

$$
\begin{aligned}
|\boldsymbol{A}| = \det\ \boldsymbol{A} &= \begin{vmatrix} a_{11} & a_{12} & a_{13} \\ a_{21} & a_{22} & a_{23} \\ a_{31} & a_{32} & a_{33} \end{vmatrix} = a_{11}A_{11} + a_{12}A_{12} + a_{13}A_{13} \\
&= a_{11}\left(-1\right)^{1+1}\begin{vmatrix} a_{22} & a_{23} \\ a_{32} & a_{33} \end{vmatrix} + a_{12}\left(-1\right)^{1+2}\begin{vmatrix} a_{21} & a_{23} \\ a_{31} & a_{33} \end{vmatrix} \\
&\quad + a_{13}\left(-1\right)^{1+3}\begin{vmatrix} a_{21} & a_{22} \\ a_{31} & a_{32} \end{vmatrix} \\
&= a_{11}\begin{vmatrix} a_{22} & a_{23} \\ a_{32} & a_{33} \end{vmatrix} - a_{12}\begin{vmatrix} a_{21} & a_{23} \\ a_{31} & a_{33} \end{vmatrix} + a_{13}\begin{vmatrix} a_{21} & a_{22} \\ a_{31} & a_{32} \end{vmatrix} \\
&= a_{11}\left(a_{22}a_{33} - a_{23}a_{32}\right) - a_{12}\left(a_{21}a_{33} - a_{23}a_{31}\right) + a_{13}\left(a_{21}a_{32} - a_{22}a_{31}\right)
\end{aligned}
\tag{A.40}
$$

この結果は，式 (A.36) の結果と一致している．

A.8 行列式の性質

A.8.1 行列式の積

行列式の積に関して，次の法則が成り立つ．

$$
|\boldsymbol{AB}| = |\boldsymbol{A}|\,|\boldsymbol{B}| \tag{A.41}
$$

すなわち，行列の積の行列式は，各行列の行列式の積に等しい．

A.8.2 転置行列の行列式

転置行列の行列式について，考えてみよう．転置行列 ${}^t\boldsymbol{A}$ とは，式 (A.20) で説明したように，$\boldsymbol{A}$ の行と列を置き換えた行列のことであった．よって，式 (A.30) より，n 次の正方行列 $\boldsymbol{A}$ の転置行列 ${}^t\boldsymbol{A}$ の行列式は，次式で与えられる．

$$
|{}^t\boldsymbol{A}| = \sum \mathrm{sgn}\begin{pmatrix} 1 & 2 & 3 & \cdots & n \\ i_1 & i_2 & i_3 & \cdots & i_n \end{pmatrix} a_{i_1 1}a_{i_2 2}a_{i_3 3}\cdots a_{i_n n} \tag{A.42}
$$

この式を式 (A.30) の $|\boldsymbol{A}|$ と比べてみよう．行列の成分 a_{ij} の行と列を表す添え字が入れ替わっている．ここで，置換に現れている上下の数字のペアは，置換の後に現れている成分 a_{ij} がどの行と列に属するものかを指定しているだけである．

式 (A.42) の $|{}^t\boldsymbol{A}|$ に現れる置換と，その上段の数と下段の数を入れ替えた逆置換について，次の関係が成り立つ．

$$\mathrm{sgn}\begin{pmatrix} 1 & 2 & 3 & \cdots & n \\ i_1 & i_2 & i_3 & \cdots & i_n \end{pmatrix} = \mathrm{sgn}\begin{pmatrix} i_1 & i_2 & i_3 & \cdots & i_n \\ 1 & 2 & 3 & \cdots & n \end{pmatrix} \tag{A.43}$$

すなわち，式 (A.43) において，左辺と右辺は，単に数字を上下入れ替えただけであるので，互換の回数，すなわち偶数回か奇数回かは一致するので，置換の符号も一致する．

式 (A.43) を式 (A.42) に代入すると，次のようになる．

$$|{}^t\boldsymbol{A}| = \sum \mathrm{sgn}\begin{pmatrix} i_1 & i_2 & i_3 & \cdots & i_n \\ 1 & 2 & 3 & \cdots & n \end{pmatrix} a_{i_1 1}a_{i_2 2}a_{i_3 3}\cdots a_{i_n n} \tag{A.44}$$

$|{}^t\boldsymbol{A}|$ の演算は，$(i_1, i_2, i_3, \cdots, i_n)$ のすべての順列に対しての和をとることになるので，$|\boldsymbol{A}|$ の場合と比べて，その足し合わせる順番が異なるだけで，結局，$|\boldsymbol{A}|$ と $|{}^t\boldsymbol{A}|$ の演算結果はお互いに一致する．

【要点 A.8】転置行列の行列式

正方行列 $\boldsymbol{A}$ の転置行列 ${}^t\boldsymbol{A}$ の行列式は，正方行列 $\boldsymbol{A}$ の行列式と等しい．

$$|\boldsymbol{A}| = |{}^t\boldsymbol{A}| \tag{A.45}$$

A.8.3　行についての法則

行列式の各要素が特徴的な配列をしている場合の行列式の値について，確認していこう．

(1) 第 k 行が，二つの行ベクトルの和であるような行列の行列式の値は，おのおのを行ベクトルとする行列式の和となる．

$$|\boldsymbol{A}| = \begin{vmatrix} a_{11} & a_{12} & \cdots & a_{1n} \\ \vdots & \vdots & & \vdots \\ a_{k1}+b_{k1} & a_{k2}+b_{k2} & \cdots & a_{kn}+b_{kn} \\ \vdots & \vdots & & \vdots \\ a_{n1} & a_{n2} & \cdots & a_{nn} \end{vmatrix}$$

$$= \begin{vmatrix} a_{11} & a_{12} & \cdots & a_{1n} \\ \vdots & \vdots & & \vdots \\ a_{k1} & a_{k2} & \cdots & a_{kn} \\ \vdots & \vdots & & \vdots \\ a_{n1} & a_{n2} & \cdots & a_{nn} \end{vmatrix} + \begin{vmatrix} a_{11} & a_{12} & \cdots & a_{1n} \\ \vdots & \vdots & & \vdots \\ b_{k1} & b_{k2} & \cdots & b_{kn} \\ \vdots & \vdots & & \vdots \\ a_{n1} & a_{n2} & \cdots & a_{nn} \end{vmatrix} \tag{A.46}$$

(2) 行列の一つの行を c 倍すると，その行列の行列式の値は c 倍となる．

$$|\boldsymbol{A}| = \begin{vmatrix} a_{11} & a_{12} & \cdots & a_{1n} \\ \vdots & \vdots & & \vdots \\ ca_{k1} & ca_{k2} & \cdots & ca_{kn} \\ \vdots & \vdots & & \vdots \\ a_{n1} & a_{n2} & \cdots & a_{nn} \end{vmatrix} = c \begin{vmatrix} a_{11} & a_{12} & \cdots & a_{1n} \\ \vdots & \vdots & & \vdots \\ a_{k1} & a_{k2} & \cdots & a_{kn} \\ \vdots & \vdots & & \vdots \\ a_{n1} & a_{n2} & \cdots & a_{nn} \end{vmatrix} \tag{A.47}$$

(3) 二つの行ベクトルを入れ替えると，その行列の行列式の値は -1 倍となる．

$$|\boldsymbol{A}| = \begin{vmatrix} a_{11} & a_{12} & \cdots & a_{1n} \\ \vdots & \vdots & & \vdots \\ a_{k1} & a_{k2} & \cdots & a_{kn} \\ \vdots & \vdots & & \vdots \\ a_{l1} & a_{l2} & \cdots & a_{ln} \\ \vdots & \vdots & & \vdots \\ a_{n1} & a_{n2} & \cdots & a_{nn} \end{vmatrix} = - \begin{vmatrix} a_{11} & a_{12} & \cdots & a_{1n} \\ \vdots & \vdots & & \vdots \\ a_{l1} & a_{l2} & \cdots & a_{ln} \\ \vdots & \vdots & & \vdots \\ a_{k1} & a_{k2} & \cdots & a_{kn} \\ \vdots & \vdots & & \vdots \\ a_{n1} & a_{n2} & \cdots & a_{nn} \end{vmatrix} \tag{A.48}$$

(4) 二つの行ベクトルが等しい行列の行列式の値は 0 となる．

$$|\boldsymbol{A}| = \begin{vmatrix} a_{11} & a_{12} & \cdots & a_{1n} \\ \vdots & \vdots & & \vdots \\ a_{k1} & a_{k2} & \cdots & a_{kn} \\ \vdots & \vdots & & \vdots \\ a_{k1} & a_{k2} & \cdots & a_{kn} \\ \vdots & \vdots & & \vdots \\ a_{n1} & a_{n2} & \cdots & a_{nn} \end{vmatrix} = 0 \tag{A.49}$$

(5) 行列の一つの行を c 倍し，この行ベクトルをほかの行に加えても，行列式の値は変わらない．

$$|\boldsymbol{A}| = \begin{vmatrix} a_{11} & a_{12} & \cdots & a_{1n} \\ \vdots & \vdots & & \vdots \\ a_{k1} & a_{k2} & \cdots & a_{kn} \\ \vdots & \vdots & & \vdots \\ a_{l1} & a_{l2} & \cdots & a_{ln} \\ \vdots & \vdots & & \vdots \\ a_{n1} & a_{n2} & \cdots & a_{nn} \end{vmatrix} = \begin{vmatrix} a_{11} & a_{12} & \cdots & a_{1n} \\ \vdots & \vdots & & \vdots \\ a_{k1} & a_{k2} & \cdots & a_{kn} \\ \vdots & \vdots & & \vdots \\ a_{l1}+ca_{k1} & a_{l2}+ca_{k2} & \cdots & a_{ln}+ca_{kn} \\ \vdots & \vdots & & \vdots \\ a_{n1} & a_{n2} & \cdots & a_{nn} \end{vmatrix} \tag{A.50}$$

A.8.4 列についての法則

行列式の行について成立していた法則は，行列式の列についても成り立つ．以下，このことを確認していこう．

(1) 第 k 列が，二つの列ベクトルの和であるような行列の行列式の値は，おのおのを列ベクトルとする行列式の和となる．

$$
|\boldsymbol{A}| = \begin{vmatrix} a_{11} & \cdots & a_{1k}+b_{1k} & \cdots & a_{1n} \\ \vdots & & \vdots & & \vdots \\ a_{n1} & \cdots & a_{nk}+b_{nk} & \cdots & a_{nn} \end{vmatrix}
= \begin{vmatrix} a_{11} & \cdots & a_{1k} & \cdots & a_{1n} \\ \vdots & & \vdots & & \vdots \\ a_{n1} & \cdots & a_{nk} & \cdots & a_{nn} \end{vmatrix} + \begin{vmatrix} a_{11} & \cdots & b_{1k} & \cdots & a_{1n} \\ \vdots & & \vdots & & \vdots \\ a_{n1} & \cdots & b_{nk} & \cdots & a_{nn} \end{vmatrix} \tag{A.51}
$$

(2) 行列の一つの列を c 倍すると，その行列の行列式の値は c 倍となる．

$$
|\boldsymbol{A}| = \begin{vmatrix} a_{11} & \cdots & ca_{1k} & \cdots & a_{1n} \\ \vdots & & \vdots & & \vdots \\ a_{n1} & \cdots & ca_{nk} & \cdots & a_{nn} \end{vmatrix} = c\begin{vmatrix} a_{11} & \cdots & a_{1k} & \cdots & a_{1n} \\ \vdots & & \vdots & & \vdots \\ a_{n1} & \cdots & a_{nk} & \cdots & a_{nn} \end{vmatrix} \tag{A.52}
$$

(3) 二つの列ベクトルを入れ替えると，その行列の行列式の値は -1 倍となる．

$$
|\boldsymbol{A}| = \begin{vmatrix} a_{11} & \cdots & a_{1k} & \cdots & a_{1l} & \cdots & a_{1n} \\ \vdots & & \vdots & & \vdots & & \vdots \\ a_{n1} & \cdots & a_{nk} & \cdots & a_{nl} & \cdots & a_{nn} \end{vmatrix}
= -\begin{vmatrix} a_{11} & \cdots & a_{1l} & \cdots & a_{1k} & \cdots & a_{1n} \\ \vdots & & \vdots & & \vdots & & \vdots \\ a_{n1} & \cdots & a_{nl} & \cdots & a_{nk} & \cdots & a_{nn} \end{vmatrix} \tag{A.53}
$$

(4) 二つの列ベクトルが等しい行列の行列式の値は 0 となる．

$$
|\boldsymbol{A}| = \begin{vmatrix} a_{11} & \cdots & a_{1k} & \cdots & a_{1k} & \cdots & a_{1n} \\ \vdots & & \vdots & & \vdots & & \vdots \\ a_{n1} & \cdots & a_{nk} & \cdots & a_{nk} & \cdots & a_{nn} \end{vmatrix} = 0 \tag{A.54}
$$

(5) 行列の一つの列を c 倍し，この列ベクトルをほかの列に加えても，行列式の値は変わらない．

$$|\boldsymbol{A}| = \begin{vmatrix} a_{11} & \cdots & a_{1k} & \cdots & a_{1l} & \cdots & a_{1n} \\ \vdots & & \vdots & & \vdots & & \vdots \\ a_{n1} & \cdots & a_{nk} & \cdots & a_{nl} & \cdots & a_{nn} \end{vmatrix}$$

$$= \begin{vmatrix} a_{11} & \cdots & a_{1k} & \cdots & a_{1l} + ca_{1k} & \cdots & a_{1n} \\ \vdots & & \vdots & & \vdots & & \vdots \\ a_{n1} & \cdots & a_{nk} & \cdots & a_{nl} + ca_{nk} & \cdots & a_{nn} \end{vmatrix} \tag{A.55}$$

A.9 逆行列

この節では，正則な正方行列の逆行列の求め方について説明する．逆行列は，連立 1 次方程式を解く際などに大切になってくる．

n 次の正方行列 $\boldsymbol{A}$ に対して，a_{ij} の余因子 A_{ij} を成分とする行列を考え，さらに，この行列の転置行列を作る．

$$\tilde{\boldsymbol{A}} = {}^t\begin{bmatrix} A_{11} & A_{12} & \cdots & A_{1n} \\ A_{21} & A_{22} & \cdots & A_{2n} \\ \vdots & \vdots & & \vdots \\ A_{n1} & A_{n2} & \cdots & A_{nn} \end{bmatrix} = \begin{bmatrix} A_{11} & A_{21} & \cdots & A_{n1} \\ A_{12} & A_{22} & \cdots & A_{n2} \\ \vdots & \vdots & & \vdots \\ A_{1n} & A_{2n} & \cdots & A_{nn} \end{bmatrix} \tag{A.56}$$

このように定義される行列を**余因子行列** (adjugate matrix) という．

次に，正方行列 $\boldsymbol{A}$ と余因子行列 $\tilde{\boldsymbol{A}}$ の積 $\boldsymbol{C}$ を考えてみよう．

$$\begin{aligned} \boldsymbol{C} &= \boldsymbol{A}\tilde{\boldsymbol{A}} \\ &= \begin{bmatrix} a_{11} & a_{12} & \cdots & a_{1j} & \cdots & a_{1n} \\ a_{21} & a_{22} & \cdots & a_{2j} & \cdots & a_{2n} \\ \vdots & \vdots & & \vdots & & \vdots \\ a_{i1} & a_{i2} & \cdots & a_{ij} & \cdots & a_{in} \\ \vdots & \vdots & & \vdots & & \vdots \\ a_{n1} & a_{n2} & \cdots & a_{nj} & \cdots & a_{nn} \end{bmatrix} \begin{bmatrix} A_{11} & A_{21} & \cdots & A_{j1} & \cdots & A_{n1} \\ A_{12} & A_{22} & \cdots & A_{j2} & \cdots & A_{n2} \\ \vdots & \vdots & & \vdots & & \vdots \\ A_{1i} & A_{2i} & \cdots & A_{ji} & \cdots & A_{ni} \\ \vdots & \vdots & & \vdots & & \vdots \\ A_{1n} & A_{2n} & \cdots & A_{jn} & \cdots & A_{nn} \end{bmatrix} \end{aligned} \tag{A.57}$$

積行列 $\boldsymbol{C}$ の (i, j) 成分 c_{ij} は次のようになる．

$$c_{ij} = a_{i1}A_{j1} + a_{i2}A_{j2} + \cdots + a_{in}A_{jn} \quad (i = 1, 2, \cdots, n, \quad j = 1, 2, \cdots, n) \tag{A.58}$$

ここで，

(1) $i = j$ のとき，これは，式 (A.38) で説明した，行列式 $|\boldsymbol{A}|$ の第 i 行に関する余因子展開と一致する．

$$c_{ii} = a_{i1}A_{i1} + a_{i2}A_{i2} + \cdots + a_{in}A_{in} = |\boldsymbol{A}| \tag{A.59}$$

(2) $i \neq j$ のとき,

$$c_{ij} = a_{i1}A_{j1} + a_{i2}A_{j2} + \cdots + a_{in}A_{jn} \tag{A.60}$$

となり，これは，行列式 $|\boldsymbol{A}|$ の第 j 行に関する余因子展開になっている．ただし，正方行列 $\boldsymbol{A}$ の第 j 行の成分が，第 i 行の成分に等しくなっている．すなわち，次のように第 i 行の成分と第 j 行の成分が等しいので，式 (A.49) より 0 となる．

$$c_{ij} = \begin{vmatrix} a_{11} & a_{12} & \cdots & a_{1n} \\ \vdots & \vdots & & \vdots \\ a_{i1} & a_{i2} & \cdots & a_{in} \\ \vdots & \vdots & & \vdots \\ a_{i1} & a_{i2} & \cdots & a_{in} \\ \vdots & \vdots & & \vdots \\ a_{n1} & a_{n2} & \cdots & a_{nn} \end{vmatrix} \begin{matrix} \\ \\ \text{第 } \boldsymbol{i} \text{ 行} \\ \\ \text{第 } \boldsymbol{j} \text{ 行} \\ \\ \\ \end{matrix} = 0 \tag{A.61}$$

式 (A.59)，(A.61) の結果を，式 (A.57) に代入すると次のようになる．

$$\boldsymbol{C} = \boldsymbol{A}\tilde{\boldsymbol{A}} = \begin{bmatrix} |\boldsymbol{A}| & & & \boldsymbol{O} \\ & |\boldsymbol{A}| & & \\ & & \ddots & \\ \boldsymbol{O} & & & |\boldsymbol{A}| \end{bmatrix} = |\boldsymbol{A}| \begin{bmatrix} 1 & & & \boldsymbol{O} \\ & 1 & & \\ & & \ddots & \\ \boldsymbol{O} & & & 1 \end{bmatrix} = |\boldsymbol{A}|\boldsymbol{U} \tag{A.62}$$

上式に対して，左から求めるべき逆行列 $\boldsymbol{A}^{-1}$ を掛け，逆行列の定義式 (A.23) を用いると，次のようになる．

$$\boldsymbol{A}^{-1}\boldsymbol{A}\tilde{\boldsymbol{A}} = \tilde{\boldsymbol{A}} = \boldsymbol{A}^{-1}|\boldsymbol{A}|\boldsymbol{U} = |\boldsymbol{A}|\boldsymbol{A}^{-1}\boldsymbol{U} = |\boldsymbol{A}|\boldsymbol{A}^{-1} \tag{A.63}$$

よって，逆行列は次のように与えられる．

【要点 A.9】逆行列

正方行列 $\boldsymbol{A}$ が $|\boldsymbol{A}| \neq 0$ を満たす正則行列であるならば，この行列 $\boldsymbol{A}$ の逆行列は，余因子行列 $\tilde{\boldsymbol{A}}$ を用いて次のように表される．

$$\boldsymbol{A}^{-1} = \frac{1}{|\boldsymbol{A}|}\tilde{\boldsymbol{A}} = \frac{1}{|\boldsymbol{A}|} \begin{bmatrix} A_{11} & A_{21} & \cdots & A_{n1} \\ A_{12} & A_{22} & \cdots & A_{n2} \\ \vdots & \vdots & \ddots & \vdots \\ A_{1n} & A_{2n} & \cdots & A_{nn} \end{bmatrix} \tag{A.64}$$

また，逆行列に関して，以下の性質が成り立つ．

【要点 A.10】逆行列の性質

正方行列 $\boldsymbol{A}$，$\boldsymbol{B}$ は正則行列とする．このとき，次の関係が成り立つ．

$$\left|\boldsymbol{A}^{-1}\right| = |\boldsymbol{A}|^{-1} \tag{A.65}$$

$$(\boldsymbol{AB})^{-1} = \boldsymbol{B}^{-1}\boldsymbol{A}^{-1} \tag{A.66}$$

$$\left(\boldsymbol{A}^{-1}\right)^{-1} = \boldsymbol{A} \tag{A.67}$$

A.10　逆行列を用いた連立 1 次方程式の解法

連立 1 次方程式を解く方法には，逆行列を用いる方法と，掃き出し法を用いる方法がある．まず，逆行列を使って求める方法について説明する．

次のような $x_1, x_2, x_3, \cdots, x_n$ を未知数とする連立 1 次方程式を考えよう．

$$\begin{cases} a_{11}x_1 + a_{12}x_2 + \cdots + a_{1n}x_n = b_1 \\ a_{21}x_1 + a_{22}x_2 + \cdots + a_{2n}x_n = b_2 \\ \qquad\qquad\vdots \\ a_{n1}x_1 + a_{n2}x_2 + \cdots + a_{nn}x_n = b_n \end{cases} \tag{A.68}$$

式 (A.68) は，

$$\boldsymbol{A} = \begin{bmatrix} a_{11} & a_{12} & \cdots & a_{1n} \\ a_{21} & a_{22} & \cdots & a_{2n} \\ \vdots & \vdots & & \vdots \\ a_{n1} & a_{n2} & \cdots & a_{nn} \end{bmatrix}, \quad \boldsymbol{x} = \begin{bmatrix} x_1 \\ x_2 \\ \vdots \\ x_n \end{bmatrix}, \quad \boldsymbol{b} = \begin{bmatrix} b_1 \\ b_2 \\ \vdots \\ b_n \end{bmatrix} \tag{A.69}$$

とおくことにより，次のように整理して表される．

$$\boldsymbol{Ax} = \boldsymbol{b} \tag{A.70}$$

ここで，$\boldsymbol{A}$ を**係数行列** (coefficient matrix) という．この方程式の解は，次のようにして求められる．

$$\boldsymbol{x} = \boldsymbol{A}^{-1}\boldsymbol{b} = \frac{1}{|\boldsymbol{A}|}\tilde{\boldsymbol{A}}\boldsymbol{b} \tag{A.71}$$

すなわち，次のようになる．

$$\begin{bmatrix} x_1 \\ \vdots \\ x_i \\ \vdots \\ x_n \end{bmatrix} = \frac{1}{|\boldsymbol{A}|} \begin{bmatrix} A_{11} & A_{21} & \cdots & A_{n1} \\ \vdots & \vdots & & \vdots \\ A_{1i} & A_{2i} & \cdots & A_{ni} \\ \vdots & \vdots & & \vdots \\ A_{1n} & A_{2n} & \cdots & A_{nn} \end{bmatrix} \begin{bmatrix} b_1 \\ b_2 \\ \vdots \\ b_n \end{bmatrix} \tag{A.72}$$

この式より，

$$x_i = \frac{1}{|\boldsymbol{A}|}(b_1 A_{1i} + b_2 A_{2i} + \cdots + b_n A_{ni}) \quad (i = 1, 2, \cdots, n) \tag{A.73}$$

となる．ところが，この式の括弧の中は，行列 $\boldsymbol{A}$ の第 i 列の成分を

$$\boldsymbol{a}_i = \begin{bmatrix} a_{1i} \\ a_{2i} \\ \vdots \\ a_{ni} \end{bmatrix} = \begin{bmatrix} b_1 \\ b_2 \\ \vdots \\ b_n \end{bmatrix} \tag{A.74}$$

としたときの，第 i 列に関する余因子展開にほかならない．以上の説明より，連立 1 次方程式の解 x_i は，次の**クラメールの公式** (Cramer's rule) を用いて求められる．

【要点 A.11】クラメールの公式

正方行列 $\boldsymbol{A}$ が $|\boldsymbol{A}| \neq 0$ を満たす正則行列であるならば，n 元の連立 1 次方程式の解 x_i は次式で与えられる．

第 i 列

$$x_i = \frac{\Delta_i}{|\boldsymbol{A}|} = \frac{1}{|\boldsymbol{A}|} \begin{vmatrix} a_{11} & a_{12} & \cdots & b_1 & \cdots & a_{1n} \\ a_{21} & a_{22} & \cdots & b_2 & \cdots & a_{2n} \\ \vdots & \vdots & & \vdots & & \vdots \\ a_{n1} & a_{n2} & \cdots & b_n & \cdots & a_{nn} \end{vmatrix} \tag{A.75}$$

ここで，Δ_i は，行列 $\boldsymbol{A}$ の第 i 列を，ベクトル $\boldsymbol{b}$ で置き換えた行列の行列式である．

A.11　掃き出し法を用いた連立 1 次方程式の解法

掃き出し法を用いて連立 1 次方程式の解を求める方法について説明する．これは，次の三つの操作を繰り返して，方程式が次第に簡単となるように変形し，解を求めていく確実な方法である．この一連の操作を，連立 1 次方程式の**基本変形** (elementary transformation) という．

操作 I　：二つの式を入れ替える．
操作 II　：一つの式にある数を掛ける．すなわち，スカラー倍する．
操作 III　：一つの式にある数を掛けて，ほかの式に加える．

具体的に，次の 3 元の連立 1 次方程式を取り上げて考えてみよう．

$$\begin{cases} 3x_1 + 2x_2 + \ x_3 = \ 7 & \cdots ① \\ \ x_1 + \ x_2 + 2x_3 = \ 7 & \cdots ② \\ 2x_1 + \ x_2 + 3x_3 = 12 & \cdots ③ \end{cases} \tag{A.76}$$

操作 I を適用：① と ② を入れ替える．

$$\begin{cases} \ x_1 + \ x_2 + 2x_3 = \ 7 & \cdots ①' \\ 3x_1 + 2x_2 + \ x_3 = \ 7 & \cdots ②' \\ 2x_1 + \ x_2 + 3x_3 = 12 & \cdots ③ \end{cases}$$

操作 III を適用：$②' - 3 \times ①'$，$③ - 2 \times ①'$

$$\begin{cases} x_1 + x_2 + 2x_3 = 7 & \cdots ①' \\ \quad - x_2 - 5x_3 = -14 & \cdots ②'' \\ \quad - x_2 - \ x_3 = -2 & \cdots ③' \end{cases}$$

操作 III を適用：$③' - ②''$，$①' + ②''$

$$\begin{cases} x_1 \qquad - 3x_3 = -7 & \cdots ①'' \\ \quad - x_2 - 5x_3 = -14 & \cdots ②'' \\ \qquad\qquad 4x_3 = 12 & \cdots ③'' \end{cases}$$

操作 II を適用：$(1/4) \times ③''$，$(-1) \times ②''$

$$\begin{cases} x_1 \qquad - 3x_3 = -7 & \cdots ①'' \\ \quad x_2 + 5x_3 = 14 & \cdots ②''' \\ \qquad\qquad x_3 = 3 & \cdots ③''' \end{cases}$$

操作 III を適用：$①'' + 3 \times ③'''$，$②''' - 5 \times ③'''$

$$\begin{cases} x_1 \qquad\quad = 2 \\ \quad x_2 \quad = -1 \\ \qquad\quad x_3 = 3 \end{cases}$$

以上の操作より，解が次のように求められる．

$$x_1 = 2, \quad x_2 = -1, \quad x_3 = 3 \tag{A.77}$$

与えられた連立 1 次方程式 $\boldsymbol{Ax} = \boldsymbol{b}$ の，係数行列 $\boldsymbol{A}$ と定数ベクトル $\boldsymbol{b}$ を並べてできる行列 $[\boldsymbol{A}\ \boldsymbol{b}]$ を，**拡大係数行列** (augmented matrix) という．先ほど説明した連立 1 次方程式の基

本変形は，この拡大行列に適用しても同じ効果がある．

さて，式 (A.76) の拡大係数行列は次のようになる．

$$\left[\begin{array}{c:c} \boldsymbol{A} & \boldsymbol{b} \end{array}\right] = \left[\begin{array}{ccc:c} 3 & 2 & 1 & 7 \\ 1 & 1 & 2 & 7 \\ 2 & 1 & 3 & 12 \end{array}\right] \tag{A.78}$$

【要点 A.12】行基本変形

連立 1 次方程式の基本変形に対応して，以下の三つの操作を，行列の**行基本変形** (elementary row operation) という．

操作 I　：二つの行を入れ替える．

操作 II　：一つの行にある数を掛ける．すなわち，スカラー倍する．

操作 III　：一つの行にある数を掛けて，ほかの行に加える．

先ほど説明した連立 1 次方程式の基本変形と同じ操作を，この拡大係数行列に適用してみよう．なお，各行の順番を，丸で囲った数字で表す．

$$\left[\begin{array}{ccc:c} 3 & 2 & 1 & 7 \\ 1 & 1 & 2 & 7 \\ 2 & 1 & 3 & 12 \end{array}\right] \underset{①\Leftrightarrow②}{\overset{\text{I}}{\rightarrow}} \left[\begin{array}{ccc:c} 1 & 1 & 2 & 7 \\ 3 & 2 & 1 & 7 \\ 2 & 1 & 3 & 12 \end{array}\right]$$

$$\underset{\substack{② - 3\times ① \\ ③ - 2\times ①}}{\overset{\text{III}}{\rightarrow}} \left[\begin{array}{ccc:c} 1 & 1 & 2 & 7 \\ 0 & -1 & -5 & -14 \\ 0 & -1 & -1 & -2 \end{array}\right] \underset{\substack{③ - ② \\ ① + ②}}{\overset{\text{III}}{\rightarrow}} \left[\begin{array}{ccc:c} 1 & 0 & -3 & -7 \\ 0 & -1 & -5 & -14 \\ 0 & 0 & 4 & 12 \end{array}\right]$$

$$\underset{\substack{(1/4)\times ③ \\ (-1)\times ②}}{\overset{\text{II}}{\rightarrow}} \left[\begin{array}{ccc:c} 1 & 0 & -3 & -7 \\ 0 & 1 & 5 & 14 \\ 0 & 0 & 1 & 3 \end{array}\right] \underset{\substack{① + 3\times ③ \\ ② - 5\times ③}}{\overset{\text{III}}{\rightarrow}} \left[\begin{array}{ccc:c} 1 & 0 & 0 & 2 \\ 0 & 1 & 0 & -1 \\ 0 & 0 & 1 & 3 \end{array}\right] \tag{A.79}$$

すなわち，式 (A.79) より，拡大係数行列 $[\boldsymbol{A}\ \boldsymbol{b}]$ は，行基本変形を行うことにより，単位行列 $\boldsymbol{U}$ と解ベクトル $\boldsymbol{x}$ を並べてできる行列 $[\boldsymbol{U}\ \boldsymbol{x}]$ になることがわかる．

$$\left[\begin{array}{c:c} \boldsymbol{A} & \boldsymbol{b} \end{array}\right] \rightarrow \left[\begin{array}{c:c} \boldsymbol{U} & \boldsymbol{x} \end{array}\right] \tag{A.80}$$

すなわち，式 (A.79) と式 (A.80) を比較することにより，解ベクトルが次のように求められる．

$$\boldsymbol{x} = \begin{bmatrix} x_1 \\ x_2 \\ x_3 \end{bmatrix} = \begin{bmatrix} 2 \\ -1 \\ 3 \end{bmatrix} \tag{A.81}$$

このように，係数行列の対角成分を使って，ほかの行の成分を 0 に掃き出していくので，**掃**

き出し法 (Gaussian elimination) という名前がついている．なお，式 (A.79) の各行基本変形において，変形する前と後で，方程式は同値であることに注意しよう．

A.12　行列の階数

与えられた連立方程式に対して，行基本変形を行いながら解く際に，行列の成分が，行番号が増えるにつれて，左側から連続に並ぶ 0 の個数が増えるように変形していくことが大切である．このように，左側から連続に並ぶ 0 の個数が増えるような行列を**階段行列** (echelon matrix) という．

ここでは，解が 1 組には決まらないこともあり得る，一般的な連立方程式を考えることにしよう．一般の $m \times n$ 行列に対して，行基本変形を行うことにより，次のような階段行列を作ることができる．

$$\boldsymbol{A} = \begin{bmatrix} a'_{11} & a'_{12} & a'_{13} & a'_{14} & \cdots & a'_{11} \\ & a'_{22} & a'_{23} & a'_{24} & \cdots & a'_{2n} \\ & & & a'_{34} & \cdots & a'_{3n} \\ & & & & & a'_{4n} \\ & & & & & \vdots \\ & \boldsymbol{O} & & & & a'_{rn} \\ & & & & & \end{bmatrix} \left.\vphantom{\begin{matrix} a \\ a \\ a \\ a \\ \vdots \\ a \end{matrix}}\right\} r \tag{A.82}$$

このとき，少なくとも一つは 0 でない成分をもつ行の個数 r が決まる．なお，行基本変形のやり方によって，いろいろな階段行列ができあがるが，0 でない成分をもつ行の個数 r は変わらない．この r 個の行ベクトルは 1 次独立である．

【要点 A.13】行列の階数（ランク）

$m \times n$ 行列に対して行基本変形を行ったとき，少なくとも一つは 0 でない成分をもつ行の個数が r になったとき，r をこの行列の**階数**（**ランク**）といい，次のように表す．

$$\operatorname{rank} \boldsymbol{A} = r \quad (0 \leqq r \leqq m) \tag{A.83}$$

行列 $\boldsymbol{A}$ の階数は，$\boldsymbol{A}$ の列ベクトル，あるいは行ベクトルの中から選び得る 1 次独立なベクトルの最大個数と一致する．

階数について，以下の関係が成立する．

$$\operatorname{rank} \boldsymbol{A} = \operatorname{rank} {}^t\!\boldsymbol{A} \tag{A.84}$$

n 次の正方行列 $\boldsymbol{A}$ に対して，以下が成り立つ．

$$\operatorname{rank} \boldsymbol{A} = n \quad \text{ならば，} \quad |\boldsymbol{A}| \neq 0 \tag{A.85}$$

すなわち，正方行列 $\boldsymbol{A}$ は正則であり，よって逆行列 $\boldsymbol{A}^{-1}$ をもつ．

$$\mathrm{rank}\,\boldsymbol{A} < n \quad \text{ならば,} \quad |\boldsymbol{A}| = 0 \tag{A.86}$$

すなわち，正方行列 $\boldsymbol{A}$ は正則ではなく，よって逆行列 $\boldsymbol{A}^{-1}$ をもたない．

この節で説明した行列の階数の考え方は，5 章以降で説明するグラフ理論に基づいた方程式系の 1 次独立性の議論において，重要な役割を担う．

演習問題解答

第2章

2.1 次のようになる．

$$i = 2\sqrt{2}\cos\left(\omega t - \frac{\pi}{4}\right) = 2\sqrt{2}\sin\left(\omega t - \frac{\pi}{4} + \frac{\pi}{2}\right) = 2\sqrt{2}\sin\left(\omega t + \frac{\pi}{4}\right)$$

よって，この瞬時電流 i の実効値は 2 [A]，初期位相は $\pi/4$ である．

直交座標形式： $I = 2\left(\cos\frac{\pi}{4} + j\sin\frac{\pi}{4}\right) = \sqrt{2} + j\sqrt{2}$ [A]

指数関数形式： $I = 2e^{j\pi/4}$ [A]

フェーザ形式： $I = 2\angle\frac{\pi}{4}$ [A]

解図 2.1 にフェーザ図を示す．

2.2 **解図 2.2** のように，AC 間に電圧 E を加えてみる．B，D，F，H の各点は，点 C との間の電圧が，AC 間の半分になる対称点である．よって，BF 間，DH 間には電流が流れないので，この陵を削除しても，AC 間の合成インピーダンスは変わらない.電圧源から点 A に注入される電流を I とする．すると，各陵を流れる電流は，図のように仮定することができる．このとき，A → B → C に沿った電圧 V_{ABC}，A → E → F → G → C に沿った電圧 V_{AEFGC} は次のようになる．

$$V_{\mathrm{ABC}} = 2I_1Z$$

$$V_{\mathrm{AEFGC}} = I_2Z + \frac{1}{2}I_2Z + \frac{1}{2}I_2Z + I_2Z = 3I_2Z$$

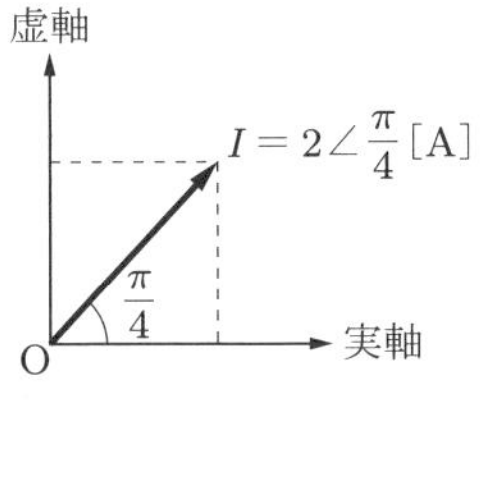

解図 2.1

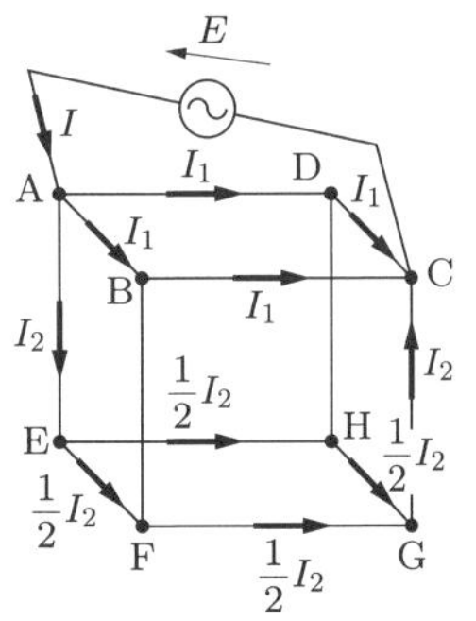

解図 2.2

電圧 V_{ABC} と電圧 V_{AEFGC} は等しいので，

$$2I_1Z = 3I_2Z \quad \therefore I_2 = \frac{2}{3}I_1$$

となる．また，

$$I = 2I_1 + I_2 = 2I_1 + \frac{2}{3}I_1 = \frac{8}{3}I_1 \quad \therefore I_1 = \frac{3}{8}I$$

$$\therefore V_{\mathrm{ABC}} = 2I_1Z = 2 \times \frac{3}{8}I \times Z = \frac{3}{4}IZ$$

となる．よって，合成インピーダンス Z_{AC} は，次のようになる．

$$Z_{\mathrm{AC}} = \frac{V_{\mathrm{ABC}}}{I} = \frac{3}{4}Z$$

2.3　$\omega L = 5 \times 10^3 \times 20 \times 10^{-3} = 100$，$\omega C = 5 \times 10^3 \times 5 \times 10^{-6} = 2.5 \times 10^{-2}$ である．回路のインピーダンス Z の絶対値と偏角 θ は，次のようになる．

$$|Z| = \sqrt{R^2 + \left(\omega L - \frac{1}{\omega C}\right)^2} = \sqrt{60^2 + \left(100 - \frac{1}{2.5 \times 10^{-2}}\right)^2} = 60\sqrt{2}\ [\Omega]$$

$$\theta = \tan^{-1}\left\{\frac{\omega L - 1/(\omega C)}{R}\right\} = \tan^{-1}\left(\frac{60}{60}\right) = \frac{\pi}{4} = 45^\circ$$

よって，次のようになる．

$$Z = 60\sqrt{2}\angle 45^\circ\ [\Omega], \quad V = ZI = 60\sqrt{2}\angle 45^\circ \times 2 = 120\sqrt{2}\angle 45^\circ\ [\mathrm{V}],$$

$$V_R = RI = 60 \times 2 = 120\ [\mathrm{V}], \quad V_L = j\omega LI = j100 \times 2 = j200\ [\mathrm{V}],$$

$$V_C = -j\frac{1}{\omega C}I = -j\frac{1}{2.5 \times 10^{-2}} \times 2 = -j80\ [\mathrm{V}]$$

複素平面上に，電流を基準にしたときの回路のインピーダンス Z，電流および各素子にかかる電圧の関係を整理すると，**解図 2.3** のようになる．

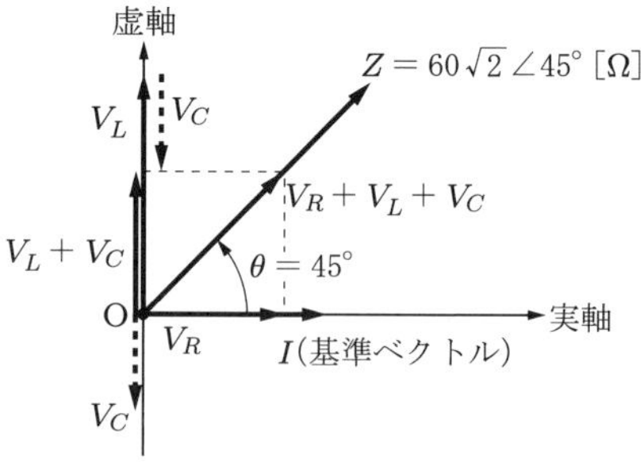

解図 2.3

2.4　電圧源と電流源に対する等価変換を繰り返していく．すなわち，**解図 2.4**(a)，(b)，(c) の順番に従って変換する．解図 (d)，(e) は，それぞれ，最終的な等価電流源および等価電圧源の回路図である．なお，変換過程で図中に使っている変数の値は，題意の数値を代入

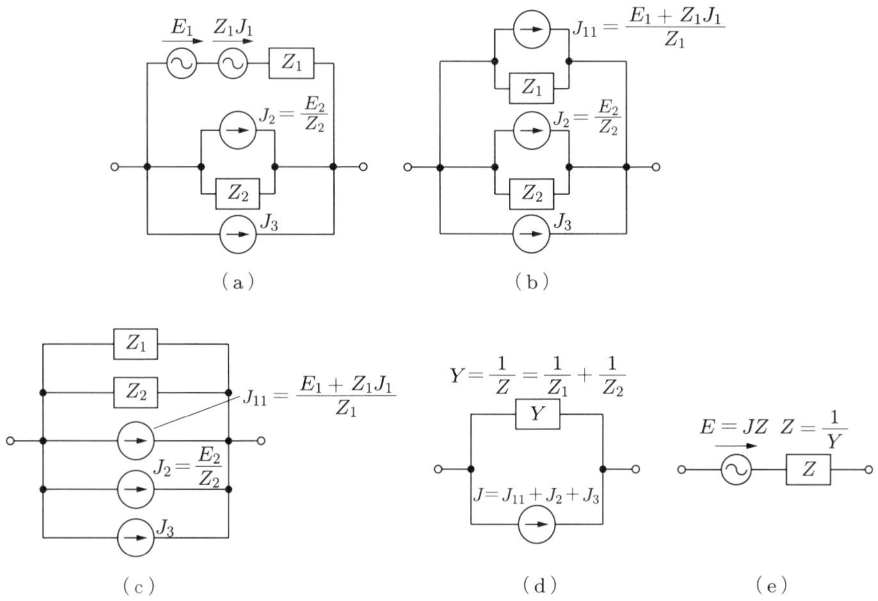

解図 2.4

して，以下のようになる．

$$Y = \frac{1}{Z} = \frac{1}{Z_1} + \frac{1}{Z_2} = \frac{7}{10}\,[\mathrm{S}],$$

$$J = J_{11} + J_2 + J_3 = \frac{E_1 + Z_1 J_1}{Z_1} + \frac{E_2}{Z_2} + J_3 = \frac{13}{2}\,[\mathrm{A}],$$

$$Z = \frac{1}{Y} = \frac{10}{7}\,[\Omega], \quad E = JZ = \frac{65}{7}\,[\mathrm{V}]$$

2.5　電源の角周波数を ω とする．問図 2.3 を図 2.16 と比べて，

$$Z_1 = R_1 + j\omega L_1, \quad Z_2 = R_2, \quad Z_3 = R_3 + \frac{1}{j\omega C_3}, \quad Z_4 = \frac{1}{j\omega C_4}$$

であるので，これらをブリッジ回路の平衡条件 $Z_1 Z_4 = Z_2 Z_3$ に代入して，

$$(R_1 + j\omega L_1)\frac{1}{j\omega C_4} = R_2\left(R_3 + \frac{1}{j\omega C_3}\right)$$

を得る．この式を整理すると，

$$-\omega^2 L_1 C_3 + j\omega C_3 R_1 = -\omega^2 C_3 C_4 R_2 R_3 + j\omega C_4 R_2$$

となる．両辺の実数部および虚数部をそれぞれ等しいとおいて，

$$L_1 = C_4 R_2 R_3, \quad R_1 = \frac{C_4 R_2}{C_3}$$

となる．題意の数値を代入して，次のようになる．

$$L_1 = 50 \times 10^{-6} \times 10 \times 50 = 2.5 \times 10^{-2}\,[\mathrm{H}] = 25\,[\mathrm{mH}]$$

$$R_1 = \frac{C_4 R_2}{C_3} = \frac{50 \times 10^{-6}}{20 \times 10^{-6}} \times 10 = 25\,[\Omega]$$

2.6 電源の角周波数を ω とする．問図 2.4 を図 2.16 と比べて，

$$Z_1 = j\omega L, \quad Z_2 = R_1, \quad Z_3 = R_2, \quad Z_4 = \frac{1}{j\omega C}$$

であるので，これらをブリッジ回路の平衡条件 $Z_1 Z_4 = Z_2 Z_3$ に代入することにより，次のようになる．

$$\frac{L}{C} = R_1 R_2$$

このとき，AB 間には電流が流れないことから，CD 間のアドミタンス Y およびインピーダンス Z は，次のようになる．

$$Y = \frac{1}{Z} = \frac{1}{R_2 + j\omega L} + \frac{1}{R_1 + 1/(j\omega C)} = \frac{1 - \omega^2 LC + j\omega C\,(R_1 + R_2)}{R_2 - \omega^2 LCR_1 + j\omega\,(CR_1R_2 + L)}$$

実数部の定数項と ω^2 の係数，および虚数部の ω の係数のそれぞれの比が，すべて等しいことが，I が ω に依存しない条件となる．

$$\frac{1}{R_2} = \frac{LC}{LCR_1} = \frac{C\,(R_1 + R_2)}{CR_1R_2 + L} \qquad \therefore \frac{1}{R_1} = \frac{1}{R_2} = \frac{C\,(R_1 + R_2)}{CR_1R_2 + L}$$

2.7 問図 2.5(a)，(b) の回路のインピーダンス Z_1，Z_2 は，次のようになる．

$$Z_1 = R + \frac{1}{j\omega C} = \frac{1 + j\omega CR}{j\omega C}, \quad Z_2 = \frac{R \cdot j\omega L}{R + j\omega L}$$

これら二つのインピーダンス Z_1 と Z_2 との積を計算する．

$$Z_1 Z_2 = \frac{1 + j\omega CR}{j\omega C} \cdot \frac{R \cdot j\omega L}{R + j\omega L} = \frac{RL(1 + j\omega CR)}{C(R + j\omega L)}$$

$$= \frac{RL}{C(R^2 + \omega^2 L^2)}\{R(1 + \omega^2 LC) + j\omega(CR^2 - L)\}$$

ここで，上式の右辺が ${R_0}^2$ となることが，求める条件となる．このためには，

$$\frac{R^2 L(1 + \omega^2 LC)}{C(R^2 + \omega^2 L^2)} = {R_0}^2, \quad CR^2 - L = 0$$

の二つの条件を満たせばよい．第 2 式より $R^2 = L/C$ となり，これを第 1 式に代入すると，${R_0}^2 = L/C$ となる．よって，逆回路になるための条件として，次式を得る．

$$R = R_0 = \sqrt{\frac{L}{C}}$$

2.8　C と L の直列接続は並列接続に，また，この並列接続と R との並列接続は直列接続にする．その後，抵抗 $R\,[\Omega]$ は抵抗 ${R_0}^2/R\,[\Omega]$ に，自己インダクタンス $L\,[\mathrm{H}]$ はキャパシタンス $L/{R_0}^2\,[\mathrm{F}]$ に，また，キャパシタンス $C\,[\mathrm{F}]$ は自己インダクタンス $C{R_0}^2\,[\mathrm{H}]$ に置き換える．

$$\frac{{R_0}^2}{R} = \frac{40000}{100} = 400\,[\Omega]$$

$$C{R_0}^2 = 5\times10^{-6}\times4\times10^4 = 0.2\,[\mathrm{H}] = 200\,[\mathrm{mH}]$$

$$\frac{L}{{R_0}^2} = \frac{50\times10^{-3}}{4\times10^4} = 1.25\times10^{-6}\,[\mathrm{F}] = 1.25\,[\mu\mathrm{F}]$$

解図 2.5 に，求める逆回路を示す．

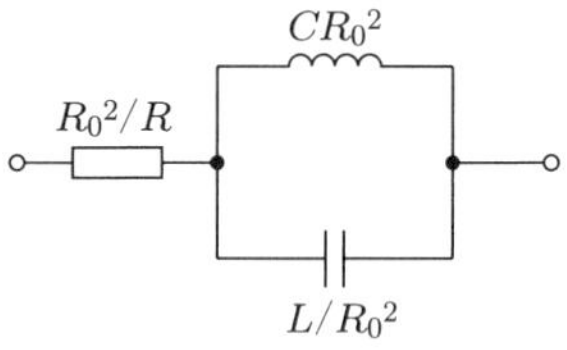

解図 2.5

2.9　図 2.23(a) の定抵抗回路を参考にして，問図 2.7 の回路が定抵抗回路であるためには，

$$Z_1 = \frac{1}{j\omega C},\quad Z_4 = j\omega L$$

において，

$$Z_1Z_4 = \frac{1}{j\omega C}\times j\omega L = \frac{L}{C} = R^2$$

であればよい．よって，$R = \sqrt{L/C} = \sqrt{20\times10^{-3}/2\times10^{-6}} = 100\,[\Omega]$ となる．

第 3 章

3.1　各枝のインピーダンスを以下のように定義する．

$$Z_1 = R_1,\quad Z_2 = R_2,\quad Z_3 = \frac{1}{j\omega C} = -j\frac{1}{\omega C},\quad Z_4 = j\omega L$$

節点 A に対しキルヒホッフの第 1 法則を適用する．

$$I_3 = I_1 + I_2$$

次に，二つの独立な閉路 $\mathrm{S_a}$，$\mathrm{S_b}$ に対して，キルヒホッフの第 2 法則を適用する．

$$Z_1I_1 + Z_3I_3 = E,\quad (Z_2+Z_4)\,I_2 + Z_3I_3 = 0$$

以上の 3 式を枝電流 I_1 と I_2 を用いて整理すると，

$$(Z_1+Z_3)\,I_1+Z_3I_2=E, \quad Z_3I_1+(Z_2+Z_3+Z_4)\,I_2=0$$

となる．この 2 式より，変数 I_2 を消去すると，枝電流 I_1 は次のようになる．

$$I_1=\frac{(Z_2+Z_3+Z_4)\,E}{Z_1Z_2+Z_1Z_3+Z_1Z_4+Z_2Z_3+Z_2Z_4}$$

同様にして，変数 I_1 を消去して，枝電流 I_2 は次のようになる．

$$I_2=\frac{-Z_3E}{Z_1Z_2+Z_1Z_3+Z_1Z_4+Z_2Z_3+Z_3Z_4}$$

よって，枝電流 I_3 は次のようになる．

$$I_3=I_1+I_2=\frac{(Z_2+Z_4)\,E}{Z_1Z_2+Z_1Z_3+Z_1Z_4+Z_2Z_3+Z_3Z_4}$$

インピーダンス Z_1～Z_5 の各式に具体的な変数を代入して整理すると，枝電流 I_1，I_2，I_3 は，次のように求められる．

$$I_1=\frac{E}{\varDelta}\left\{\omega^2C^2R_1{R_2}^2+(R_1+R_2)\left(1-\omega^2LC\right)^2+j\omega C{R_2}^2\left(1-\omega^2LC\right)\right\}$$

$$I_2=\frac{E}{\varDelta}\left\{-(R_1+R_2)\left(1-\omega^2LC\right)+j\omega CR_1R_2\right\}$$

$$I_3=\frac{E}{\varDelta}\left\{\omega^2C^2R_1{R_2}^2-\omega^2LC\,(R_1+R_2)\left(1-\omega^2LC\right)\right.$$
$$\left.+j\omega CR_2\left(R_1+R_2-\omega^2LCR_2\right)\right\}$$

ここで，$\varDelta$ は次式で与えられる．

$$\varDelta=\omega^2C^2{R_1}^2{R_2}^2-(R_1+R_2)^2\left(1-\omega^2LC\right)^2$$

3.2　閉路 $\mathrm{S_a}$ を流れる電流を I_a，閉路 $\mathrm{S_b}$ を流れる電流を I_b として，それぞれの閉路にキルヒホッフの第 2 法則を適用する．

$$\mathrm{S_a}:\quad (Z_1+Z_3)\,I_\mathrm{a}+Z_3I_\mathrm{b}=E$$

$$\mathrm{S_b}:\quad Z_3I_\mathrm{a}+(Z_2+Z_3+Z_4)\,I_\mathrm{b}=0$$

ここで，各枝のインピーダンスを問題 3.1 の解答と同様に定義し，同様な方法で解くと，閉路電流 I_a と I_b は次のようになる．

$$I_\mathrm{a}=\frac{(Z_2+Z_3+Z_4)\,E}{Z_1Z_2+Z_1Z_3+Z_1Z_4+Z_2Z_3+Z_3Z_4}$$

$$I_\mathrm{b}=\frac{-Z_3E}{Z_1Z_2+Z_1Z_3+Z_1Z_4+Z_2Z_3+Z_3Z_4}$$

よって，I_1，I_2，I_3 は次のようにして求められる．

$$I_1=I_\mathrm{a}, \quad I_2=I_\mathrm{b},$$

$$I_3=I_\mathrm{a}+I_\mathrm{b}=\frac{(Z_2+Z_4)\,E}{Z_1Z_2+Z_1Z_3+Z_1Z_4+Z_2Z_3+Z_3Z_4}$$

インピーダンス $Z_1 \sim Z_5$ の具体的な変数を I_1，I_2，I_3 に代入して整理すると，枝電流に対する問題 3.1 と同じ解が得られる．

3.3　問題 3.1 の解答で定義したインピーダンス $Z_1 \sim Z_5$ の逆数を，アドミタンス $Y_1 \sim Y_5$ に置き換える．節点電位を未知変数にとる．節点 D の電位 V_{D} を 0 [V] の基準点とし，節点 A，B，C の電位をそれぞれ V_{A}，V_{B}，V_{C} と仮定する．明らかに，$V_{\mathrm{B}} = E$ である．また，$Y_{24} = 1/(Z_2 + Z_4)$ とする．

図中の枝電流 I_1，I_2，I_3 は，アドミタンスを用いて以下のようになる．

$$I_1 = Y_1 (V_{\mathrm{B}} - V_{\mathrm{A}}) = Y_1 (E - V_{\mathrm{A}})$$

$$I_2 = Y_{24} (V_{\mathrm{D}} - V_{\mathrm{A}}) = -Y_{24} V_{\mathrm{A}}$$

$$I_3 = Y_3 (V_{\mathrm{A}} - V_{\mathrm{D}}) = Y_3 V_{\mathrm{A}}$$

以上の式を，点 A における電流則の式 $I_3 = I_1 + I_2$ に代入すると，次のようになる．

$$Y_3 V_{\mathrm{A}} = Y_1 (E - V_{\mathrm{A}}) - Y_{24} V_{\mathrm{A}}$$

よって，$V_{\mathrm{A}} (Y_1 + Y_3 + Y_{24}) = Y_1 E$ となり，これより，電位 V_{A} が次のように決まる．

$$V_{\mathrm{A}} = \frac{Y_1 E}{Y_1 + Y_3 + Y_{24}}$$

この結果を用いると，枝電流 I_1，I_2，I_3 が以下のように決まる．

$$I_1 = \frac{Y_1 (Y_3 + Y_{24}) E}{Y_1 + Y_3 + Y_{24}}, \quad I_2 = \frac{-Y_1 Y_{24} E}{Y_1 + Y_3 + Y_{24}}, \quad I_3 = \frac{Y_1 Y_3 E}{Y_1 + Y_3 + Y_{24}}$$

アドミタンスによる表記をインピーダンスに戻すことにより，枝電流法で求めた結果と一致することが確認できる．

3.4　（ステップ 1）端子 a-b 間の両端の電圧 V_0 を求める．閉回路 S は R，C が直列につながった回路であるので，S を流れる電流 I' は，次のようになる．

$$I' = \frac{E}{R + 1/(j\omega C)} = \frac{j\omega C E}{1 + j\omega C R}$$

求める電圧 V_0 は，抵抗 R の両端にかかる電圧であるので，次のようになる．

$$V_0 = R I' = \frac{j\omega C R E}{1 + j\omega C R}$$

（ステップ 2）内部インピーダンス Z_0 を求める．回路網中の電圧源を取り除いて短絡させた回路を考え，端子 a-b からこの回路網を見たインピーダンス Z_0 を求める．この回路は，R と C が並列に接続された回路であるので，次のようになる．

$$Z_0 = \frac{R/(j\omega C)}{R + 1/(j\omega C)} = \frac{R}{1 + j\omega C R}$$

（ステップ 3）Z に流れる電流 I は，テブナンの定理から次のようになる．

$$I = \frac{V_0}{Z_0 + Z} = \frac{j\omega CRE/(1 + j\omega CR)}{R/(1 + j\omega CR) + Z} = \frac{j\omega CRE}{R + (1 + j\omega CR)Z}$$

（ステップ 4）具体的な数値を求める．題意の数値を代入すると，$I = 0.381 + j0.952$ [A] となる．

3.5　（ステップ 1）端子 a-b 間を短絡したときに流れる電流 I_0 を求める．a-b 間に平行に接続されている抵抗 R には電流は流れないので，短絡電流 $I_0 = j\omega CE$ となる．

（ステップ 2）内部アドミタンス Y_0 を求める．電圧源を取り除いて短絡させたとき，端子 a-b 間から見た回路網は R と C の並列回路であるので，アドミタンス $Y_0 = 1/R + j\omega C$ となる．

（ステップ 3）端子 a-b 間にアドミタンス Y を接続したとき，このアドミタンスにかかる電圧 V は，ノートンの定理より、次式で与えられる．

$$V = \frac{I_0}{Y_0 + Y} = \frac{j\omega CE}{1/R + j\omega C + Y} = \frac{j\omega CRE}{1 + RY + j\omega CR}$$

（ステップ 4）具体的な数値を求める．題意の数値を代入すると，$V = 19.0 + j47.6$ [V] となる．

3.6　回路網中の電圧源を取り除いて短絡させ，電流源を取り除いて開放させると，**解図 3.1** のようになる．端子 a-b からこの回路網を見たインピーダンス Z_0 およびアドミタンス Y_0 は次のようになる．

$$Z_0 = \frac{Z_1 Z_2}{Z_1 + Z_2} + Z_3 = \frac{Z_1 Z_2 + Z_2 Z_3 + Z_3 Z_1}{Z_1 + Z_2}$$

$$Y_0 = \frac{1}{Z_0} = \frac{Z_1 + Z_2}{Z_1 Z_2 + Z_2 Z_3 + Z_3 Z_1}$$

解図 3.2 のように，二つの閉路を考えて，キルヒホッフの電圧則を用いると，$(Z_1 + Z_2) I_1 + Z_2 J = E_1$ となる．よって，I_1 は次のようになる．

$$I_1 = \frac{E_1 - Z_2 J}{Z_1 + Z_2}$$

端子 a-b 間の電圧 V_0 は，次のようになる．

$$V_0 = E_1 + E_2 - I_1 Z_1 = \frac{Z_2 E_1 + (Z_1 + Z_2) E_2 + Z_1 Z_2 J}{Z_1 + Z_2}$$

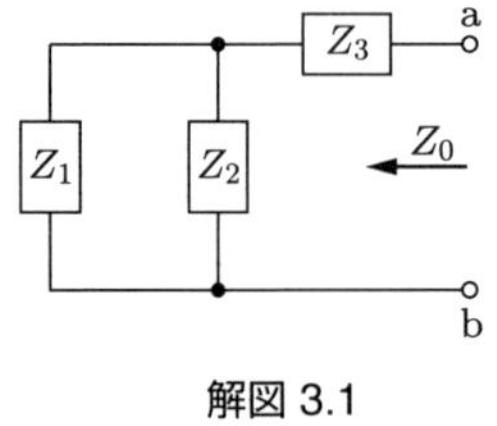

解図 3.1

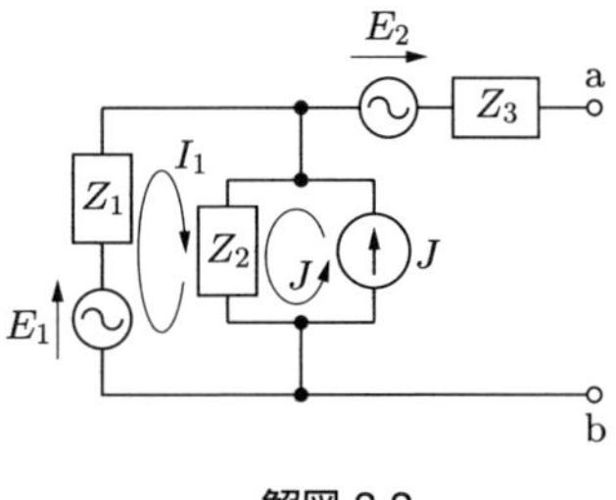

解図 3.2

また，端子 a-b 間の短絡電流 I_0 は，次のようになる．

$$I_0 = \frac{V_0}{Z_0} = \frac{Z_2E_1 + (Z_1 + Z_2)\,E_2 + Z_1Z_2J}{Z_1Z_2 + Z_2Z_3 + Z_3Z_1}$$

よって，与えられた回路は，**解図 3.3** に示す等価電圧源，および**解図 3.4** に示す等価電流源に変換できる．

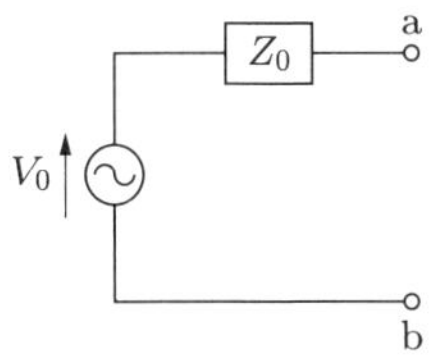

解図 3.3

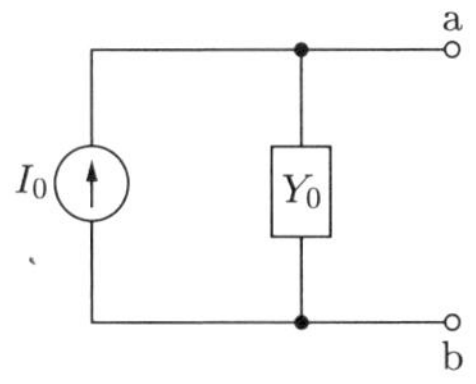

解図 3.4

第 4 章

4.1 木の枝の組と，これに対応する補木の枝の組は次のようになる．節点の総数 $n = 4$ であるので，木の枝の数 $t = n - 1 = 3$．枝の総数 $b = 6$ 本から，$t = 3$ 本を選ぶ組み合わせの数は ${}_6C_3 = 6!/(3!3!) = 20$ となる．このうち，木の枝を構成しない組み合わせは，3 本の枝が閉じた三角形を作る $\{1, 2, 3\}, \{1, 4, 5\}, \{2, 5, 6\}, \{3, 4, 6\}$ の四つの場合のみである．よって求める組み合わせの数は，これら以外の $20 - 4 = 16$ 個となる．

木の枝	補木の枝	木の枝	補木の枝
{1, 2, 4}	{3, 5, 6}	{2, 3, 4}	{1, 5, 6}
{1, 2, 5}	{3, 4, 6}	{2, 3, 5}	{1, 4, 6}
{1, 2, 6}	{3, 4, 5}	{2, 3, 6}	{1, 4, 5}
{1, 3, 4}	{2, 5, 6}	{2, 4, 5}	{1, 3, 6}
{1, 3, 5}	{2, 4, 6}	{2, 4, 6}	{1, 3, 5}
{1, 3, 6}	{2, 4, 5}	{3, 4, 5}	{1, 2, 6}
{1, 4, 6}	{2, 3, 5}	{3, 5, 6}	{1, 2, 4}
{1, 5, 6}	{2, 3, 4}	{4, 5, 6}	{1, 2, 3}

4.2 **解図 4.1** に，それぞれ，基本閉路および基本カットセットを示す．

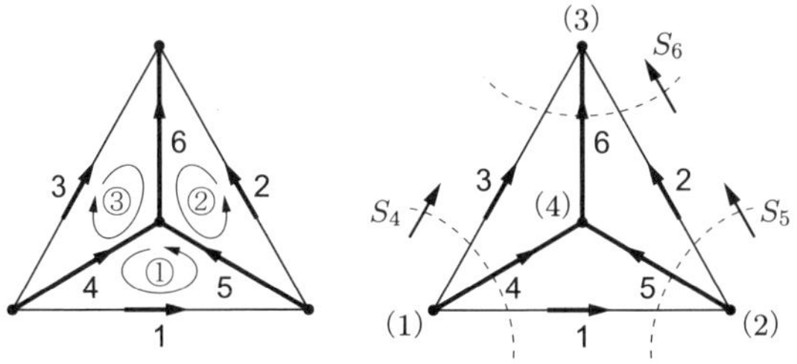

（a）基本閉路　（b）基本カットセット

解図 4.1

4.3 **解図 4.2** に，閉路 A および B を，それぞれ，破線および実線で示す．

4.4 **解図 4.3** に，それぞれ，カットセット S_A およびカットセット S_B を示す．

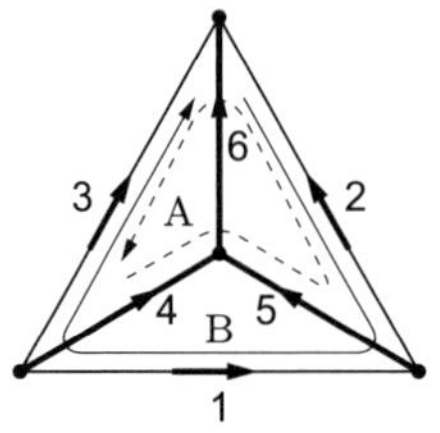

解図 4.2

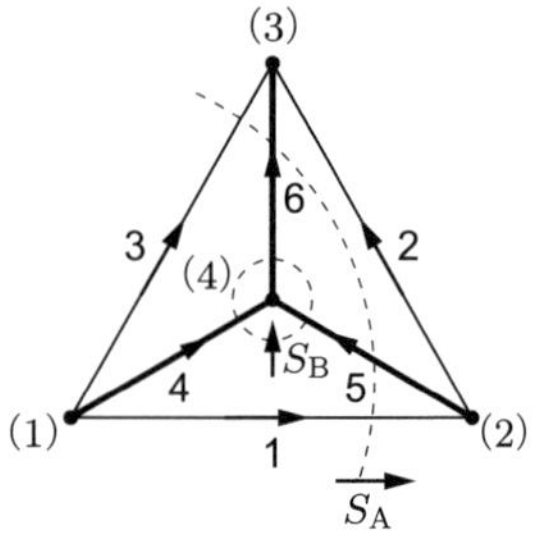

解図 4.3

4.5 **解図 4.4** に，求める双対グラフを破線で示す．

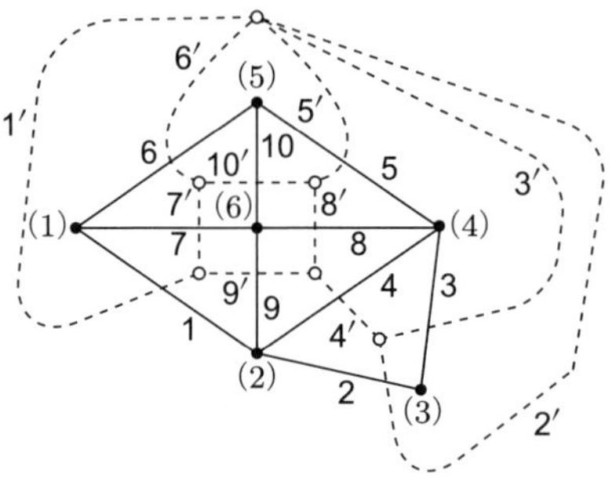

解図 4.4

4.6 **解図 4.5** に具体的な方法を示す．解図 (a) の網かけ部のように素子をまとめ，素子が作る閉回路の中に節点 A，B を，さらに，回路の外部に節点 D を設ける．なお，ひとまとめにした C_1 と R_2 の中には節点を設けない．次に，これらの節点間を破線で接続する．このとき，個別の素子の上を，1 度だけ，かつ，すべて通るように接続する．

破線で描かれた回路の素子を，表 4.1 に従い，双対な素子に置き換えると，解図 (b) のようになる．ここで，各節点間の回路は実線で，同じ節点どうしは，破線で結んでいる．最後に，解図 (c) に示すように，解図 (b) を上下反転させ，同じ節点どうしを接続して整理すると，求める双対回路が得られる．なお，電圧源 I [V] は，電流源 I [A] を含む閉回路の中心にある節点 A に，正電位が印加される向きに配置する．

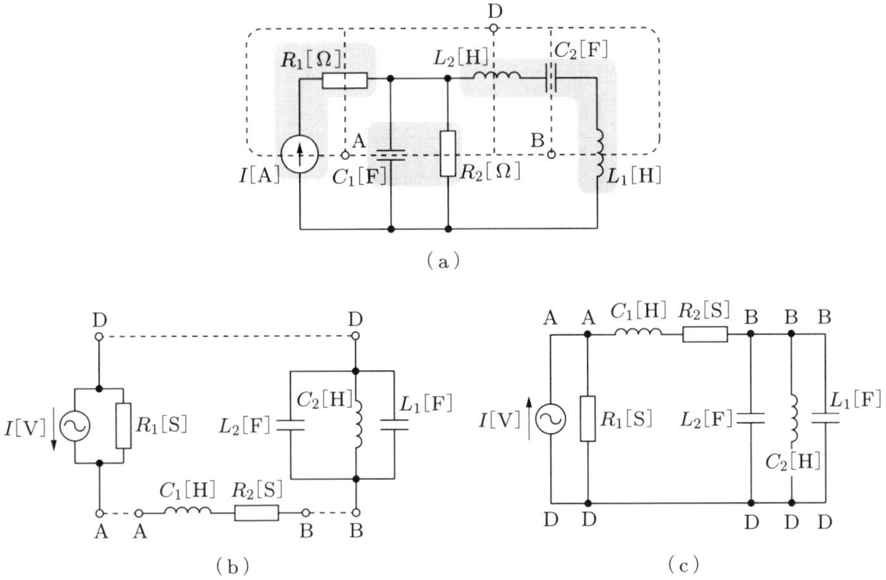

解図 4.5

第 5 章

5.1　次のようになる．

$$
\boldsymbol{A} = \begin{bmatrix} 1 & 0 & 1 & 1 & 0 & 0 \\ -1 & 1 & 0 & 0 & 1 & 0 \\ 0 & -1 & -1 & 0 & 0 & -1 \\ 0 & 0 & 0 & -1 & -1 & 1 \end{bmatrix} \begin{matrix} (1) \\ (2) \\ (3) \\ (4) \end{matrix} \left.\vphantom{\begin{matrix} 1\\1\\1\\1 \end{matrix}}\right\} n
$$

節点 (1)–(4)，枝 1 2 3 4 5 6 (b)

$$
\boldsymbol{A}_{\mathrm{r}} = \begin{bmatrix} -1 & 1 & 0 & 0 & 1 & 0 \\ 0 & -1 & -1 & 0 & 0 & -1 \\ 0 & 0 & 0 & -1 & -1 & 1 \end{bmatrix} \begin{matrix} (2) \\ (3) \\ (4) \end{matrix} \left.\vphantom{\begin{matrix} 1\\1\\1 \end{matrix}}\right\} n-1
$$

節点 (2)–(4)，枝 1 2 3 4 5 6 (b)

5.2　基本閉路およびそれ以外のすべての閉路を，**解図 5.1** に示す．閉路行列 $\boldsymbol{B}$ および基本閉路行列 $\boldsymbol{B}_{\mathrm{f}}$ は，次のようになる．

$$
\boldsymbol{B} = \begin{bmatrix} 1 & 0 & 0 & -1 & 1 & 0 \\ 0 & 1 & 0 & 0 & -1 & -1 \\ 0 & 0 & 1 & -1 & 0 & -1 \\ 0 & 1 & -1 & 1 & -1 & 0 \\ 1 & 0 & -1 & 0 & 1 & 1 \\ -1 & -1 & 0 & 1 & 0 & 1 \\ 1 & 1 & -1 & 0 & 0 & 0 \end{bmatrix}
\begin{matrix} \text{閉路} \\ ① \\ ② \\ ③ \\ ④ \\ ⑤ \\ ⑥ \\ ⑦ \end{matrix}
\Bigg\} w
\quad \text{枝 } \underbrace{1\ \ 2\ \ 3\ \ 4\ \ 5\ \ 6}_{b}
$$

$$
\boldsymbol{B}_{\mathrm{f}} = \begin{bmatrix} 1 & 0 & 0 & -1 & 1 & 0 \\ 0 & 1 & 0 & 0 & -1 & -1 \\ 0 & 0 & 1 & -1 & 0 & -1 \end{bmatrix}
\begin{matrix} \text{基本閉路} \\ ① \\ ② \\ ③ \end{matrix}
\Big\} l
\quad \text{枝 } \underbrace{1\ \ 2\ \ 3\ \ 4\ \ 5\ \ 6}_{b}
$$

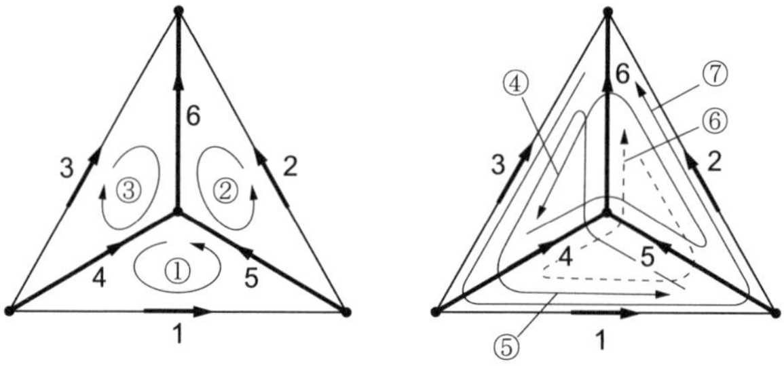

（a）基本閉路　（b）基本閉路以外の閉路

解図 5.1

5.3　基本カットセットを，**解図 5.2** に示す．基本カットセット行列 $\boldsymbol{C}_{\mathrm{f}}$ は，次のようになる．

$$
\boldsymbol{C}_{\mathrm{f}} = \begin{bmatrix} 1 & 0 & 1 & 1 & 0 & 0 \\ -1 & 1 & 0 & 0 & 1 & 0 \\ 0 & 1 & 1 & 0 & 0 & 1 \end{bmatrix}
\begin{matrix} \text{基本カットセット} \\ S_4 \\ S_5 \\ S_6 \end{matrix}
\Big\} n-1
\quad \text{枝 } \underbrace{1\ \ 2\ \ 3\ \ 4\ \ 5\ \ 6}_{b}
$$

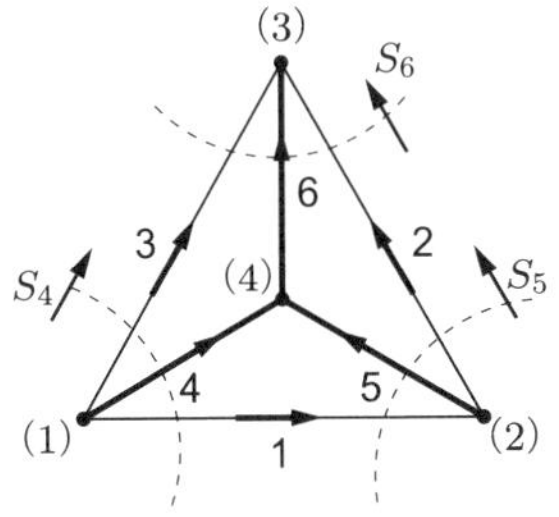

解図 5.2

5.4　次式のように，直交関係が成り立つ．

$$
\boldsymbol{A}{}^t\boldsymbol{B}
$$
$$
= \begin{bmatrix} 1 & 0 & 1 & 1 & 0 & 0 \\ -1 & 1 & 0 & 0 & 1 & 0 \\ 0 & -1 & -1 & 0 & 0 & -1 \\ 0 & 0 & 0 & -1 & -1 & 1 \end{bmatrix} \begin{bmatrix} 1 & 0 & 0 & 0 & 1 & -1 & 1 \\ 0 & 1 & 0 & 1 & 0 & -1 & 1 \\ 0 & 0 & 1 & -1 & -1 & 0 & -1 \\ -1 & 0 & -1 & 1 & 0 & 1 & 0 \\ 1 & -1 & 0 & -1 & 1 & 0 & 0 \\ 0 & -1 & -1 & 0 & 1 & 1 & 0 \end{bmatrix}
$$
$$
= \begin{bmatrix} 0 & 0 & 0 & 0 & 0 & 0 & 0 \\ 0 & 0 & 0 & 0 & 0 & 0 & 0 \\ 0 & 0 & 0 & 0 & 0 & 0 & 0 \\ 0 & 0 & 0 & 0 & 0 & 0 & 0 \end{bmatrix}
$$

5.5　次式のように，直交関係が成り立つ．

$$
\boldsymbol{B}_{\mathrm{f}}{}^t\boldsymbol{C}_{\mathrm{f}} = \begin{bmatrix} 1 & 0 & 0 & -1 & 1 & 0 \\ 0 & 1 & 0 & 0 & -1 & -1 \\ 0 & 0 & 1 & -1 & 0 & -1 \end{bmatrix} \begin{bmatrix} 1 & -1 & 0 \\ 0 & 1 & 1 \\ 1 & 0 & 1 \\ 1 & 0 & 0 \\ 0 & 1 & 0 \\ 0 & 0 & 1 \end{bmatrix} = \begin{bmatrix} 0 & 0 & 0 \\ 0 & 0 & 0 \\ 0 & 0 & 0 \end{bmatrix}
$$

5.6　接続行列 $\boldsymbol{A}$ の各列には，1 と -1 が必ず 1 個ずつある．このようになるように，節点 (5) に相当する 5 行目の成分値を決めると，求める接続行列 $\boldsymbol{A}$ は次のようになる．また，該当する連結有向グラフは**解図 5.3** のようになる．

$$
\boldsymbol{A} = \begin{bmatrix} 1 & 0 & 0 & -1 & 1 & 0 & 0 & 0 \\ -1 & 1 & 0 & 0 & 0 & 1 & 0 & 0 \\ 0 & -1 & 1 & 0 & 0 & 0 & 1 & 0 \\ 0 & 0 & -1 & 1 & 0 & 0 & 0 & 1 \\ 0 & 0 & 0 & 0 & -1 & -1 & -1 & -1 \end{bmatrix} \begin{matrix} \text{節点} \\ (1) \\ (2) \\ (3) \\ (4) \\ (5) \end{matrix}
$$

枝　1　2　3　4　5　6　7　8

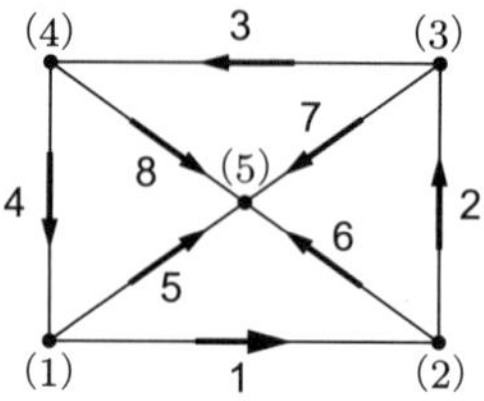

解図 5.3

5.7　基本閉路行列 $\boldsymbol{B}_{\mathrm{f}}$ と接続行列 $\boldsymbol{A}$ は，定義に従って次のように求められる．

$$
\boldsymbol{B}_{\mathrm{f}} = \left[\begin{array}{cc:cccc} 1 & 0 & -1 & -1 & 1 & -1 \\ 0 & 1 & 1 & 0 & -1 & 1 \end{array}\right] \begin{matrix} ③ \\ ⑥ \end{matrix} \Big\} l \tag{1}
$$

（基本閉路）

枝　3　6（リンク）　1　2　4　5（木の枝）

$$
\boldsymbol{A} = \begin{bmatrix} \boldsymbol{A}_{11} & \boldsymbol{A}_{12} \\ \boldsymbol{A}_{21} & \boldsymbol{A}_{22} \end{bmatrix} = \left[\begin{array}{cc:cccc} 0 & 0 & 1 & 0 & 0 & -1 \\ 0 & 1 & -1 & 1 & 0 & 0 \\ -1 & 0 & 0 & -1 & 0 & 0 \\ 1 & -1 & 0 & 0 & -1 & 0 \\ \hdashline 0 & 0 & 0 & 0 & 1 & 1 \end{array}\right] \begin{matrix} (1) \\ (2) \\ (3) \\ (4) \\ (5) \end{matrix} \Bigg\} n
$$

（節点）

枝　3　6（リンク）　1　2　4　5（木の枝）

$|\boldsymbol{A}_{12}|$ は，次のように，2 行目に 1 行目を加えてから，第 1 列について余因子展開する．

$$|\boldsymbol{A}_{12}| = \begin{vmatrix} 1 & 0 & 0 & -1 \\ -1 & 1 & 0 & 0 \\ 0 & -1 & 0 & 0 \\ 0 & 0 & -1 & 0 \end{vmatrix} = \begin{vmatrix} 1 & 0 & 0 & -1 \\ 0 & 1 & 0 & -1 \\ 0 & -1 & 0 & 0 \\ 0 & 0 & -1 & 0 \end{vmatrix}$$

$$= 1 \times (-1)^{1+1} \begin{vmatrix} 1 & 0 & -1 \\ -1 & 0 & 0 \\ 0 & -1 & 0 \end{vmatrix} = -1$$

よって，次のようになる．

$$-{}^t\!\boldsymbol{A}_{11}{}^t(\boldsymbol{A}_{12}^{-1}) = -\begin{bmatrix} 0 & 0 & -1 & 1 \\ 0 & 1 & 0 & -1 \end{bmatrix} \cdot \frac{1}{|\boldsymbol{A}_{12}|} \begin{bmatrix} 0 & 0 & 0 & 1 \\ 1 & 0 & 0 & 1 \\ 1 & 1 & 0 & 1 \\ 0 & 0 & 1 & 0 \end{bmatrix}$$

$$= \begin{bmatrix} -1 & -1 & 1 & -1 \\ 1 & 0 & -1 & 1 \end{bmatrix}$$

$$\therefore \boldsymbol{B}_{\mathrm{f}} = \left[\ \boldsymbol{U}_2 \ \vdots\ -{}^t\!\boldsymbol{A}_{11}{}^t(\boldsymbol{A}_{12}^{-1})\ \right] = \left[\begin{array}{cc:cccc} 1 & 0 & -1 & -1 & 1 & -1 \\ 0 & 1 & 1 & 0 & -1 & 1 \end{array}\right] \qquad (2)$$

以上より，二つの方法で求めた式 (1)，(2) の基本閉路行列 $\boldsymbol{B}_{\mathrm{f}}$ は，お互いに一致することが確認できる．

5.8　基本カットセットは，**解図 5.4** のようになる．基本カットセット行列 $\boldsymbol{C}_{\mathrm{f}}$ は，木の枝 1，2，4，5 に対応して，定義により，次のように与えられる．

基本カットセット

$$\boldsymbol{C}_{\mathrm{f}} = \left[\begin{array}{cc:cccc} 1 & -1 & 1 & 0 & 0 & 0 \\ 1 & 0 & 0 & 1 & 0 & 0 \\ -1 & 1 & 0 & 0 & 1 & 0 \\ 1 & -1 & 0 & 0 & 0 & 1 \end{array}\right] \begin{array}{c} S_1 \\ S_2 \\ S_4 \\ S_5 \end{array} \qquad (1)$$

枝　3　6（リンク）　1　2　4　5（木の枝）

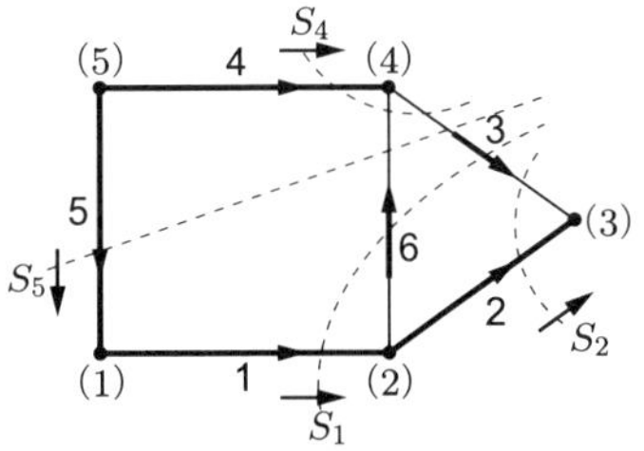

解図 5.4

一方，問題 5.7 より，基本閉路行列 $\boldsymbol{B}_{\rm f}$ は，基本閉路 ③，⑥ に対応して，次のように与えられる．

$$\boldsymbol{B}_{\rm f} = \left[\ \boldsymbol{U}_2 \ \vdots\ \boldsymbol{B}_{\rm fp}\ \right] = \left[\begin{array}{cc:cccc} 1 & 0 & -1 & -1 & 1 & -1 \\ 0 & 1 & 1 & 0 & -1 & 1 \end{array}\right] \begin{array}{c} ③ \\ ⑥ \end{array} \Bigg\} l$$

基本閉路（行）：③，⑥

枝：3　6（リンク）　1　2　4　5（木の枝）

$$\therefore \boldsymbol{C}_{\rm f} = \left[\ -{}^t\boldsymbol{B}_{\rm fp} \ \vdots\ \boldsymbol{U}_4\ \right] = \left[\begin{array}{cc:cccc} 1 & -1 & 1 & 0 & 0 & 0 \\ 1 & 0 & 0 & 1 & 0 & 0 \\ -1 & 1 & 0 & 0 & 1 & 0 \\ 1 & -1 & 0 & 0 & 0 & 1 \end{array}\right] \qquad (2)$$

よって，式 (1) と式 (2) が一致することから，式 (5.44) が成り立つ．

第 6 章

6.1　このグラフは，第 5 章の問図 5.1 で与えられるグラフと同じである．節点 (1) を基準節点とすると，問題 5.1 で求めた既約接続行列 $\boldsymbol{A}_{\rm r}$ を用いて，次の 1 次独立なキルヒホッフの電流則の行列方程式が得られる．

節点 (2)，(3)，(4)；枝 1　2　3　4　5　6

$$\boldsymbol{A}_{\rm r}\boldsymbol{I} = \begin{array}{c} (2) \\ (3) \\ (4) \end{array} \begin{bmatrix} -1 & 1 & 0 & 0 & 1 & 0 \\ 0 & -1 & -1 & 0 & 0 & -1 \\ 0 & 0 & 0 & -1 & -1 & 1 \end{bmatrix} \begin{bmatrix} I_1 \\ I_2 \\ I_3 \\ I_4 \\ I_5 \\ I_6 \end{bmatrix} = \begin{bmatrix} 0 \\ 0 \\ 0 \end{bmatrix}$$

解図 5.1(a) に示したように，閉路 ①，②，③ が基本閉路となる．問題 5.2 で求めた基本閉路行列 $\boldsymbol{B}_{\rm f}$ を用いて，次の 1 次独立なキルヒホッフの電圧則の行列方程式が得られる．

基本閉路 ①，②，③；枝 1　2　3　4　5　6

$$\boldsymbol{B}_{\rm f}\boldsymbol{V} = \begin{array}{c} ① \\ ② \\ ③ \end{array} \begin{bmatrix} 1 & 0 & 0 & -1 & 1 & 0 \\ 0 & 1 & 0 & 0 & -1 & -1 \\ 0 & 0 & 1 & -1 & 0 & -1 \end{bmatrix} \begin{bmatrix} V_1 \\ V_2 \\ V_3 \\ V_4 \\ V_5 \\ V_6 \end{bmatrix} = \begin{bmatrix} 0 \\ 0 \\ 0 \end{bmatrix}$$

6.2　このグラフは，第 5 章の問図 5.1 で与えられるグラフと同じである．解図 5.2 に示したように，基本カットセットは S_4，S_5，S_6 で与えられる．問題 5.3 で求めた基本カットセット行列 $\boldsymbol{C}_{\rm f}$ を用いて，次の 1 次独立なキルヒホッフの電流則の行列方程式が得られる．

$$
\boldsymbol{C}_{\mathrm{f}}\boldsymbol{I} = \begin{array}{c} \text{基本} \\ \text{カットセット} \\ S_4 \\ S_5 \\ S_6 \\ \\ \text{枝} \end{array}
\begin{array}{c} \\ \\ \left[\begin{array}{rrrrrr} 1 & 0 & 1 & 1 & 0 & 0 \\ -1 & 1 & 0 & 0 & 1 & 0 \\ 0 & 1 & 1 & 0 & 0 & 1 \end{array}\right] \\ \\ \begin{array}{cccccc} 1 & 2 & 3 & 4 & 5 & 6 \end{array} \end{array}
\begin{bmatrix} I_1 \\ I_2 \\ I_3 \\ I_4 \\ I_5 \\ I_6 \end{bmatrix} = \begin{bmatrix} 0 \\ 0 \\ 0 \end{bmatrix}
$$

6.3　**解図 6.1** は，枝電流と基本閉路電流の関係を示している．この図に基づいて，各枝電流 $I_1 \sim I_6$ は，三つの基本閉路電流 i^1，i^2，i^3 の線形結合として，次のように表すことができる．

$$
I_1 = i^1, \quad I_2 = i^2, \quad I_3 = i^3, \quad I_4 = -i^1 - i^3, \quad I_5 = i^1 - i^2, \quad I_6 = -i^2 - i^3
$$

6.4　**解図 6.2** は，枝電圧と基本カットセット電圧の関係を示している．この図に基づいて，各枝電圧 $V_1 \sim V_6$ は，三つの基本カットセット電圧 v^4，v^5，v^6 の線形結合として，次のように表すことができる．

$$
V_1 = v^4 - v^5, \quad V_2 = v^5 + v^6, \quad V_3 = v^4 + v^6, \quad V_4 = v^4, \quad V_5 = v^5, \quad V_6 = v^6
$$

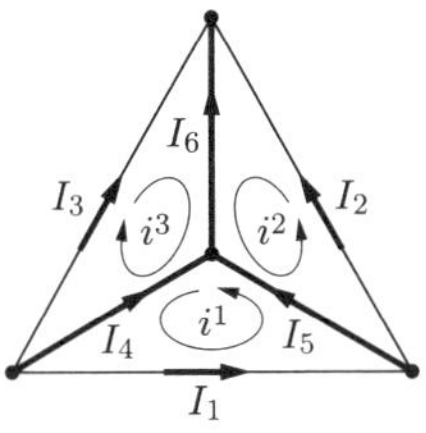

解図 6.1

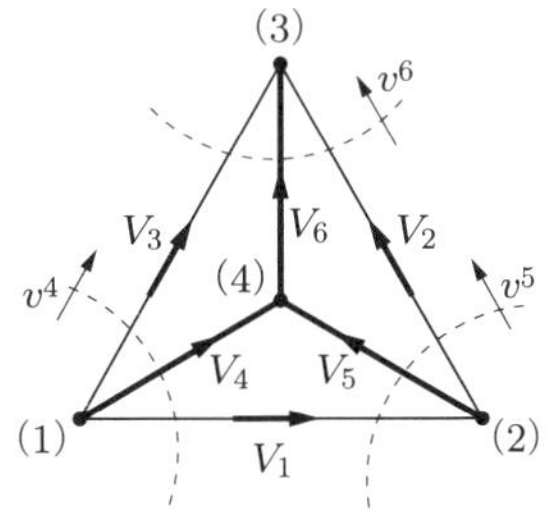

解図 6.2

6.5　このグラフは，第 5 章の問図 5.2 で与えられるグラフと同じである．問題 5.7 で求めた接続行列 $\boldsymbol{A}$ を用い，節点 (1) を基準節点とすると，次の 1 次独立なキルヒホッフの電流則の行列方程式が得られる．

$$
\boldsymbol{A}_{\mathrm{r}}\boldsymbol{I} = \begin{array}{c} \text{節点} \\ (2) \\ (3) \\ (4) \\ (5) \\ \text{枝} \end{array}
\begin{array}{c} \\ \left[\begin{array}{rr:rrrr} 0 & 1 & -1 & 1 & 0 & 0 \\ -1 & 0 & 0 & -1 & 0 & 0 \\ 1 & -1 & 0 & 0 & -1 & 0 \\ 0 & 0 & 0 & 0 & 1 & 1 \end{array}\right] \\ \underbrace{\begin{array}{cc} 3 & 6 \end{array}}_{\text{リンク}} \; \underbrace{\begin{array}{cccc} 1 & 2 & 4 & 5 \end{array}}_{\text{木の枝}} \end{array}
\begin{bmatrix} I_3 \\ I_6 \\ I_1 \\ I_2 \\ I_4 \\ I_5 \end{bmatrix} = \begin{bmatrix} 0 \\ 0 \\ 0 \\ 0 \end{bmatrix}
$$

解図 6.3 において，閉路③，⑥が基本閉路となる．問題 5.7 で求めた $\boldsymbol{B}_{\mathrm{f}}$ を用いて，次の 1 次独立なキルヒホッフの電圧則の行列方程式が得られる．

$$\boldsymbol{B}_{\rm f}\boldsymbol{V} = \begin{array}{c} \text{基本閉路} \\ ③ \\ ⑥ \end{array} \left[\begin{array}{cc:cccc} 1 & 0 & -1 & -1 & 1 & -1 \\ 0 & 1 & 1 & 0 & -1 & 1 \end{array}\right] \begin{bmatrix} V_3 \\ V_6 \\ V_1 \\ V_2 \\ V_4 \\ V_5 \end{bmatrix} = \begin{bmatrix} 0 \\ 0 \end{bmatrix}$$

枝　3　6（リンク）　1　2　4　5（木の枝）

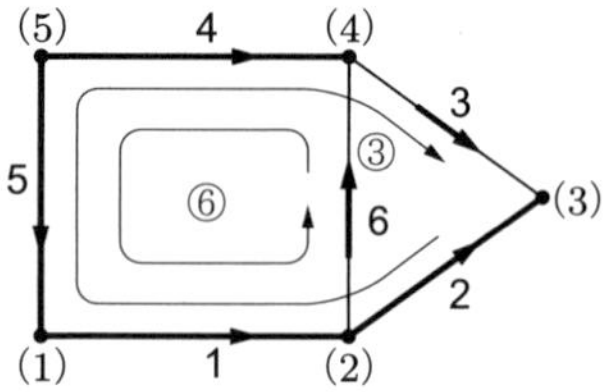

解図 6.3

6.6　このグラフは，第 5 章の問図 5.2 で与えられるグラフと同じである．問題 5.8 で求めた基本カットセット行列 $\boldsymbol{C}_{\rm f}$ を用いて，次の 1 次独立なキルヒホッフの電流則の行列方程式が得られる．

$$\boldsymbol{C}_{\rm f}\boldsymbol{I} = \begin{array}{c} \text{基本} \\ \text{カットセット} \\ S_1 \\ S_2 \\ S_4 \\ S_5 \end{array} \left[\begin{array}{cc:cccc} 1 & -1 & 1 & 0 & 0 & 0 \\ 1 & 0 & 0 & 1 & 0 & 0 \\ -1 & 1 & 0 & 0 & 1 & 0 \\ 1 & -1 & 0 & 0 & 0 & 1 \end{array}\right] \begin{bmatrix} I_3 \\ I_6 \\ I_1 \\ I_2 \\ I_4 \\ I_5 \end{bmatrix} = \begin{bmatrix} 0 \\ 0 \\ 0 \\ 0 \end{bmatrix}$$

枝　3　6（リンク）　1　2　4　5（木の枝）

第 7 章

7.1　1）各枝の枝インピーダンス $Z_1 \sim Z_5$ は，次式で与えられる．

$$Z_1 = r_0, \quad Z_2 = j\omega L, \quad Z_3 = \frac{1}{j\omega C} = -j\frac{1}{\omega C}, \quad Z_4 = Z_5 = Z_6 = R$$

2）有向グラフを**解図 7.1** に示す．なお，この有向グラフは，第 5 章の問図 5.1 と同じものである．

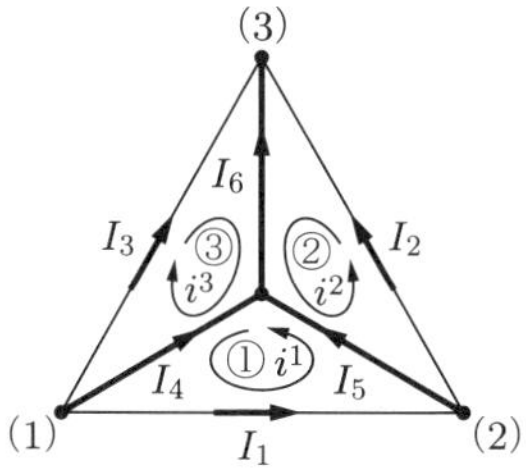

解図 7.1

3）問題 5.2 の結果より，基本閉路行列 $\boldsymbol{B}_{\rm f}$ は，基本閉路 ①，②，③ に対応して，次のようになる．

$$\boldsymbol{B}_{\rm f} = \begin{bmatrix} 1 & 0 & 0 & -1 & 1 & 0 \\ 0 & 1 & 0 & 0 & -1 & -1 \\ 0 & 0 & 1 & -1 & 0 & -1 \end{bmatrix} \begin{matrix} \text{基本閉路} \\ ① \\ ② \\ ③ \end{matrix}$$

枝　1　2　3　4　5　6

また，枝インピーダンス行列 $\boldsymbol{Z}$ は，次のようになる．

$$\boldsymbol{Z} = \begin{bmatrix} Z_1 & & & \boldsymbol{O} \\ & Z_2 & & \\ & & \ddots & \\ \boldsymbol{O} & & & Z_6 \end{bmatrix}$$

閉路インピーダンス行列 $\boldsymbol{Z}_{\rm L}$ を求めると，次のようになる．

$$\boldsymbol{Z}_{\rm L} = \boldsymbol{B}_{\rm f}\boldsymbol{Z}\,{}^t\boldsymbol{B}_{\rm f} = \begin{bmatrix} Z_{11} & Z_{12} & Z_{13} \\ Z_{21} & Z_{22} & Z_{23} \\ Z_{31} & Z_{32} & Z_{33} \end{bmatrix}$$

$$= \begin{bmatrix} 1 & 0 & 0 & -1 & 1 & 0 \\ 0 & 1 & 0 & 0 & -1 & -1 \\ 0 & 0 & 1 & -1 & 0 & -1 \end{bmatrix} \begin{bmatrix} Z_1 & 0 & 0 & 0 & 0 & 0 \\ 0 & Z_2 & 0 & 0 & 0 & 0 \\ 0 & 0 & Z_3 & 0 & 0 & 0 \\ 0 & 0 & 0 & Z_4 & 0 & 0 \\ 0 & 0 & 0 & 0 & Z_5 & 0 \\ 0 & 0 & 0 & 0 & 0 & Z_6 \end{bmatrix} \begin{bmatrix} 1 & 0 & 0 \\ 0 & 1 & 0 \\ 0 & 0 & 1 \\ -1 & 0 & -1 \\ 1 & -1 & 0 \\ 0 & -1 & -1 \end{bmatrix}$$

$$= \begin{bmatrix} Z_1 + Z_4 + Z_5 & -Z_5 & Z_4 \\ -Z_5 & Z_2 + Z_5 + Z_6 & Z_6 \\ Z_4 & Z_6 & Z_3 + Z_4 + Z_6 \end{bmatrix}$$

ここで，$\boldsymbol{Z}_{\mathrm{L}}$ の対角成分の一つ $Z_{11} = Z_1 + Z_4 + Z_5$ は，基本閉路 ① に沿ったインピーダンスの総和となる．また，非対角成分である $Z_{21} = Z_{12} = -Z_5$ は，基本閉路 ① と ② の共通の経路部分である．枝 5 において，おのおのの基本閉路が，この枝を逆方向に含むので，枝 5 のインピーダンス Z_5 に負の符号をつけたものになる．

枝電圧源ベクトル $\boldsymbol{E}$ は，次式で与えられる．

$$\boldsymbol{E} = \begin{bmatrix} E_1 \\ 0 \\ 0 \\ 0 \\ 0 \\ 0 \end{bmatrix}$$

よって，式 (7.24) の右辺は次のようになる．

$$\boldsymbol{B}_{\mathrm{f}}\boldsymbol{E} = \begin{bmatrix} 1 & 0 & 0 & -1 & 1 & 0 \\ 0 & 1 & 0 & 0 & -1 & -1 \\ 0 & 0 & 1 & -1 & 0 & -1 \end{bmatrix} \begin{bmatrix} E_1 \\ 0 \\ 0 \\ 0 \\ 0 \\ 0 \end{bmatrix} = \begin{bmatrix} E_1 \\ 0 \\ 0 \end{bmatrix}$$

また，基本閉路 ①，②，③ の基本閉路電流を i^1，i^2，i^3 とすると，

$$\boldsymbol{I}_{\mathrm{loop}} = \begin{bmatrix} i^1 \\ i^2 \\ i^3 \end{bmatrix}$$

となる．以上より，次の閉路方程式が得られる．

$$\begin{bmatrix} Z_1 + Z_4 + Z_5 & -Z_5 & Z_4 \\ -Z_5 & Z_2 + Z_5 + Z_6 & Z_6 \\ Z_4 & Z_6 & Z_3 + Z_4 + Z_6 \end{bmatrix} \begin{bmatrix} i^1 \\ i^2 \\ i^3 \end{bmatrix} = \begin{bmatrix} E_1 \\ 0 \\ 0 \end{bmatrix}$$

4）クラメールの公式 (A.75) を用いる．

$$\begin{aligned} |\boldsymbol{Z}_{\mathrm{L}}| &= \begin{vmatrix} Z_1 + Z_4 + Z_5 & -Z_5 & Z_4 \\ -Z_5 & Z_2 + Z_5 + Z_6 & Z_6 \\ Z_4 & Z_6 & Z_3 + Z_4 + Z_6 \end{vmatrix} \\ &= (Z_1 + Z_4 + Z_5)(Z_2 + Z_5 + Z_6)(Z_3 + Z_4 + Z_6) - 2Z_4Z_5Z_6 \\ &\quad - Z_4^2(Z_2 + Z_5 + Z_6) - Z_5^2(Z_3 + Z_4 + Z_6) - Z_6^2(Z_1 + Z_4 + Z_5) \end{aligned}$$

$$i^1 = \frac{1}{|\boldsymbol{Z}_\mathrm{L}|}\begin{vmatrix} E_1 & -Z_5 & Z_4 \\ 0 & Z_2+Z_5+Z_6 & Z_6 \\ 0 & Z_6 & Z_3+Z_4+Z_6 \end{vmatrix}$$

$$= \frac{E_1}{|\boldsymbol{Z}_\mathrm{L}|}\left\{(Z_2+Z_5+Z_6)(Z_3+Z_4+Z_6) - {Z_6}^2\right\}$$

$$= \frac{E_1}{|\boldsymbol{Z}_\mathrm{L}|}(Z_2Z_3+Z_2Z_4+Z_2Z_6+Z_3Z_5+Z_3Z_6+Z_4Z_5+Z_4Z_6+Z_5Z_6)$$

$$i^2 = \frac{1}{|\boldsymbol{Z}_\mathrm{L}|}\begin{vmatrix} Z_1+Z_4+Z_5 & E_1 & Z_4 \\ -Z_5 & 0 & Z_6 \\ Z_4 & 0 & Z_3+Z_4+Z_6 \end{vmatrix}$$

$$= \frac{E_1}{|\boldsymbol{Z}_\mathrm{L}|}(Z_3Z_5+Z_4Z_5+Z_4Z_6+Z_5Z_6)$$

$$i^3 = \frac{1}{|\boldsymbol{Z}_\mathrm{L}|}\begin{vmatrix} Z_1+Z_4+Z_5 & -Z_5 & E_1 \\ -Z_5 & Z_2+Z_5+Z_6 & 0 \\ Z_4 & Z_6 & 0 \end{vmatrix}$$

$$= -\frac{E_1}{|\boldsymbol{Z}_\mathrm{L}|}(Z_2Z_4+Z_4Z_5+Z_4Z_6+Z_5Z_6)$$

5）求める枝電流 $I_1 \sim I_6$ は，i^1，i^2，i^3 の線形結合として，次のようになる．

$$I_1 = i^1 = \frac{E_1}{|\boldsymbol{Z}_\mathrm{L}|}(Z_2Z_3+Z_2Z_4+Z_2Z_6+Z_3Z_5+Z_3Z_6+Z_4Z_5+Z_4Z_6+Z_5Z_6)$$

$$I_2 = i^2 = \frac{E_1}{|\boldsymbol{Z}_\mathrm{L}|}(Z_3Z_5+Z_4Z_5+Z_4Z_6+Z_5Z_6)$$

$$I_3 = i^3 = -\frac{E_1}{|\boldsymbol{Z}_\mathrm{L}|}(Z_2Z_4+Z_4Z_5+Z_4Z_6+Z_5Z_6)$$

$$I_4 = -i^1 - i^3 = -\frac{E_1}{|\boldsymbol{Z}_\mathrm{L}|}(Z_2Z_3+Z_2Z_6+Z_3Z_5+Z_3Z_6)$$

$$I_5 = i^1 - i^2 = \frac{E_1}{|\boldsymbol{Z}_\mathrm{L}|}(Z_2Z_3+Z_2Z_4+Z_2Z_6+Z_3Z_6)$$

$$I_6 = -i^2 - i^3 = \frac{E_1}{|\boldsymbol{Z}_\mathrm{L}|}(Z_2Z_4-Z_3Z_5)$$

6）4）で求めた基本閉路電流 $i^1 \sim i^3$ に，1）の結果を代入して，以下が得られる．

$$i^1 = \frac{E_1}{\Delta}\left\{2R - 2\omega^2LCR + j\left(\omega L + 3\omega CR^2\right)\right\},$$

$$i^2 = \frac{E_1}{\Delta}\left(R + j3\omega CR^2\right), \quad i^3 = \frac{E_1}{\Delta}\left(\omega^2LCR - j3\omega CR^2\right)$$

ただし，Δ は次のように表される．

$$\Delta = 3R^2 + 2r_0R - \omega^2LCR(2r_0 + 3R) + j\omega L(r_0 + 2R) + j3\omega Cr_0R^2$$

7）ブリッジ回路の平衡条件，すなわち $I_6 = 0$ は，次のように表される．

$$I_6 = -i^2 - i^3 = -\frac{E_1}{\Delta}\left(R + \omega^2LCR\right) = 0$$

$$\therefore \omega^2LC = -1$$

この式は，以下のように書き換えることができる．

$$j\omega L \times R = \frac{1}{j\omega C} \times R$$

すなわち，2.8 節で説明したブリッジ回路の平衡条件である式 (2.65) が成立していることが確認できる．

7.2　1）有向グラフを**解図 7.2** に示す．基本カットセット電圧は v^4，v^5，v^6 で，枝電圧は V_1～V_6 で示されている．なお，この有向グラフは，第 5 章の問図 5.1 及び第 6 章の解図 6.2 と同じものである．

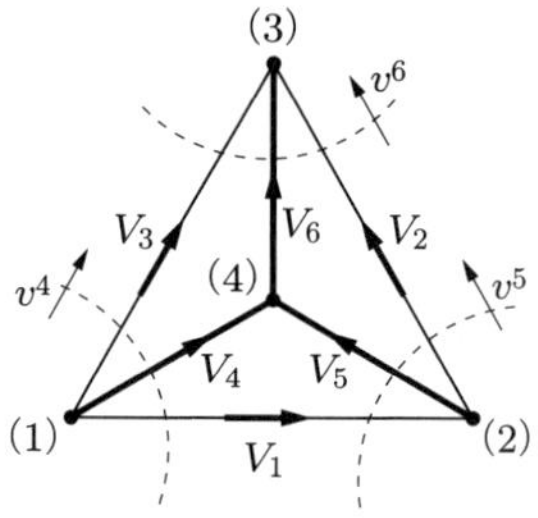

解図 7.2

2）問題 5.3 の結果より，このグラフに対する基本カットセット行列 $\boldsymbol{C}_\mathrm{f}$ は，次のようになる．

基本カットセット

$$\boldsymbol{C}_\mathrm{f} = \begin{bmatrix} 1 & 0 & 1 & 1 & 0 & 0 \\ -1 & 1 & 0 & 0 & 1 & 0 \\ 0 & 1 & 1 & 0 & 0 & 1 \end{bmatrix} \begin{matrix} S_4 \\ S_5 \\ S_6 \end{matrix}$$

枝　1　2　3　4　5　6

枝アドミタンス行列 $\boldsymbol{Y}$ は，次のようになる．

$$\boldsymbol{Y} = \begin{bmatrix} Y_1 & & & \boldsymbol{O} \\ & Y_2 & & \\ & & \ddots & \\ \boldsymbol{O} & & & Y_6 \end{bmatrix}$$

以上より，カットセットアドミタンス行列 $\boldsymbol{Y}_\mathrm{C}$ を計算すると，次のようになる．

$$\boldsymbol{Y}_{\mathrm{C}} = \boldsymbol{C}_{\mathrm{f}} \boldsymbol{Y} {}^t\boldsymbol{C}_{\mathrm{f}} = \begin{bmatrix} Y_{11} & Y_{12} & Y_{13} \\ Y_{21} & Y_{22} & Y_{23} \\ Y_{31} & Y_{32} & Y_{33} \end{bmatrix}$$

$$= \begin{bmatrix} 1 & 0 & 1 & 1 & 0 & 0 \\ -1 & 1 & 0 & 0 & 1 & 0 \\ 0 & 1 & 1 & 0 & 0 & 1 \end{bmatrix} \begin{bmatrix} Y_1 & 0 & 0 & 0 & 0 & 0 \\ 0 & Y_2 & 0 & 0 & 0 & 0 \\ 0 & 0 & Y_3 & 0 & 0 & 0 \\ 0 & 0 & 0 & Y_4 & 0 & 0 \\ 0 & 0 & 0 & 0 & Y_5 & 0 \\ 0 & 0 & 0 & 0 & 0 & Y_6 \end{bmatrix} \begin{bmatrix} 1 & -1 & 0 \\ 0 & 1 & 1 \\ 1 & 0 & 1 \\ 1 & 0 & 0 \\ 0 & 1 & 0 \\ 0 & 0 & 1 \end{bmatrix}$$

$$= \begin{bmatrix} Y_1 + Y_3 + Y_4 & -Y_1 & Y_3 \\ -Y_1 & Y_1 + Y_2 + Y_5 & Y_2 \\ Y_3 & Y_2 & Y_2 + Y_3 + Y_6 \end{bmatrix}$$

枝電流源ベクトル$\boldsymbol{J}$は，次のようになる．

$$\boldsymbol{J} = \begin{bmatrix} J_1 \\ 0 \\ 0 \\ 0 \\ 0 \\ 0 \end{bmatrix}$$

よって，

$$\boldsymbol{C}_{\mathrm{f}} \boldsymbol{J} = \begin{bmatrix} 1 & 0 & 1 & 1 & 0 & 0 \\ -1 & 1 & 0 & 0 & 1 & 0 \\ 0 & 1 & 1 & 0 & 0 & 1 \end{bmatrix} \begin{bmatrix} J_1 \\ 0 \\ 0 \\ 0 \\ 0 \\ 0 \end{bmatrix} = \begin{bmatrix} J_1 \\ -J_1 \\ 0 \end{bmatrix}$$

となる．また，基本カットセット電圧は，次のように表せる．

$$\boldsymbol{V}_{\mathrm{cutset}} = \begin{bmatrix} v^4 \\ v^5 \\ v^6 \end{bmatrix}$$

以上より，以下のカットセット方程式が導かれる．

$$\begin{bmatrix} Y_1 + Y_3 + Y_4 & -Y_1 & Y_3 \\ -Y_1 & Y_1 + Y_2 + Y_5 & Y_2 \\ Y_3 & Y_2 & Y_2 + Y_3 + Y_6 \end{bmatrix} \begin{bmatrix} v^4 \\ v^5 \\ v^6 \end{bmatrix} = \begin{bmatrix} J_1 \\ -J_1 \\ 0 \end{bmatrix}$$

3）クラメールの公式 (A.75) を用いて，カットセット電圧を求めていく．

$$|\boldsymbol{Y}_{\mathrm{C}}| = \begin{vmatrix} Y_1+Y_3+Y_4 & -Y_1 & Y_3 \\ -Y_1 & Y_1+Y_2+Y_5 & Y_2 \\ Y_3 & Y_2 & Y_2+Y_3+Y_6 \end{vmatrix}$$

$$= (Y_1+Y_2+Y_5)(Y_1+Y_3+Y_4)(Y_2+Y_3+Y_6) - 2Y_1Y_2Y_3$$
$$- Y_1{}^2(Y_2+Y_3+Y_6) - Y_2{}^2(Y_1+Y_3+Y_4) - Y_3{}^2(Y_1+Y_2+Y_5)$$
$$= Y_1(Y_2Y_4+Y_2Y_5+Y_2Y_6+Y_3Y_4+Y_3Y_5+Y_3Y_6+Y_4Y_6+Y_5Y_6)$$
$$+ Y_2Y_3Y_4 + Y_2Y_3Y_5 + Y_2Y_3Y_6 + Y_2Y_4Y_5 + Y_2Y_4Y_6 + Y_3Y_4Y_5 + Y_3Y_5Y_6$$
$$+ Y_4Y_5Y_6$$

$$v^4 = \frac{1}{|\boldsymbol{Y}_{\mathrm{C}}|}\begin{vmatrix} J_1 & -Y_1 & Y_3 \\ -J_1 & Y_1+Y_2+Y_5 & Y_2 \\ 0 & Y_2 & Y_2+Y_3+Y_6 \end{vmatrix}$$
$$= \frac{J_1}{|\boldsymbol{Y}_{\mathrm{C}}|}(Y_2Y_5+Y_2Y_6+Y_3Y_5+Y_5Y_6)$$

$$v^5 = \frac{1}{|\boldsymbol{Y}_{\mathrm{C}}|}\begin{vmatrix} Y_1+Y_3+Y_4 & J_1 & Y_3 \\ -Y_1 & -J_1 & Y_2 \\ Y_3 & 0 & Y_2+Y_3+Y_6 \end{vmatrix}$$
$$= -\frac{J_1}{|\boldsymbol{Y}_{\mathrm{C}}|}(Y_2Y_4+Y_3Y_4+Y_3Y_6+Y_4Y_6)$$

$$v^6 = \frac{1}{|\boldsymbol{Y}_{\mathrm{C}}|}\begin{vmatrix} Y_1+Y_3+Y_4 & -Y_1 & J_1 \\ -Y_1 & Y_1+Y_2+Y_5 & -J_1 \\ Y_3 & Y_2 & 0 \end{vmatrix} = \frac{J_1}{|\boldsymbol{Y}_{\mathrm{C}}|}(Y_2Y_4 - Y_3Y_5)$$

4）求めたカットセット電圧から，枝 1〜6 の枝電流を計算する．まず，各枝電圧を，カットセット電圧を用いて表す．

$$V_1 = v^4 - v^5, \quad V_2 = v^5 + v^6, \quad V_3 = v^4 + v^6, \quad V_4 = v^4, \quad V_5 = v^5, \quad V_6 = v^6$$

式 (7.33) を用いて，枝電流は以下のように求められる．

$$I_1 = J_1 - Y_1V_1 = J_1 - Y_1\left(v^4 - v^5\right)$$
$$= J_1 - Y_1\frac{J_1}{|\boldsymbol{Y}_{\mathrm{C}}|}(Y_2Y_4+Y_2Y_5+Y_2Y_6+Y_3Y_4+Y_3Y_5+Y_3Y_6+Y_4Y_6+Y_5Y_6)$$
$$= \frac{J_1}{|\boldsymbol{Y}_{\mathrm{C}}|}\{Y_2(Y_3Y_4+Y_3Y_5+Y_3Y_6+Y_4Y_5+Y_4Y_6) + Y_3(Y_4Y_5+Y_5Y_6)$$
$$+ Y_4Y_5Y_6\}$$

$$I_2 = J_2 - Y_2V_2 = -Y_2\left(v^5 + v^6\right) = \frac{J_1}{|\boldsymbol{Y}_\mathrm{C}|}Y_2\left(Y_3Y_4 + Y_3Y_5 + Y_3Y_6 + Y_4Y_6\right)$$

$$I_3 = J_3 - Y_3V_3 = -Y_3\left(v^4 + v^6\right) = -\frac{J_1}{|\boldsymbol{Y}_\mathrm{C}|}Y_3\left(Y_2Y_4 + Y_2Y_5 + Y_2Y_6 + Y_5Y_6\right)$$

$$I_4 = J_4 - Y_4V_4 = -Y_4v^4 = -\frac{J_1}{|\boldsymbol{Y}_\mathrm{C}|}Y_4\left(Y_2Y_5 + Y_2Y_6 + Y_3Y_5 + Y_5Y_6\right)$$

$$I_5 = J_5 - Y_5V_5 = -Y_5v^5 = \frac{J_1}{|\boldsymbol{Y}_\mathrm{C}|}Y_5\left(Y_2Y_4 + Y_3Y_4 + Y_3Y_6 + Y_4Y_6\right)$$

$$I_6 = J_6 - Y_6V_6 = -Y_6v^6 = -\frac{J_1}{|\boldsymbol{Y}_\mathrm{C}|}Y_6\left(Y_2Y_4 - Y_3Y_5\right)$$

7.3　1）有向グラフを**解図 7.3** に示す．節点電位は $V^{(1)} \sim V^{(4)}$ で，枝電圧は $V_1 \sim V_6$ で示されている．ただし，節点 (1) の電位を基準とするため，$V^{(1)} = 0$ とする．なお，この有向グラフは，第 5 章の問図 5.1 と同じものである．

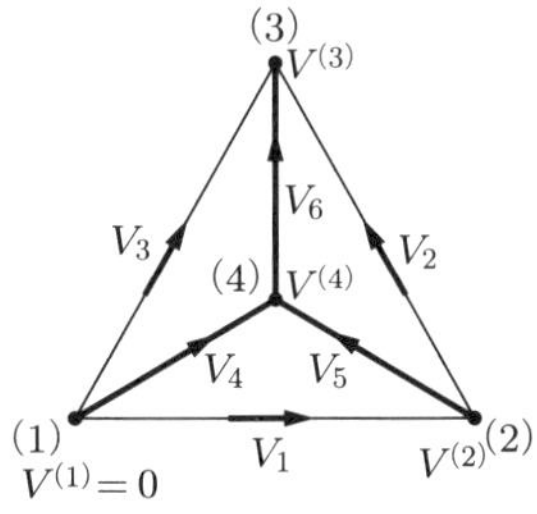

解図 7.3

2）問題 5.1 の結果より，このグラフに対する既約接続行列 $\boldsymbol{A}_\mathrm{r}$ は次のようになる．

$$\boldsymbol{A}_\mathrm{r} = \begin{bmatrix} -1 & 1 & 0 & 0 & 1 & 0 \\ 0 & -1 & -1 & 0 & 0 & -1 \\ 0 & 0 & 0 & -1 & -1 & 1 \end{bmatrix} \begin{matrix} (2) \\ (3) \\ (4) \end{matrix}$$

節点 (2), (3), (4)（行）　枝 1, 2, 3, 4, 5, 6（列）

枝アドミタンス行列 $\boldsymbol{Y}$ は，次のようになる．

$$\boldsymbol{Y} = \begin{bmatrix} Y_1 & & & \boldsymbol{O} \\ & Y_2 & & \\ & & \ddots & \\ \boldsymbol{O} & & & Y_6 \end{bmatrix}$$

節点アドミタンス行列 $\boldsymbol{Y}_\mathrm{N}$ を計算すると，次のようになる．

$$\boldsymbol{Y}_{\mathrm{N}} = \boldsymbol{A}_{\mathrm{r}}\boldsymbol{Y}{}^{t}\!\boldsymbol{A}_{\mathrm{r}} = \begin{bmatrix} Y_{11} & Y_{12} & Y_{13} \\ Y_{21} & Y_{22} & Y_{23} \\ Y_{31} & Y_{32} & Y_{33} \end{bmatrix}$$

$$= \begin{bmatrix} -1 & 1 & 0 & 0 & 1 & 0 \\ 0 & -1 & -1 & 0 & 0 & -1 \\ 0 & 0 & 0 & -1 & -1 & 1 \end{bmatrix} \begin{bmatrix} Y_1 & 0 & 0 & 0 & 0 & 0 \\ 0 & Y_2 & 0 & 0 & 0 & 0 \\ 0 & 0 & Y_3 & 0 & 0 & 0 \\ 0 & 0 & 0 & Y_4 & 0 & 0 \\ 0 & 0 & 0 & 0 & Y_5 & 0 \\ 0 & 0 & 0 & 0 & 0 & Y_6 \end{bmatrix} \begin{bmatrix} -1 & 0 & 0 \\ 1 & -1 & 0 \\ 0 & -1 & 0 \\ 0 & 0 & -1 \\ 1 & 0 & -1 \\ 0 & -1 & 1 \end{bmatrix}$$

$$= \begin{bmatrix} Y_1 + Y_2 + Y_5 & -Y_2 & -Y_5 \\ -Y_2 & Y_2 + Y_3 + Y_6 & -Y_6 \\ -Y_5 & -Y_6 & Y_4 + Y_5 + Y_6 \end{bmatrix}$$

枝電流源ベクトル $\boldsymbol{J}$ は，次のようになる．

$$\boldsymbol{J} = \begin{bmatrix} J_1 \\ 0 \\ 0 \\ 0 \\ 0 \\ 0 \end{bmatrix}$$

よって，

$$-\boldsymbol{A}_{\mathrm{r}}\boldsymbol{J} = -\begin{bmatrix} -1 & 1 & 0 & 0 & 1 & 0 \\ 0 & -1 & -1 & 0 & 0 & -1 \\ 0 & 0 & 0 & -1 & -1 & 1 \end{bmatrix} \begin{bmatrix} J_1 \\ 0 \\ 0 \\ 0 \\ 0 \\ 0 \end{bmatrix} = \begin{bmatrix} J_1 \\ 0 \\ 0 \end{bmatrix}$$

となる．また，節点 (2)，(3)，(4) の電位を，それぞれ $V^{(2)}$，$V^{(3)}$，$V^{(4)}$ とすると，次のように表せる．

$$\boldsymbol{V}_{\mathrm{N}} = \begin{bmatrix} V^{(2)} \\ V^{(3)} \\ V^{(4)} \end{bmatrix}$$

以上より，次の節点方程式が導かれる．

$$\begin{bmatrix} Y_1+Y_2+Y_5 & -Y_2 & -Y_5 \\ -Y_2 & Y_2+Y_3+Y_6 & -Y_6 \\ -Y_5 & -Y_6 & Y_4+Y_5+Y_6 \end{bmatrix} \begin{bmatrix} V^{(2)} \\ V^{(3)} \\ V^{(4)} \end{bmatrix} = \begin{bmatrix} J_1 \\ 0 \\ 0 \end{bmatrix}$$

3）クラメールの公式 (A.75) を用いる．

$$\begin{aligned} |\boldsymbol{Y}_\mathrm{N}| &= \begin{vmatrix} Y_1+Y_2+Y_5 & -Y_2 & -Y_5 \\ -Y_2 & Y_2+Y_3+Y_6 & -Y_6 \\ -Y_5 & -Y_6 & Y_4+Y_5+Y_6 \end{vmatrix} \\ &= (Y_1+Y_2+Y_5)(Y_2+Y_3+Y_6)(Y_4+Y_5+Y_6) - 2Y_2Y_5Y_6 \\ &\quad - {Y_2}^2(Y_4+Y_5+Y_6) - {Y_5}^2(Y_2+Y_3+Y_6) - {Y_6}^2(Y_1+Y_2+Y_5) \\ &= Y_1(Y_2Y_4+Y_2Y_5+Y_2Y_6+Y_3Y_4+Y_3Y_5+Y_3Y_6+Y_4Y_6+Y_5Y_6) \\ &\quad + Y_2Y_3Y_4+Y_2Y_3Y_5+Y_2Y_3Y_6+Y_2Y_4Y_5+Y_2Y_4Y_6+Y_3Y_4Y_5+Y_3Y_5Y_6 \\ &\quad + Y_4Y_5Y_6 \end{aligned}$$

ここで求めた $|\boldsymbol{Y}_\mathrm{N}|$ は，問題 7.2 の解答中で与えられる $|\boldsymbol{Y}_\mathrm{C}|$ と等しいことが確認できる．各節点電位は，以下のように求められる．

$$\begin{aligned} V^{(2)} &= \frac{1}{|\boldsymbol{Y}_\mathrm{N}|} \begin{vmatrix} J_1 & -Y_2 & -Y_5 \\ 0 & Y_2+Y_3+Y_6 & -Y_6 \\ 0 & -Y_6 & Y_4+Y_5+Y_6 \end{vmatrix} \\ &= \frac{J_1}{|\boldsymbol{Y}_\mathrm{N}|}(Y_2Y_4+Y_2Y_5+Y_2Y_6+Y_3Y_4+Y_3Y_5+Y_3Y_6+Y_4Y_6+Y_5Y_6) \end{aligned}$$

$$\begin{aligned} V^{(3)} &= \frac{1}{|\boldsymbol{Y}_\mathrm{N}|} \begin{vmatrix} Y_1+Y_2+Y_5 & J_1 & -Y_5 \\ -Y_2 & 0 & -Y_6 \\ -Y_5 & 0 & Y_4+Y_5+Y_6 \end{vmatrix} \\ &= \frac{J_1}{|\boldsymbol{Y}_\mathrm{N}|}(Y_2Y_4+Y_2Y_5+Y_2Y_6+Y_5Y_6) \end{aligned}$$

$$\begin{aligned} V^{(4)} &= \frac{1}{|\boldsymbol{Y}_\mathrm{N}|} \begin{vmatrix} Y_1+Y_2+Y_5 & -Y_2 & J_1 \\ -Y_2 & Y_2+Y_3+Y_6 & 0 \\ -Y_5 & -Y_6 & 0 \end{vmatrix} \\ &= \frac{J_1}{|\boldsymbol{Y}_\mathrm{N}|}(Y_2Y_5+Y_2Y_6+Y_3Y_5+Y_5Y_6) \end{aligned}$$

4）求めたカットセット電圧から，枝 1〜5 の枝電流を計算する．まず，各枝電圧を，節点電位を用いて表す．

$$V_1 = V^{(2)} - V^{(1)} = V^{(2)}, \quad V_2 = V^{(3)} - V^{(2)}, \quad V_3 = V^{(3)} - V^{(1)} = V^{(3)},$$
$$V_4 = V^{(4)} - V^{(1)} = V^{(4)}, \quad V_5 = V^{(4)} - V^{(2)}, \quad V_6 = V^{(3)} - V^{(4)}$$

式 (7.47) を用いて，枝電流は以下のように求められる．

$$\begin{aligned}
I_1 &= J_1 - Y_1 V_1 = J_1 - Y_1 V^{(2)} \\
&= J_1 - Y_1 \frac{J_1}{|\mathbf{Y}_\mathrm{N}|} (Y_2Y_4 + Y_2Y_5 + Y_2Y_6 + Y_3Y_4 + Y_3Y_5 + Y_3Y_6 + Y_4Y_6 + Y_5Y_6) \\
&= \frac{J_1}{|\mathbf{Y}_\mathrm{N}|} \{Y_2 (Y_3Y_4 + Y_3Y_5 + Y_3Y_6 + Y_4Y_5 + Y_4Y_6) + Y_3 (Y_4Y_5 + Y_5Y_6) \\
&\quad + Y_4Y_5Y_6\}
\end{aligned}$$

$$I_2 = J_2 - Y_2 V_2 = -Y_2 \left(V^{(3)} - V^{(2)}\right) = \frac{J_1}{|\mathbf{Y}_\mathrm{N}|} Y_2 (Y_3Y_4 + Y_3Y_5 + Y_3Y_6 + Y_4Y_6)$$

$$I_3 = J_3 - Y_3 V_3 = -Y_3 V^{(3)} = -\frac{J_1}{|\mathbf{Y}_\mathrm{N}|} Y_3 (Y_2Y_4 + Y_2Y_5 + Y_2Y_6 + Y_5Y_6)$$

$$I_4 = J_4 - Y_4 V_4 = -Y_4 V^{(4)} = -\frac{J_1}{|\mathbf{Y}_\mathrm{N}|} Y_4 (Y_2Y_5 + Y_2Y_6 + Y_3Y_5 + Y_5Y_6)$$

$$I_5 = J_5 - Y_5 V_5 = -Y_5 \left(V^{(4)} - V^{(2)}\right) = \frac{J_1}{|\mathbf{Y}_\mathrm{N}|} Y_5 (Y_2Y_4 + Y_3Y_4 + Y_3Y_6 + Y_4Y_6)$$

$$I_6 = J_6 - Y_6 V_6 = -Y_6 \left(V^{(3)} - V^{(4)}\right) = -\frac{J_1}{|\mathbf{Y}_\mathrm{N}|} Y_6 (Y_2Y_4 - Y_3Y_5)$$

以上の結果は，問 7.2 で求めた枝電流の結果と一致している．

参考図書

[1] S.Seshu, and M.B.Reed: Linear Graphs and Electrical Networks, Addison-Wesley (1961)

[2] D.A.Calahan: Computer-Aided Network Design, Revised Edition, McGraw-Hill (1972)

[3] A.M.Howatson: Electrical Circuits and Systems, An Introduction for Engineers and Physical Scientists, Oxford University Press (1996)

[4] D.Poole: Linear Algebra, A Modern Introduction, Second Edition, Thomson (2006)

[5] S.Lipschutz, and M.L.Lipson: Theory and Problems of Linear Algebra, Third Edition, McGraw-Hill (2001)

[6] 尾崎弘，樹下行三，白川功：情報回路論 (1)—グラフ理論・論理回路理論—，コロナ社 (1970)

[7] 尾崎弘，白川功：グラフとネットワークの理論，コロナ社 (1973)

[8] 梶谷洋司：回路のためのグラフ理論，昭晃堂 (1979)

[9] 梶谷洋司，篠田庄司：回路解析，オーム社 (1979)

[10] 大野克郎，西哲生：大学課程 電気回路 (1) 第 3 版，オーム社 (1999)

[11] 尾崎弘：大学課程 電気回路 (2) 第 3 版，オーム社 (2000)

[12] 金原粲監修，高田進，加藤政一，佐野正俊，田井野徹，鷹野致和，和田成夫：電気回路，実教出版 (2008)

[13] 奥村浩士：電気回路理論，朝倉書店 (2011)

[14] 椎塚久雄：電気回路—その理論と演習による基礎的アプローチ—，コロナ社 (1991)

[15] 白川功，篠田庄司：改訂回路理論の基礎，コロナ社 (1997)

[16] 大附辰夫：回路工学，昭晃堂 (1998)

[17] 伊勢敏史，熊谷貞俊，白川功，前田肇：回路理論 I，コロナ社 (2001)

[18] 落合豊行：グラフ理論入門—平面グラフへの応用—，日本評論社 (2004)

[19] R.J. ウィルソン著，西関隆夫，西関裕子共訳：グラフ理論入門 原書第 4 版，近代科学社 (2001)

[20] 服藤憲司：例題と演習で学ぶ電気回路，森北出版 (2011)

[21] 服藤憲司：例題と演習で学ぶ続・電気回路，森北出版 (2011)

[22] 五十嵐満：電気回路 [1]，森北出版 (1998)

[23] 三浦光：ポイントで学ぶ電気回路—直流・交流基礎編—，昭晃堂 (2008)

[24] 三浦光：ポイントで学ぶ電気回路—交流活用編—，昭晃堂 (2010)

[25] 家村道雄，原谷直美，中原正俊，松岡剛志：入門電気回路 基礎編，オーム社 (2005)

[26] 家村道雄，村田勝昭，園田義人，原谷直美，松岡剛志：入門電気回路　発展編，オー

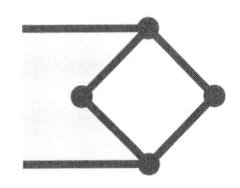

ム社（2005）
[27] 西巻正郎，森武昭，荒井俊彦：電気回路の基礎 第 2 版，森北出版（2004）
[28] 西巻正郎，下川博文，奥村万規子：続 電気回路の基礎 第 2 版，森北出版（2006）
[29] 山本弘明，高橋謙三，谷口秀次，森幹男：電気回路，共立出版（2008）
[30] 大下眞二郎：詳解電気回路演習（上），共立出版（1979）
[31] 大下眞二郎：詳解電気回路演習（下），共立出版（1980）
[32] 和田秀三，岩田恒一，大野芳希，酒井隆：線形代数学，廣川書店（1972）
[33] 佐武一郎：行列と行列式，裳華房（1958）
[34] 川久保勝夫：なっとくする行列・ベクトル，講談社（1999）
[35] 馬場敬之，高杉豊：線形代数キャンパス・ゼミ，マセマ出版社（2003）
[36] 足助太郎：線形代数学，東京大学出版会（2012）
[37] 阿原一志：考える線形代数 増補版，数学書房（2013）
[38] 御園生善尚，渡利千波，斎藤偵四郎，望月望：大学課程解析学大要，養賢堂（1973）

索　引

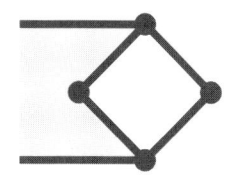

著者略歴

服藤　憲司（はらふじ・けんじ）

1977 年　東北大学工学部卒業
1982 年　東北大学大学院工学研究科博士後期課程修了
　　　　工学博士（東北大学）
1987 年　松下電器産業株式会社 半導体研究センター
2006 年　高松工業高等専門学校 教授
2008 年　立命館大学理工学部電気電子工学科 教授
　　　　現在に至る

編集担当　富井　晃（森北出版）
編集責任　石田昇司（森北出版）
組　　版　ディグ
印　　刷　　同
製　　本　ブックアート

グラフ理論による回路解析

2014 年 8 月 28 日　第 1 版第 1 刷発行

著　者　服藤憲司
発行者　森北博巳
発行所　**森北出版株式会社**
東京都千代田区富士見 1-4-11（〒 102-0071）
電話 03-3265-8341 ／ FAX 03-3264-8709
http://www.morikita.co.jp/
日本書籍出版協会･自然科学書協会　会員
JCOPY　＜（社）出版者著作権管理機構 委託出版物＞

落丁･乱丁本はお取替えいたします.

Printed in Japan ／ ISBN978-4-627-73631-3